U0742992

国家中等职业教育改革
发展示范学校建设项目成果教材

数控铣床编程与操作

重庆市立信职业教育中心　组编

主　编　李建华　　陈志强
副主编　刘孟军　　田河平　　张永东　　曹　燕
参　编　廖利波　　余光跃　　吴连文　　金　彪　　邓　毅
主　审　宋放之　　钟富平

机 械 工 业 出 版 社

本书主要内容包括数控铣床概述、数控铣床的编程代码、手工编程和数控铣床的操作、CAM 软件编程实训共四个课题，以华中系统为蓝本，以 FANUC 系统和西门子为拓展，详细介绍了数控铣床的加工工艺基础知识、数控铣床的基本代码和编程格式，从简单零件开始实训加工，再拓展到配合件加工，最后再引入计算机辅助编程 CAM，让读者一步步认识数控铣床的加工范围及加工技术。本书内容简明扼要，图文并茂，采用了理论和实践相结合的方法，是一本针对性、实用性较强的教材。

本书可作为职业学校数控专业教材，也可作为工程技术人员的自学参考书。

图书在版编目（CIP）数据

数控铣床编程与操作/李建华，陈志强主编. —北京：机械工业出版社，2013.9（2025.1 重印）

ISBN 978-7-111-43682-9

Ⅰ.①数…　Ⅱ.①李…②陈…　Ⅲ.①数控机床 – 铣床 – 程序设计 – 中等专业学校 – 教材②数控机床 – 铣床 – 操作 – 中等专业学校 – 教材　Ⅳ.①TG547

中国版本图书馆 CIP 数据核字（2013）第 187156 号

机械工业出版社（北京市百万庄大街 22 号　邮政编码 100037）
策划编辑：汪光灿　责任编辑：汪光灿　王莉娜
版式设计：常天培　责任校对：陈立辉
封面设计：张　静　责任印制：郜　敏
北京富资园科技发展有限公司印刷
2025 年 1 月第 1 版第 8 次印刷
184mm×260mm · 13 印张 · 317 千字
标准书号：ISBN 978-7-111-43682-9
定价：39.00 元

电话服务　　　　　　　　　　网络服务
客服电话：010-88361066　　机　工　官　网：www.cmpbook.com
　　　　　010-88379833　　机　工　官　博：weibo.com/cmp1952
　　　　　010-68326294　　金　书　网：www.golden-book.com
封底无防伪标均为盗版　　机工教育服务网：www.cmpedu.com

序

　　众所周知，技能人才的数量和水平关系国家的综合竞争能力，而职业教育乃是培养技能人才的重要途径。职业教育是现代教育体系的重要组成部分，是以能力为本位的教育，是为生产第一线培养技能型人才的教育。目前，教育部已经把加快发展中等职业教育作为整个职业教育事业改革发展的重要突破口和教育工作的战略重点。

　　2010 年 10 月，我国加入了世界技能组织。2011 年和 2013 年，我国选手连续两届参加世界技能大赛并取得了优异的成绩，在世界技能舞台上展示了我国青年技能人才的风采。通过参加世界技能大赛，我们发现了与世界技能强国的差距。因此，我们要进一步加快我国职业教育教学改革，加快向世界高水平职业教育接轨的步伐，继续大力培养技能人才，宣传技能人才的典型事迹，在全社会形成尊重劳动、尊重技能人才、争做技能人才的良好氛围，从而进一步推动全体劳动者技能水平的整体提高。

　　目前，在教育部的指导下，我国很多职业院校正在进行示范性学校的建设与实施，其中教材建设是示范校建设的一项重要内容。现代职业教育的特点是理论知识与实践操作相结合，课堂教学与企业需求相结合，所以一本好的中职教材应该是理论联系实际的教材，应该是符合职业教育规律和认知规律的教材。它应该成为教师实施教学活动的蓝本，应该成为学生理论学习和实践操作的指导书，应该成为教师与学生之间职业技能传授的载体和纽带。

　　数控加工是数字化制造的一个重要组成部分。目前，我国仍然十分缺乏高水平的数控加工技能人才，职业院校中数控加工技能的教学方式与方法也亟待改进与提高。由重庆立信中等职业学校李建华和陈志强老师主编的《数控铣床编程与操作》是一本具有职业教育特色的教科书。书中把数控铣削的主要知识点分成为一个个具有逻辑关系的任务，通过对每个任务中重要知识点的讲解、学习任务的实践、学习内容的小结以及案例与作业，把数控铣床编程与操作的知识由浅入深地、完整地、清晰地表达出来，内容具有很强的实践性与操作性。本书非常适合数控专业的学生学习与参考。

　　从书中的实际案例可以看出，编者对大量的实例进行了总结与提炼，也可以看出他们为此付出了辛勤的劳动。我相信这本教材一定能够在培养学生基本功方面、在数控加工技能的理论和实训教学方面、乃至我国的高技能人才的培养方面发挥出一定的作用。

世界技能大赛数控项目中国队专家组长

宋放之

2013 年 9 月

本书是依据教育部数控技能型紧缺人才的培养培训方案的指导思想及《国家职业技能标准》数控铣工中、高级的要求，并结合中职学生的实际情况而编写的。为使内容易懂易学，加强实际训练，让学生在实际训练中加深对数控知识的理解，使自身的技能在训练中得到提高，在编写本书的过程中，特别注重以下几个方面的把握。

1）在工学交替培养模式下，依据职业岗位标准或生产实际，校企共同开发了基于工作过程的课程，重组、整合了教学内容，介绍了当前最新的数控设备和技术。

2）按照数控铣运行岗位的工作过程要求，以综合岗位行动任务为导向，以现场工作任务实施方法、内容和过程为主线，学习数控铣的基础知识和编程操作方法、过程，实现教学过程中的"思维"和"行动"的统一。

3）通过现场工作任务或工作案例的实施，为学生提供理论和实践整体化的链接，以数控铣的编程和操作的内容为载体，认识知识与工作过程的联系，提高综合职业能力。

4）遵循知识、行动、目标及目标成果反馈的认知过程。

5）体现机械行业的企业文化特色，以便学生更快适应未来的工作岗位，顺利实现角色转变。

本书建议按照工学交替的教学模式组织教学。为了更好地方便教学，本书建议总学时为140学时，按理论和实训教学1:3的学时比例交替实施，具体见下表。

序号	项目		学时数		备注
			理论	实训	
1	课题一　数控铣床概述	任务一　数控设备的功能与分类	2	2	实训教学与理论教学交替安排
2		任务二　数控铣床的加工范围及铣削加工工艺路线	2	0	
3		任务三　数控铣削加工部位及加工工艺路线的选择与确定	1	0	
4		任务四　数控铣削刀具和夹具的选择	1	2	
5		任务五　数控铣削切削用量的选择	1	2	
6		任务六　数控铣床坐标系及对刀原理	1	0	
7	课题二　数控铣床的编程代码	任务一　数控系统 M、S、F、T 功能指令	2	0	
8		任务二　数控系统中常用的准备功能 G 指令	2	4	
9		任务三　孔的固定循环	1	4	

（续）

序号	项目		学时数		备注
			理论	实训	
10	课题三 手工编程和数控铣床的操作	任务一 开机、关机与认识数控铣床界面	1	4	实训教学与理论教学交替安排
11		任务二 立式铣床的机用平口钳校正和圆毛坯对刀操作	1	4	
12		任务三 简单零件的加工	2	4	
13		任务四 外轮廓的加工	1	4	
14		任务五 孔加工	1	4	
15		任务六 长方体零件的加工	1	4	
16		任务七 外圆与孔的加工	1	4	
17		任务八 凹槽与孔的加工	2	8	
18		任务九 攻螺纹和铣螺纹	1	8	
19		任务十 配合件的加工	2	8	
20	课题四 CAM软件编程实训	任务一 内、外轮廓的加工	2	8	
21		任务二 曲面加工	4	12	
22		任务三 配合件加工	4	18	
	总计		36	104	

本书由李建华、陈志强任主编，刘孟军、田河平、张永东、曹燕任副主编，参与编写的人员有廖利波、余光跃、吴连文、金彪、邓毅。全书由宋放之、钟富平任主审。

由于编者水平有限，书中错误之处在所难免，请广大读者批评指正。

编 者

目 录

MULU

课题一　数控铣床概述

本课题完成对数控机床的初步认识，主要了解数控铣床的特点、分类、工艺范围、工艺路线、刀具和夹具等知识，展望数控铣床的未来发展方向。

任务一　数控设备的功能与分类

【任务目标】

1）了解数控加工设备的结构与功能。

2）认识数控机床的特点。

3）了解数控机床的分类。

【任务引入】

数控机床是基本的机械加工设备，为了正确使用此类设备，必须正确认识数控加工设备的结构与功能，了解数控机床的特点及其分类。

【相关知识】

一、数控设备的结构与功能

数控设备是指通过数字化操作指令进行控制的一种设备，其基本结构框图如图1-1所示。

1. 输入输出设备

输入输出设备的主要功能是编制程序、输入、打印和显示。对于简单的数控设备，这一部分的硬件可能只包含键盘和发光二极管（LED）显示器、编程操作键盘和CRT显示器；高级的数控设备可能

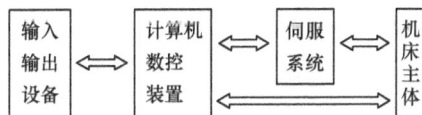

图1-1　数控设备基本结构框图

还包含有一套自动编程机或者CAD/CAM系统。由这些设备实现编制程序、输入程序、输入数据以及显示、储存和打印等功能。

2. 计算机数控装置

计算机数控装置是数控设备的"头脑"和"核心"。它根据输入的程序和数据完成数值计算、逻辑判断和输入输出控制等功能。计算机数控装置一般由专用（或通用）计算机、输入输出接口板以及机床控制器（可编程控制器）等部分组成。机床控制器主要用于实现对机床辅助功能M、主轴选速功能S和换刀功能T的控制。

3. 伺服系统

伺服系统包括伺服控制线路、功率放大线路、伺服电动机等执行装置。它接收计算机数控装置发来的各种动作命令，驱动受控设备的运动。伺服电动机可以是直流伺服电动机或交

流伺服电动机。

4. 机床主体

机床主体与普通机床大体相似，只是在各部分机械结构设计上更符合现代技术发展水平，具有独特的机械结构。

1）主传动结构。主传动结构具有传动链，且传动链相对于普通机床较短，可保证传动精度。主轴转速范围宽，且能实现主轴无级变速。为了实现自动换刀，主轴上还必须有刀具的自动夹紧、主轴准停和主轴内孔的自动清除装置。

2）进给传动系统。进给传动系统是数字控制的直接对象，常采用齿轮传动达到一定降速比的要求。但齿轮存在齿面误差，从而使进给系统存在反向失动量即反向误差，因此要进行反向间隙补偿来消除反向误差。

3）实现某些部件的自动功能和辅助功能，如切削液和自动换刀等。

二、数控机床的特点

数控系统取代了通用机床的手工操作，具有充分的柔性，只要重新编制零件程序，更换相应工装，就能加工出新的零件。数控机床主要具有以下特点。

1）零件加工精度一致性好，避免了通用机床加工时人为因素的影响。

2）生产周期短，并能进行高效率的加工。如立式铣床和加工中心能在一次装夹中完成铣、钻、镗、铰和攻螺纹等功能，数控车削中心机床能在一次装夹中完成车、铣、钻、铰和攻螺纹等功能。

3）可加工复杂形状的零件，如二维轮廓或三维轮廓的加工。

4）可进行高难度零件的加工，如车削"口小肚大"的内成形面。

5）易于调整机床，与其他加工方法相比，所需调整时间较少。

6）易于建立计算机通信网络。

7）数控机床不适合加工余量特别大或材质及余量不均匀的坯件。

8）设备初期投资大。

9）由于系统本身的复杂性，增加了维修的技术难度和维修费用。

三、数控机床的分类

数控设备五花八门，种类繁多，许多行业都有自己的数控设备和分类方法。机床行业常见的数控机床分类方法有以下四种。

1. 按设备的工艺用途分类

（1）普通数控机床　这类数控机床和传统的通用机床一样，有车、铣、钻、镗、磨床等，而且每一类又有很多品种，例如数控铣床中就有立铣、卧铣、工具铣和龙门铣等。这类机床的工艺性能和通用机床相似，所不同的是它能自动加工具有复杂形状的零件。

（2）加工中心机床　这是一种在普通数控机床上加装一个刀库和自动换刀装置而构成的数控机床。它和普通数控机床的区别是：工件经一次装夹后，数控装置就能控制自动地更换刀具，连续地自动对工件各加工面进行铣（车）、镗、钻、铰、及攻螺纹等多工序加工，故有些资料上又称它为多工序数控机床。

（3）多坐标数控机床　有些复杂形状的零件，用三坐标的数控机床还是无法加工，如螺旋桨、飞机机翼曲面及其他复杂零件的加工等，都有需要三个以上坐标的合成运动才能加工出的形状。于是出现了多坐标的数控机床，其特点是数控装置控制的轴数较多，机床结构也比较复杂，其坐标轴数的多少取决于加工零件的复杂程度和工艺要求。现在常用的有 4 坐标、5 坐标和6 坐标的数控机床。

（4）数控特种加工机床　如数控线切割机床、数控电火花加工机床和数控激光切割机床等。

2. 按运动轨迹方式分类

（1）点位控制系统（见图 1-2a）　这类控制系统只控制刀具相对工件从某一加工点移到另一个加工点之间的精确坐标位置，而对于点与点之间移动的轨迹不进行控制，且移动过程中不作任何加工。通常采用这一类系统的设备有数控钻床、数控镗床和数控冲床等。

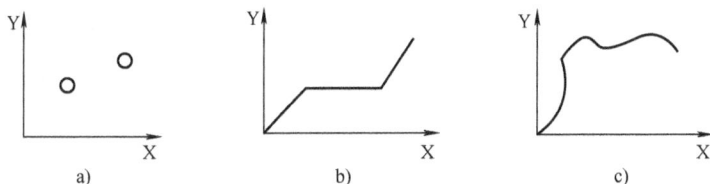

图 1-2　数控机床按控制的运动轨迹方式分类
a）点位控制系统　b）直线控制系统　c）轮廓控制系统

（2）直线控制系统（见图 1-2b）　这类系统不仅要控制点与点的精确位置，还要保证两点之间的移动轨迹是一条直线，且在移动中能以给定的进给速度进行加工。采用此类控制方式的设备有数控车床和数控铣床等。

（3）轮廓控制系统（见图 1-2c）　连续控制系统又称为连续控制系统或轨迹控制系统。这类系统能够对两个或两个以上坐标方向进行严格控制，即不仅控制每个坐标的行程位置，同时还控制每个坐标的运动速度。各坐标的运动按规定的比例关系相互配合，精确地协调起来连续进行加工，以形成所需要的直线、斜线或曲线、曲面。采用此类控制方式的设备有数控车床、数控铣床、数控加工中心、数控电加工机床和数控特种加工机床等。

常用数控机床的应用举例见表 1-1。

表 1-1　常用数控机床的应用举例

数控机床的种类	按数控装置功能分类	主要用途	工件举例
数控车床	点位、直线控制	车削没有锥度、圆弧的轴	轴
	轮廓控制	车削有锥度、圆弧的轴	轴
加工中心机床	点位、直线控制	一次装夹后进行钻孔、铰孔、攻螺纹、铣削和镗孔加工	一般行业使用的齿轮箱和机构箱
	特殊用途的轮廓控制	除上述加工内容外，加入轮廓铣削	很适于加工飞机零件
数控铣床	点位、直线控制	1）用同一刀具进行多道工序的直线切削而且需要进行大切削量加工的工件 2）用同一刀具又在定位精度要求下进行加工	原材料是方料，加工时，要求保证长、宽、高尺寸的工件
	轮廓控制	平面轮廓（特别是由圆弧和直线形成的形状）的加工	凸轮、铸型
		立体曲面形状的铣削	

（续）

数控机床的种类	按数控装置功能分类	主要用途	工件举例
数控钻床	点位控制	用于加工同样尺寸的许多孔	印制电路基板、开关柜和多孔零件
数控磨床	轮廓控制	凸轮、轧辊和其他成平面的磨削	定时凸轮、平面凸轮、轧辊和平行块
数控镗床	点位、直线控制	以控制定位为主的各种镗削加工	箱体件

3. 按控制原理分类

（1）开环控制系统（见图1-3）　这类控制方式通常不带位置检测元件，其伺服驱动元件为功率步进电动机或伺服步进电动机加液压马达。数控系统每发出一个指令脉冲，经驱动电路功率放大后，驱动步进电动机旋转一个角度，再经传动机构带动工作台移动。这类系统的信息流是单向的，即进给脉冲发出去后，实际移动值不再反馈回来，

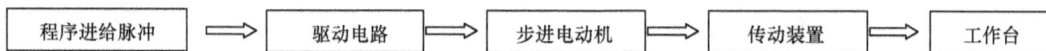

程序进给脉冲	⇒	驱动电路	⇒	步进电动机	⇒	传动装置	⇒	工作台

图 1-3　开环控制系统的控制回路

所以称为开环控制。但由于这种系统结构较简单，成本较低，技术容易掌握，所以使用较广泛，特别适用于旧机床改造的简易数控系统。

（2）闭环控制系统（见图1-4）　这类控制方式带有检测装置，直接对工作台的实际位移量进行检测。当指令值发送到位置调节电路时，若工作台没有移动，则没有反馈量，指令值使得伺服电动机转动，传递到工作台，工作台将实际位置及速度反馈回去，并将其在位置比较电路中与指令值进行比较，用比较后得出的差值进行控制，直至差值等于零时为止。这类控制系统因为把机床工作台纳入了控制环，故称闭环控制系统。该系统可以消除包括工作台传动链在内的误差，因而定位精度高，调节速度快。但由于工作台惯性大，对系统稳定性会带来不利影响，使调试和维修都较困难，且系统复杂、成本高，故较适用于精度要求高的数控设备，如数控精密镗铣床。

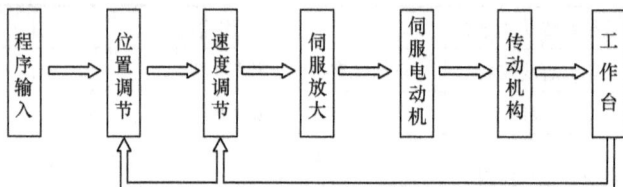

程序输入	⇒	位置调节	⇒	速度调节	⇒	伺服放大	⇒	伺服电动机	⇒	传动机构	⇒	工作台

图 1-4　闭环控制系统的控制回路

（3）半闭环控制系统　这类控制方式与闭环控制方式的区别在于其检测反馈信号不是来自工作台，而是来自与电动机相联系的测量元件。

半闭环控制系统的控制回路如图1-5所示，通过测速发电机和光电编码盘（或旋转变压器）间接检测伺服电动机的转角，推算出工作台的实际位移量，将此值与指令值进行比较，用差值来实现控制。从图中可以看出，由于工作台传动链没有完全包括在控制回路内，因而称之为半闭环控制。这类控制系统介于开环控制与闭环控制之间，精度没有闭环控制高，调试却比闭环控制方便，因而得到了广泛的应用。

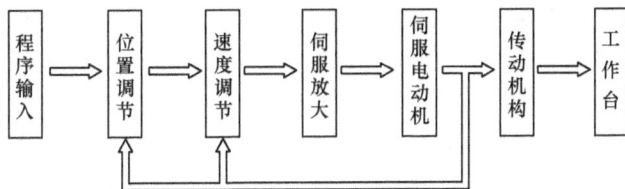

图 1-5 半闭环控制系统的控制回路

4. 按照功能水平分类

按功能水平分类，数控机床分为低档数控机床、中档数控机床和高档数控机床，见表1-2。

表 1-2 数控机床分类表

功能＼类型	低档数控机床	中档数控机床	高档数控机床
进给量和进给速度	分辨率为 10μm/min，进给速度为 8～15m/min	分辨率为 1μm/min，进给速度为 15～24m/min	分辨率为 0.1μm/min，进给速度为 15～100m/min
伺服进给系统	开环、步进电动机	半闭环直流伺服系统或交流伺服系统	闭环伺服系统、电动机主轴、直线电动机
联动轴数	2～3轴	3～4轴	3轴以上
通信功能	无	RS232 或 DNC 接口	RS232、RS432、DNC 和 MAP 接口
显示功能	数码管显示或简单的 CRT 字符显示	功能较齐全的 CRT 显示或液晶显示	功能齐全的 CRT（三维动态图形显示）
内装PLC	无	有	有强功能的 PLC，有轴控制的扩展功能
主CPU	8 位 CPU 或 16 位 CPU	由 16 位 CPU 向 32 位 CPU 过渡	32 位 CPU 向 64 位 CPU 发展

【知识拓展】

数控技术的发展方向

随着计算机和现代信息技术的不断发展，在机械行业中，用计算机代替了繁重的手工制图，"甩掉了图板、丁字尺、铅笔等"老式制图工具，CAD 技术的普及，为设计工程师提供了先进的设计手段，产品设计更快捷、准确，新产品开发日新月异，使人们的生活品质发生了翻天覆地的变化。然而，传统的加工技术及工具已不能适应设计技术的发展。计算机辅助制造技术（CAM）越来越成为加工需求的热点，使零件的加工精度更高，加工时间缩短，大大降低了工人的劳动强度，改善了工人的工作条件。它不仅是提高产品质量和劳动生产率必不可少的物质手段，而且使现代各种新兴技术或尖端技术得以存在或发展。以它为基础的相关产业是关系到国家战略地位和体现国家综合国力水平的重要基础性产业。

我国的机床制造业正在健步进入世界主要角色的行列，成为继日本、德国、意大利和美国之后的全球第五大机床制造国。尤其是数控机床的发展成为了汽车工业、航空航天工业、能源工业、军事工业和新兴模具工业、电子工业等行业主要的加工技术，也是这些工业迅速发展的重要因素，如汽车、飞机、精密机械的加工精度一般为 $5\mu m$，甚至已达 $2 \sim 3\mu m$。

近年来，我国企业的数控机床占有率逐年上升，在大中企业已有较多的使用，在中小企业甚至个体企业中也普遍开始使用。这些数控机床有数控车床、数控铣床、加工中心、数控磨床、数控特种加工机床、数控剪板机、数控成形折弯机和数控压铸机等。随着计算机技术、网络技术日益普遍运用，数控机床走向网络化、集成化已成为必然的趋势和方向，互联网进入制造工厂的车间只是时间的问题。以 FANUC 和西门子为代表的数控系统生产厂商正在开发互联网通信功能，已实现信息流在工厂、车间的底层之间及底层与上层之间通信的畅通无阻。

数控技术也已成为衡量一个国家产品制造水平的重要标志之一，这些高技术装备需要一支掌握专门技术的操作工人。国家数控系统工程技术研究中心的专项调研显示，全国数控机床操作工这样的"蓝领"高级工人十分短缺，需尽快培养出大批数控技术工人。

1. 数控设备的发展动向

随着微电子技术和计算机技术的发展，数控设备的性能日臻完善，数控设备的应用领域日益扩大。科学技术的发展推动了数控设备的发展，各生产部门加工要求的不断提高又从另一方面促进了数控设备的发展。当今数控设备正不断采用最新技术成就，朝着高速度化、高精度化、多功能化、智能化、小型化、系统化与高可靠性等方向发展。

（1）高速度化 速度和精度是数控设备的两个重要技术指标，它直接关系到加工效率和产品质量。

对于数控设备，高速度化首先是要求计算机数控系统在读入加工指令数据后，要能高速处理并计算出伺服电动机的移动量，并要求伺服电动机能高速度地做出反应。此外，要实现生产系统的高速度化，还必须谋求主轴转速、进给率、刀具交换、托板交换等各种关键部分的高速化。

（2）高精度化 对于数控设备，向高精度化转化的方向是①采用具有高分辨率和高采样频率的新型插补技术，在保证速度的前提下大幅度提高轨迹生成的精度；②通过新型双位置闭环控制，有效保证希望轨迹的高精度实现。③以信息化轨迹校正消除机械误差和干扰对轨迹精度的影响，从而保证所控制的机床可在生产环境中长期高精度运行。

2. 数控编程及其发展

在数控加工飞速普及的今天，数控机床程序的编制已由手工编程向 CAD/CAM 编程方向发展，尤其在模具行业，更显示着编程的优越性。计算机造型和编程已成为机械以及模具从业人员必学的一种技艺。

数控编程是目前 CAD/CAM 系统中最能明显发挥效益的环节之一，其在实现设计加工自动化、提高加工精度和加工质量、缩短产品研制周期等方面发挥着重要作用，在航空工业和汽车工业等领域有着大量的应用。

3. 常用 CAD/CAM 软件简介

目前，CAD/CAM 行业中普遍使用的是 Master CAM、Cimatron、Pro/E、UG（Unigraphics）和 Powermil 软件。中职技能大赛中，大多中职学校学生采用国产的 CAXA 制造工程师软件。

（1）Master CAM　Master CAM 是如今珠三角地区最常用的一种软件。它最早进入中国，您去工厂看到的 CNC 师傅，70% 使用 Master CAM。它集画图和编程功能于一身，绘制线架构最快，缩放功能最好。

（2）Cimatron　Cimatron 是迟一些进入中国的以色列军方软件，在刀路上的功能优于 Master CAM，弥补了 Master CAM 的不足。该系统现已被广泛地应用在机械、电子、航空航天、科研和模具行业。在加工编程中，99% 使用 Cimatron 与 Master CAM。早期都用这两种软件进行画图及编写数控程序，但其在画图造型方面的功能不是很好，Pro/E 就在这时候走进了中国。

（3）Pro/E　Pro/E 是美国 PTC（参数技术有限公司）开发的软件，十多年来已成为全世界最普及的三维 CAD/CAM（计算机辅助设计与制造）系统，广泛用于电子、机械、模具、工业设计和玩具等行业。它集合了零件设计、产品装配、模具开发、数控加工、造型设计等多种功能于一体，1997 年开始在中国流行，用于模具设计、产品画图、广告设计、图像处理、灯饰造型设计，且可以自动产生工程图样。目前大部分企业都装有 Pro/E 软件。它与 UG 是最好的画图软件，但 Pro/E 在中国最流行。用 Pro/E 画图，用 Master CAM 和 Cimatron 加工已经得到了公认。

（4）Unigraphics　Unigraphics（简称 UG）进入中国比 Pro/E 晚很多，但它同样是当今世界上最先进、面向制造行业的 CAD/CAE/CAM 高端软件。UG 软件被当今许多世界领先的制造商用来从事工业设计、详细的机械设计以及工程制造等各个领域。UG 自 20 世纪 90 年代进入中国市场以来，发展迅速，已经成为汽车、机械、计算机及家用电器、模具设计等领域的首选软件。

（5）Powermil　Powermil 是英国的编程软件，其刀路最优秀，特别适合残料加工。

与之相配的比较典型的系统有 FANUC 和西门子系统。

（6）CAXA 制造工程师　依托北京航空航天大学的科研实力，北航海尔开发出了中国第一款完全自主研发的 CAD 产品——CAXA，并拥有完全自主的知识产权。它是我国制造业信息化 CAD/CAM/PLM 领域自主知识产权软件的优秀代表和知名品牌。CAXA 十多年来坚持"软件服务制造业"的理念，开发出 20 多个系列软件产品，拥有自主知识产权的 CAD、CAPP、CAM、DNC、PDM、MPM 等 PLM 软件产品和解决方案，覆盖了制造业信息化设计、工艺、制造和管理四大领域。

【任务小结】

本任务对数控机床的结构、分类、加工范围、加工能力及发展方向进行了简单介绍。

【任务练习】

查阅资料认识各类数控机床。

任务二　数控铣床的加工范围及铣削加工工艺路线

【任务目标】

1）了解数控铣床的加工范围。

2）初步具有数控铣削加工工艺路线的知识。

【任务引入】

数控铣床是机床设备中应用非常广泛的加工机床，可以进行平面铣削、平面型腔铣削、外形轮廓铣削、三维及三维以上复杂型面铣削，还可进行钻削、镗削、螺纹切削等孔加工。加工中心和柔性制造单元等都是在数控铣床的基础上产生和发展起来的。

【相关知识】

一、数控铣床的加工范围

数控铣床主要适合于下列几类零件的加工。

1. 平面类零件

平面类零件是指加工面平行或垂直于水平面以及加工面与水平面的夹角为定角的零件，这类加工面可展开为平面。

如图 1-6 所示的三个零件均为平面类零件。其中，曲线轮廓面 A 垂直于水平面，可采用圆柱立铣刀加工。凸台侧面 B 与水平面成一定角度，这类加工面可以采用专用的角度成型铣刀来加工。对于斜面 C，当工件尺寸不大时，可用斜板垫平后加工；当工件尺寸很大，斜面坡度又较小时，也常用行切加工法加工，这时会在加工面上留下进刀时的刀锋残留痕迹，要用钳修方法加以清除。

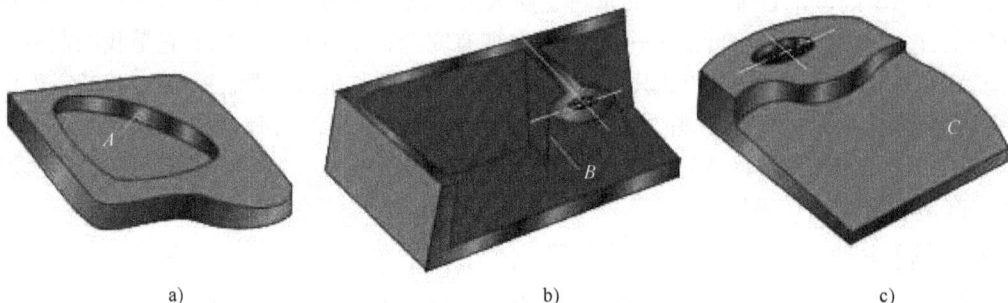

图 1-6　平面类零件

2. 直纹曲面类零件

直纹曲面类零件是指由直线依某种规律移动所产生的曲面类零件。图 1-7 所示零件的加工面就是一种直纹曲面，当直纹曲面从截面（1）至截面（2）变化时，其与水平面间的夹角从 3°10′ 均匀变化为 2°32′；从截面（2）到截面（3）变化时，又均匀变化为 1°20′，最后到截面（4），斜角均匀变化为 0°。直纹曲面类零件的加工面不能展开为平面。

当采用四坐标或五坐标数控铣床加工直纹曲面类零件时，加工面与铣刀圆周接触的瞬间

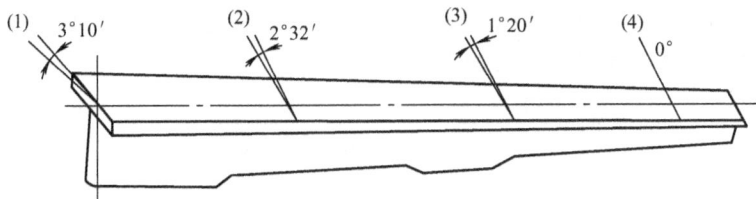

图 1-7　直纹曲面

为一条直线。这类零件也可在三坐标数控铣床上采用行切加工法实现近似加工。

3. 立体曲面类零件

加工面为空间曲面的零件称为立体曲面类零件。这类零件的加工面不能展成为平面，一般使用球头铣刀进行切削，加工面与铣刀始终为点接触。若采用其他刀具进行切削，易产生干涉而铣伤邻近表面。加工立体曲面类零件一般使用三坐标数控铣床，采用以下两种加工方法。

1）采用三坐标数控铣床进行二轴半坐标控制加工，即行切加工法，如图 1-8 所示，用球头铣刀沿 XY 平面的曲线进行圆弧插补加工，当一段曲线加工完后，沿 X 方向进给 ΔX 再加工相邻的另一曲线，如此依次用平面圆弧曲线来逼近整个曲面。相邻两曲线间的距离 ΔX 应根据表面粗糙度的要求及球头铣刀的半径选取。球头铣刀的球半径应尽可能选得大一些，以增加刀具刚度，提高散热性，减小表面粗糙度值。加工凹圆弧时的铣刀球头半径必须小于被加工曲面的最小曲率半径。

2）采用三坐标数控铣床三坐标联动加工，即进行空间直线插补。如图 1-9 所示半球形，可用三坐标联动的方法加工。这时，数控铣床用 X、Y、Z 三坐标联动的空间直线插补，实现球面加工。

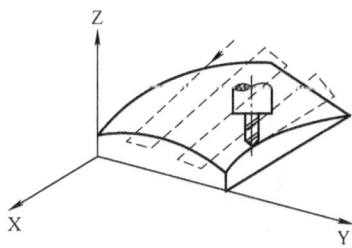

图 1-8　行切加工法

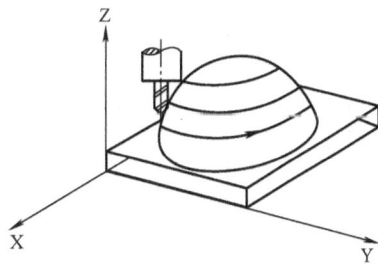

图 1-9　三坐标联动加工

4. 数控铣床常用的加工范围

图 1-10 ~ 图 1-13 所示为数控铣床常用的加工范围。

二、数控铣削加工工艺路线

数控铣削加工的工艺路线设计是在普通铣削加工工艺设计的基础上，考虑和利用数控铣床的特点，充分发挥其优势，关键在于合理安排工艺路线，协调数控铣削工序与其他工序之间的关系，确定数控铣削工序的内容和步骤，并为程序编制准备必要的条件。

数控铣削加工工艺路线，通常包括切削加工工序、热处理工序和辅助工序等。加工顺序安排得科学与否将直接影响到零件的加工质量、生产率和加工成本。切削加工工序通常按以下原则安排。

（1）先粗后精　当加工零件精度要求较高时，都要经过粗加工、半精加工和精加工阶段。如果精度要求更高，还包括光整加工等几个阶段。

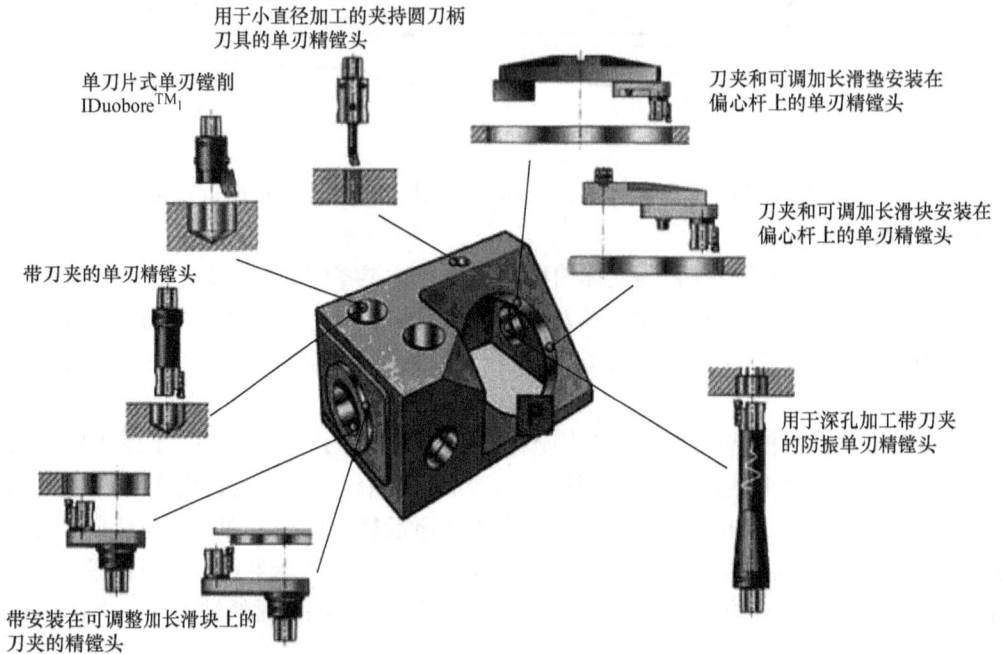

单刀片式单刃镗削
IDuobore™₁

用于小直径加工的夹持圆刀柄
刀具的单刃精镗头

刀夹和可调加长滑垫安装在
偏心杆上的单刃精镗头

刀夹和可调加长滑块安装在
偏心杆上的单刃精镗头

带刀夹的单刃精镗头

用于深孔加工带刀夹
的防振单刃精镗头

带安装在可调整加长滑块上的
刀夹的精镗头

图 1-10　铣削加工

图 1-11　铣削型腔

图 1-12　钻孔加工

（2）基准面先行原则　用作精基准的表面应先加工。任何零件的加工过程总是先对定位基准进行粗加工和精加工，例如轴类零件总是先加工端面，再以端面为精基准加工中心孔和外圆；箱体类零件总是先加工定位用的平面及两个定位孔，再以平面和定位孔为精基准加工孔系和其他平面。

（3）先面后孔　对于箱体和支架等零件，平面尺寸轮廓较大，用平面定位比较稳定，而且孔的深度尺寸又是以平面为基准的，故应先加工平面，然后加工孔。

（4）先主后次　即先加工主要表面，然后加工次要表面。

图 1-13　攻螺纹

【任务小结】

数控铣床能进行平面、型腔、曲面、三维及三维以上复杂型面的铣削，还可进行钻削、镗削、螺纹切削等孔加工。

【任务练习】

简答题

1. 查阅资料，说明数控车和数控铣的加工范围有何异同。

2. 什么是数控铣削加工？数控铣削加工包含哪些内容？

3. 是不是所有零件都适合数控铣削加工？如果不是，请阐述理由。

任务三　数控铣削加工部位及加工工艺路线的选择与确定

【任务目标】

1）能根据图样判定适合铣床加工的工序。

2）能初步确定合适的加工路线。

【任务引入】

一般情况下，并不是所有的零件表面都需要采用数控加工，应根据零件的加工要求和企业的生产条件进行具体分析，确定具体的加工部位和内容及要求。因此，选择合适的加工工艺很重要。

【相关知识】

一、数控铣削加工部位及内容的选择与确定

具体而言，以下情况适宜采用数控铣削加工。

1）由直线、圆弧、非圆曲线及列表曲线构成的内、外轮廓。

2）空间曲线或曲面。

3）形状虽然简单，但尺寸繁多，检测困难的部位。

4）用普通机床加工时难以观察、控制及检测的内腔和箱体内部等。

5）有严格位置尺寸要求的孔或平面。

6）能够在一次装夹中顺便加工出来的简单表面或形状。

下列加工内容一般不采用数控铣削加工。

1）需要进行长时间占机人工调整的粗加工内容。

2）毛坯上的加工余量不太充分或不太稳定的部位。

3）简单的粗加工面。

4）必须用细长铣刀加工的部位，一般指狭长深槽或高筋板连接圆弧部位。

二、数控铣削加工零件的工艺性分析

根据数控铣削加工的特点，对零件图样进行工艺性分析时，应主要分析与考虑以下一些

问题。

1. 零件图分析

首先应熟悉零件在产品中的作用、位置、装配关系和工作条件，弄清楚各项技术要求对零件装配质量和使用性能的影响，找出关键的技术要求，然后对零件图样进行分析。

（1）尺寸标注方法分析　零件图上的尺寸标注方法应适应数控加工的特点。如图 1-14 所示，在数控加工零件图上，应以同一基准标注尺寸或直接给出坐标尺寸。这种标注方法既便于编程又有利于设计基准、工艺基准、测量基准和编程原点的统一。由于零件设计人员一般在尺寸标注中较多地考虑装配等使用方面特性，而不得不采用如 1-15 所示的局部分散的标注方法，这样就给工序安排和数控加工带来了诸多不便。由于数控加工精度和重复定位精度都很高，不会因产生较大的累积误差而破坏零件的使用特性，因此可将局部的分散标注方法改为同一基准标注或直接给出坐标尺寸的标注方法。

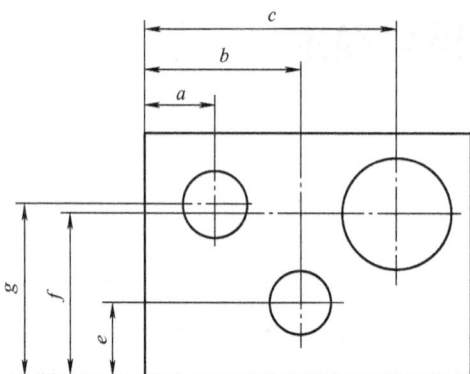

图 1-14　同一基准的标注方法　　　　图 1-15　分散基准的标注方法

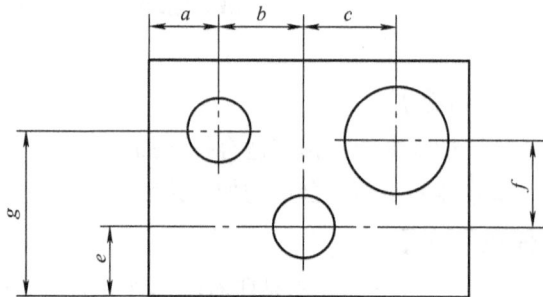

（2）零件图的完整性与正确性分析　构成零件轮廓的几何元素（点、线、面）条件（如相切、相交、垂直和平行）是数控编程的重要依据。手工编程时，要计算构成零件轮廓的每一个节点坐标；自动编程时，要对构成零件轮廓的所有几何元素进行定义。如果某一条件不充分，则无法计算零件轮廓的节点坐标和表达零件轮廓的几何元素，导致无法进行编程，因此图样应当完整地表达构成零件轮廓的几何元素。

（3）零件技术要求分析　零件的技术要求主要是指尺寸精度、形状精度、位置精度、表面粗糙度及热处理等。这些要求在保证零件使用性能的前提下，应经济合理。过高的精度和过小的表面粗糙度值要求会使工艺过程复杂、加工困难、成本提高。

（4）零件材料分析　在满足零件功能的前提下，应选用廉价、可加工性好的材料，不要轻易选用贵重或紧缺的材料。

2. 零件的结构工艺性分析

零件的结构工艺性是指所设计的零件在满足使用要求的前提下制造的可行性和经济性。良好的结构工艺性可以使零件加工容易，节省工时和材料；而较差的零件结构工艺性会使加工困难，浪费工时和材料，有时甚至无法加工。因此，零件各加工部位的结构工艺性应符合数控加工的特点。

1）工件的内腔与外形应尽量采用统一的几何类型和尺寸，这样可以减少刀具的规格和换刀的次数，方便编程和提高数控机床的加工效率。

2）工件内槽及缘板间的过渡圆角半径不应过小。过渡圆角半径反映了刀具直径的大小，刀具直径和被加工工件轮廓的深度之比与刀具的刚度有关，如图 1-16 a 所示，当 $R < 0.2h$ 时（h 为被加工工件轮廓面的深度），则判定该工件该部位的加工工艺性较差；如图 1-16b 所示，当 $R > 0.2h$ 时，则刀具的刚性较好，工件的加工质量能得到保证。

3）铣工件的槽底平面时，槽底圆角半径 R 不宜过大。如图 1-17 所示，铣削工件底平面时，槽底的圆角半径 R 越大，铣刀端刃铣削平面的能力就越差，铣刀与铣削平面接触的最大直径 $d = D - 2R$（D 为铣刀直径），当 D 一定时，R 越大，铣刀端刃铣削平面的面积越小，加工平面的能力越差、效率越低、工艺性也越差。当 R 大到一定程度时，甚至必须用球头铣刀来加工，这是应该尽量避免的。

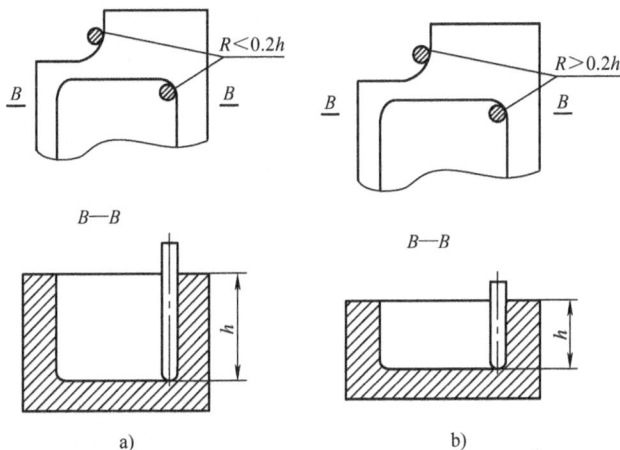

图 1-16　内槽加工

a）当 $R < 0.2h$ 时　b）当 $R > 0.2h$ 时

此外，还应分析零件所要求的加工精度、尺寸公差等是否可以得到保证，有没有引起矛盾的多余尺寸或影响加工安排的封闭尺寸等。

3. 数控铣削加工工艺路线的拟定

在确定走刀路线时，除了遵循数控加工工艺的一般原则外，对于数控铣削，还应重点考虑以下几个方面。

（1）保证零件的加工精度和表面粗糙度值要求

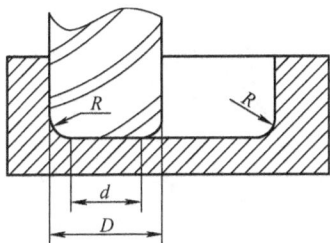

图 1-17　铣刀半径对槽底
加工工艺的影响

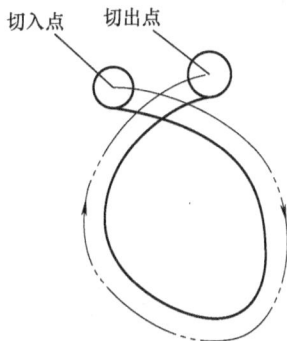

图 1-18　外轮廓加工
刀具的切入切出

1）当铣削平面零件的外轮廓时，一般采用立铣刀侧刃进行切削。用立铣刀侧刃铣削平面零件外轮廓时应避免沿零件外轮廓的法向切入和切出，如图 1-18 所示，应沿着外轮廓曲线的切向延长线切入或切出，这样可避免刀具在切入或切出时产生的切削刃切痕，保证零件曲面的平滑过渡。

2）铣削封闭的内轮廓表面时，若内轮廓外延，则应沿切线方向切入、切出。若内轮廓曲线不允许外延，如图 1-19 所示，刀具只能沿内轮廓曲线的法向切入、切出，此时刀具的切入、切出点应尽量选在内轮廓曲线两几何元素的交点处。当内部几何元素相切无交点时，如图 1-20 所示，为防止刀具在轮廓拐角处留下凹口，（见图 1-20a）刀具的切入、切出点应远离拐角，如图 1-20b 所示。

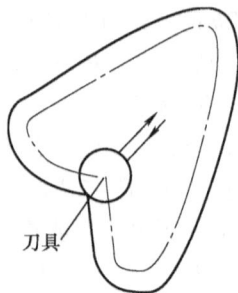

图 1-19　内轮廓加工刀具的切入、切出

3）如图 1-21 所示，用圆弧插补方式铣削外整圆时，要安排刀具从切向进入圆周进行铣削加工。当整圆加工完毕后，不要在切点

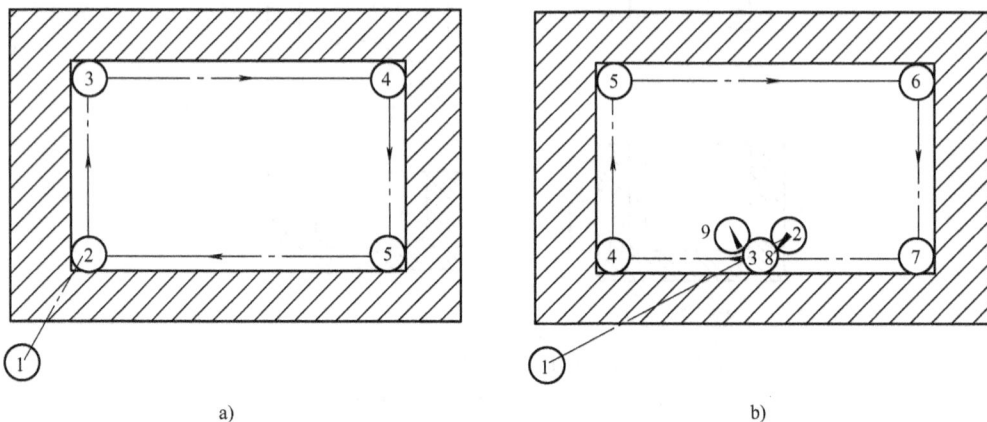

a)

b)

图 1-20　无交点内轮廓加工刀具的切入和切出

a）错误的切入和切出　b）正确的切入和切出

处直接退刀，而应让刀具多运动一段距离，最好沿切线方向，以免取消刀具补偿时，刀具与工件表面相碰撞，造成工件报废。铣削内圆弧时，也要遵守从切向切入的原则，安排切入、切出过渡圆弧，如图 1-22 所示。若刀具从工件坐标原点出发，其加工路线为 1→2→3→4→5→6，这样可提高内孔表面的加工精度和质量。

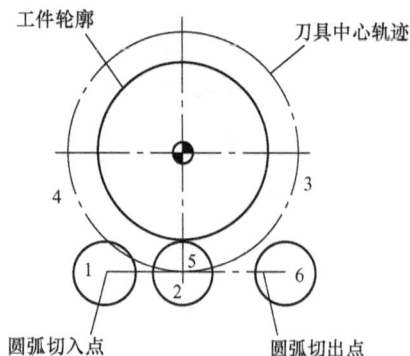

图 1-21　外整圆的铣削

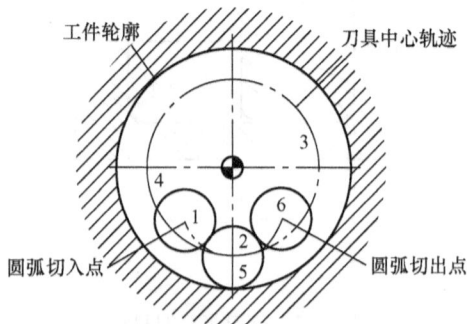

图 1-22　内圆弧的铣削

4）对于孔位置精度要求较高的零件，在精镗孔系时，镗孔路线一定要注意各孔的定位方向一致，即采用单向趋近定位点的方法，以避免传动系统反向间隙误差或测量系统的误差对定位精度的影响。如图 1-23a 所示的孔系，加工路线为 1→2→3→4→5，在加工孔 5 时，x 方向的反向间隙将会影响 4、5 两孔的孔距精度；如果改为图 1-23b 所示的加工路线（1→2→3→4→5→6），可使各孔的定位方向一致，从而提高孔距精度。

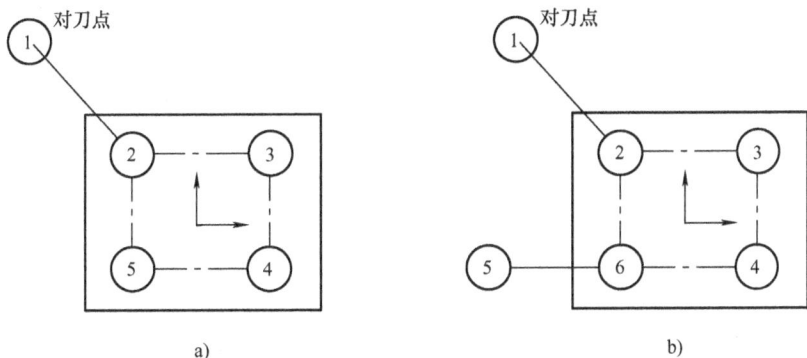

图 1-23 孔系的加工
a）反向间隙影响孔的定位精度 b）消除加工孔的反向间隙

5）铣削曲面时，常用球头铣刀采用行切法进行加工。所谓行切法是指刀具与零件轮廓的切点轨迹是一行一行的，而行间的距离是按零件加工精度的要求确定的。对于边界敞开的曲面加工，可采用两种加工路线。如图 1-24 所示，对于发动机大叶片，当采用图 1-24a 所示的加工方案时，每次沿直线加工，刀位点计算简单，程序少，加工过程符合直纹面的形成规律，可以准确保证素线的直线度；当采用图 1-24b 所示的加工方案时，符合这类零件数据的给出情况，便于加工后检验，叶形的准确度高，但程序较多。由于曲面零件的边界是敞开的，没有其他表面限制，所以曲面边界可以延伸，球头铣刀应由边界外开始加工。

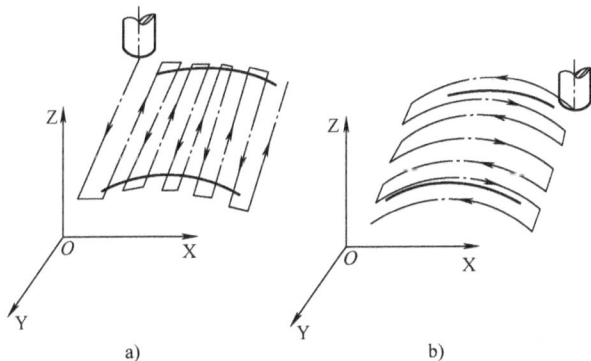

图 1-24 曲面加工的走刀路线

（2）应使走刀路线最短，减少刀具空行程时间，提高加工效率 图 1-25 所示为正确选择钻孔加工路线的例子。通常先加工均布于同一圆周上的 8 个孔，再加工另一圆周上的孔，如图 1-25a 所示。但是为了节省加工时间，提高加工效率，对点位控制的数控机床而言，要求定位精度高，定位过程尽可能快，故选择如图 1-25b 所示的最短走刀路线来安排加工路径。

对位置精度要求较高的孔系的加工，要特别注意安排孔的加工顺序。安排不当，就有可能将反向间隙带入，直接影响位置精度。如按图 1-26a 所示的路线加工，由于 5、6 孔与 1、2、3、4 孔在 X 向的定位方向相反，X 向的反向间隙会使误差增加，从而影响 5、6 孔与其他孔的位置精度；而按图 1-26b 所示路线加工，可避免反向间隙的引入。

（3）最终轮廓一次走刀完成 为保证工件轮廓表面加工后的表面粗糙度要求，最终轮

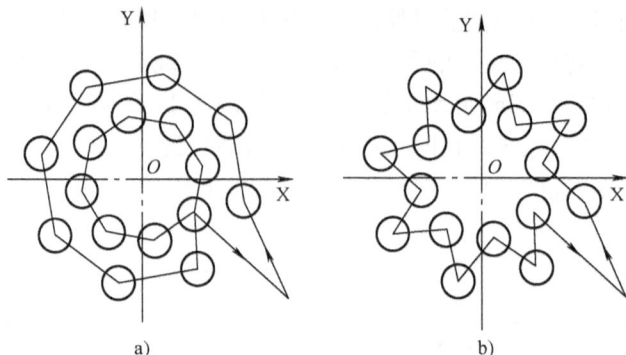

图 1-25　钻孔加工路径的选择

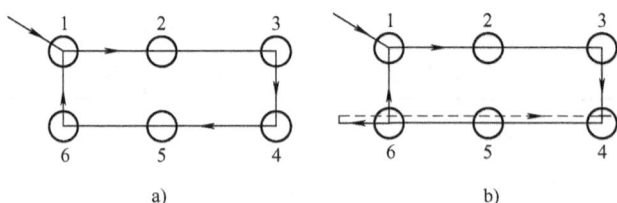

图 1-26　钻孔时消除反向间隙的方法

廓应安排在最后一次走刀中连续加工出来。

图 1-27a 所示为用行切方式加工内腔的走刀路线，这种走刀路线能切除内腔中的全部余量，不留死角，不伤轮廓。但行切法将在两次走刀的起点和终点间留下残留高度，达不到要求的表面粗糙度值。而采用如图 1-27b 所示的走刀路线，先用行切法，最后沿周向环切一刀，光整轮廓表面，能获得较好的效果。图 1-27c 所示也是一种较好的走刀路线。

（4）选择使工件在加工后变形小的路线　对横截面积小的细长零件或薄板零件，应采用分几次走刀加工到最后尺寸或对称去除余量法安排走刀路线。安排工步时，应先安排对工件刚性破坏较小的工步。

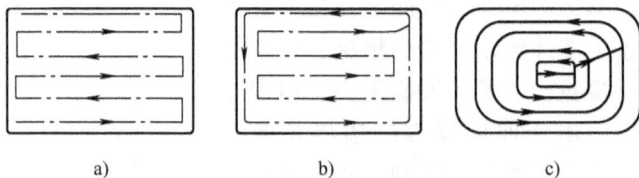

图 1-27　铣削内腔的三种走刀路线

此外，轮廓加工中应避免进给停顿。因为加工过程中的切削力会使工艺系统产生弹性变形并处于相对平衡的状态。进给停顿时，切削力突然减小，会改变系统的平衡状态，刀具会在进给停顿处的零件轮廓上留下刻痕。为提高工件表面的精度和减小表面粗糙度值，可以采用多次走刀的方法，精加工余量一般以 0.2～0.5mm 为宜，而且精铣时宜采用顺铣，以减小零件被加工表面的表面粗糙度值。

【任务小结】

正确分析图样，选择合适的加工路线和加工工艺，对加工精度和表面质量影响很大。因此，要根据具体图样、工装、设备及刀具进行具体加工工艺分析。

【任务练习】

查阅资料，了解普通铣床和数控铣床之间在加工精度上和加工速度上的区别及各自的加工优势。

任务四　数控铣削刀具和夹具的选择

【任务目标】

初步具有选择合适的数控铣削刀具和夹具的能力。

【任务引入】

根据机床的加工能力、工件材料的性能、加工工序、切削用量以及其他相关因素正确选择夹具并选择合适的刀具及刀柄，是保证加工质量的主要因素。

【相关知识】

一、数控铣削刀具

1. 数控铣刀的选择

应根据机床的加工能力、工件材料的性能、加工工序、切削用量以及其他相关因素正确选用刀具及刀柄。刀具选择总的原则是：安装调整方便、刚性好、使用寿命和精度高。在满足加工要求的前提下，尽量选择较短的刀柄，以提高刀具的刚性。

选取刀具时，要使刀具的尺寸与被加工工件的表面尺寸相适应。在生产中，平面零件周边轮廓的加工常采用立铣刀；铣削平面时，应选用硬质合金刀片铣刀；加工凸台和凹槽时，选用高速钢立铣刀；加工毛坯表面或粗加工孔时，可选取镶硬质合金刀片的玉米铣刀；对一些立体型面和变斜角轮廓外形的加工，常采用球头铣刀、环形铣刀、锥形铣刀和盘形铣刀。

在进行自由曲面（模具）加工时，由于球头铣刀的端部切削速度为零，因此为保证加工精度，切削行距一般采用顶端密距，故球头铣刀常用于曲面的精加工。平头铣刀在表面加工质量和切削效率方面都优于球头铣刀，因此只要在保证不过切的前提下，无论是曲面的粗加工还是精加工，都应优先选择平头铣刀。另外，刀具的使用寿命和精度与刀具价格关系极大。必须引起注意的是，在大多数情况下，选择好的刀具虽然增加了刀具成本，但由此带来的加工质量和加工效率的提高，则可以使整个加工成本大大降低。

在经济型数控机床的加工过程中，由于刀具的刃磨、测量和更换多为人工手动进行，占用的辅助时间较长，因此必须合理安排刀具的排列顺序，一般应遵循以下原则。

1）尽量减少刀具的数量。

2）一把刀具装夹后，应完成其所能进行的所有加工步骤。

3）粗、精加工的刀具应分开使用，即使是相同尺寸规格的刀具。

4）先铣后钻。

5）先进行曲面精加工，后进行二维轮廓精加工。

6）在可能的情况下，应尽可能利用数控机床的自动换刀功能，以提高生产率等。被加工零件的几何形状是选择刀具类型的主要依据。

2. 数控铣刀的种类

铣刀的种类很多，这里只介绍数控机床上常用的铣刀。

（1）面铣刀　面铣刀主要用于加工较大的平面。标准可转位面铣刀的直径为 16～630mm。粗铣时，铣刀直径要小些，因为粗铣切削力大，选小直径铣刀可减小切削转矩。精铣时，铣刀直径要选大些，尽量包容工件整个加工宽度，以提高加工精度和效率，并减小相邻两次进给之间的接刀痕迹。

（2）立铣刀　立铣刀是数控加工中用得最多的一种铣刀，主要用于加工凹槽、较小的台阶面以及平面轮廓。

（3）模具铣刀　模具铣刀主要用于加工空间曲面、模具型腔或凸模成形表面。

（4）键槽铣刀　键槽铣刀主要用于加工封闭的键槽。

（5）鼓形铣刀　鼓形铣刀主要用于加工变斜角类零件的变斜角加工面。

（6）成形铣刀　成形铣刀一般是为了特定的工件或加工内容专门设计制造的，如各种直形或圆形的凹槽、斜角面、特性孔或台。

二、数控铣削夹具

数控铣床主要用于加工形状复杂的零件，但所使用夹具的结构往往并不复杂。数控铣床夹具的选用可首先根据生产零件的批量来确定。对单件、小批量、工作量较大的模具加工来说，一般可直接在机床工作台面上通过调整实现定位与夹紧，然后通过加工坐标系的设定来确定零件的位置。

对有一定批量的零件来说，可选用结构较简单的夹具。例如，加工图 1-28 所示的凸轮零件的凸轮曲面时，可采用图 1-29 所示的凸轮夹具。其中，两个定位销 3、8 与定位块 9 组成一面两销的六点定位，压板 5 与锁紧螺母 7 实现夹紧。

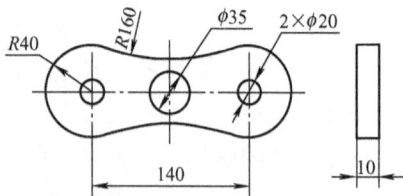

图 1-28　凸轮零件图

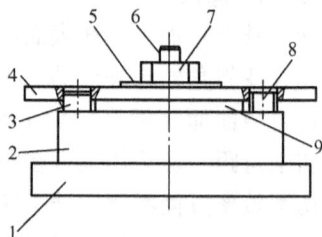

图 1-29　凸轮夹具

1—夹具体　2—支承板　3—圆柱定位销
4—凸轮零件　5—压板　6—固定螺钉
7—锁紧螺母　8—菱形定位销　9—定位块

【任务小结】

根据图样要求，选择或设计出合理的夹具，并选择适用且经济的刀具和合理的刀具排列顺序，加工出高质量的零件是数控铣工追求的目标。

【任务练习】

选择题：

1. 工件安装时的定位精度高低与安装方法有关。下列三种方法中，定位精度最高的是_____，最低的是_____。

A. 直接安装找正　　B. 通用夹具安装　　C. 专用夹具安装　　　　D. 按划线安装

2. 编排数控机床加工工序时，为了提高精度，可采用_____。

A. 一次装夹多工序集中　　　　　　　B. 精密专用夹具

C. 工序分散加工法

3. 铣床上用的机用平口钳属于_____。

A. 通用夹具　　　　B. 专用夹具　　　　C. 组合夹具

4. 在夹具中，较长的 V 形块用于工件圆柱表面定位，可以限制工件_____自由度。

A. 2 个　　　　　　B. 3 个　　　　　　C. 4 个

5. 造成球面工作表面粗糙度值达不到要求的原因之一是_____。

A. 铣削量过大　　　B. 对刀不准　　　C. 工件与夹具不同轴　　　D. 工艺基准选择不当

6. 工件在夹具中或机床上定位时，用来确定加工表面与刀具相对位置的表面（平面或曲面）称为定位基准。_____

A. 对　　　　　　　B. 错

7. 数控机床常见的机械故障表现为_____。

A. 传动噪声大　　　B. 加工精度差　　　C. 运行阻力大　　　　　D. 刀具选择错

任务五　数控铣削切削用量的选择

【任务目标】

1）具有判定顺铣和逆铣的能力，并能根据加工需要，选择顺铣或逆铣。

2）初步具有选择合适的数控铣削参数的能力。

【任务引入】

切削用量包括主轴转速、背吃刀量和进给速度，是切削加工的主要参数，正确选择这三要素是机械加工的关键。

【相关知识】

一、顺铣和逆铣

1. 顺铣和逆铣的判定

当铣削工件外轮廓时，沿工件外轮廓顺时针方向走刀即为顺铣，如图 1-30a 所示，沿工件外轮廓逆时针方向、走刀即为逆铣，如图 1-30b 所示；当铣削工件内轮廓时，沿工件内轮廓逆时针方向走刀即为顺铣，如图 1-30c 所示，沿工件内轮廓顺时针方向走刀即为逆铣，如图 1-30c 所示。

2. 顺铣和逆铣的特点

顺铣时，工件的进给方向与切削区域的铣刀旋转方向相同。其切削厚度由厚变薄。刀片从大切削厚度处开始切削非常有利，可以避免挤压、滑行现象，有利于工件的夹紧，可提高铣刀的寿命和加工表面质量，并且切削力更容易将工件推入铣刀，以使刀片更好地进行切削。

铣床的螺母和丝杠间总会有或大或小的间隙，顺铣时假如工作台向右移动，丝杠和螺母在左侧贴紧，间隙留在右侧，而这时水平铣削分力也向右，因此当水平铣削分力大到一定程

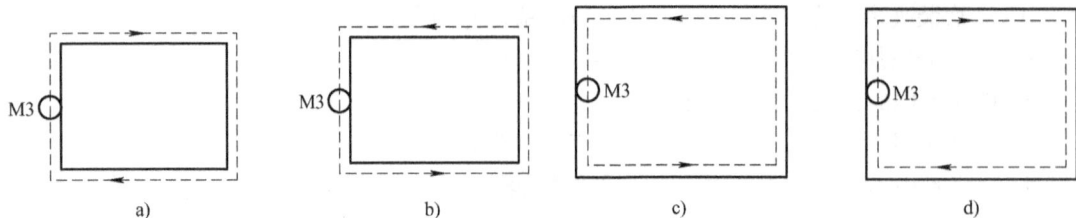

图 1-30 顺铣和逆铣的判定

a)、c) 顺铣　b)、d) 逆铣

度时，会推动工作台和丝杠一起向右窜动，把间隙留在左侧；随着丝杠继续转动，间隙又恢复到右侧，在这一瞬间，工作台停止运动；当水平铣削分力又大到一定程度时，又会推动工作台和丝杠再次向右窜动。这种周期性的窜动使工作台的运动很不平稳，容易造成刀齿损坏。此外，在铣削铸、锻件时，刀片首先接触黑皮，加剧了刀具磨损；但顺铣的垂直铣削分力将工件压向工作台，刀片与已加工面滑行少、摩擦小，对减小刀片磨损、减少加工硬化现象和减小表面粗糙度值均有利，加工表面质量比逆铣高。因此，当工作台丝杠和螺母的间隙调整到小于 0.03mm 时或铣削薄而长的工件时或主要用于保证轮廓精度和表面质量的精加工时，宜采用顺铣。

逆铣时，工件的进给方向与切削区域的铣刀旋转方向刚好相反。其切削厚度开始为零，然后随着切削过程逐渐增加。

逆铣时的铣削垂直分力将工件上抬，刀片与已加工面滑行，使摩擦加大。但铣削水平分力有助于丝杠和螺母贴紧，使工作台运动比较平稳，铣削铸、锻件引起的刀片磨损也较小，同时采用逆铣可以使加工效率大大提高。但由于逆铣切削力大，易导致切削变形增加，刀具磨损也快，因此一般以去除工件余量、保证加工效率为主的粗铣削多采用逆铣。

3. 顺铣和逆铣的选择技巧

尽可能多地使用顺铣。因为数控铣床的结构特点，丝杠和螺母的间隙很小，若采用滚珠丝杠副，基本可消除间隙，因而不存在间隙引起工作台窜动的问题。同时，数控铣削加工应尽可能采用顺铣，以便提高铣刀寿命和加工表面的质量。

当工件表面有硬皮时，应采用逆铣。因为逆铣时，刀片是从已加工表面切入，不会崩刃。一般用普铣加工，推荐用逆铣。若工件表面没有硬皮，可采用顺铣加工。

二、切削用量的选择

切削用量包括主轴转速、背吃刀量和进给速度。对于不同的加工方法，需要选用不同的切削用量。切削用量的选择应保证零件的加工精度和表面粗糙度值，充分发挥刀具的切削性能，保证合理的刀具使用寿命，并充分发挥机床的性能，最大限度地提高生产率，降低成本。粗、精加工时，切削用量的选择原则如下：

1. 粗加工时切削用量的选择原则

首先选取尽可能大的背吃刀量；其次要根据机床动力和刚性的限制条件等，选取尽可能大的进给量；最后根据刀具使用寿命确定最佳的切削速度。

2. 精加工时切削用量的选择原则

首先根据粗加工后的余量确定背吃刀量；其次根据已加工表面的粗糙度要求，选取较小的进给量；最后在保证刀具使用寿命的前提下，尽可能选取较高的切削速度。

（1）背吃刀量的确定　背吃刀量根据机床、工件和刀具的刚度来确定。在刚度允许的条件下，应尽可能使背吃刀量等于工件的加工余量，这样可以减少走刀次数，提高生产率。粗加工（$Ra = 10 \sim 80 \mu m$）时一次进给应尽可能切除全部余量，在中等功率机床上，背吃刀量可达 $8 \sim 10$mm；半精加工（$Ra = 1.25 \sim 10 \mu m$）时，背吃刀量可取为 $0.5 \sim 2$mm；精加工（$Ra = 0.32 \sim 0.25 \mu m$）时，背吃刀量可取为 $0.2 \sim 0.4$mm。

在工艺系统刚性不足或毛坯余量很大，或余量不均匀时，粗加工要分几次进给，并且应把第一、二次进给的背吃刀量取得大一些。

（2）进给量的确定　进给量有进给速度 v_f、每转进给量 f 和每齿进给量 f_z 三种表示方法。

1）进给速度 v_f。进给速度 v_f 是单位时间内工件与铣刀沿进给方向的相对位移，单位为 mm/min，在数控程序中的代码为 F。

注意：攻螺纹时的进给速度由螺栓孔的螺距 P 确定。

进给速度是数控机床切削用量中的重要参数，主要根据零件的加工精度和表面粗糙度值要求以及刀具、工件的材料性质选取。进给速度受机床刚度和进给系统的性能限制。

确定进给速度的原则如下：

①　当工件的质量要求能够得到保证时，为提高生产率，可选择较高的进给速度。一般在 $100 \sim 200$mm/min 范围内选取。

②　在切断、加工深孔或用高速钢刀具加工时，宜选择较低的进给速度，一般在 $20 \sim 50$mm/min 范围内选取。

③　当加工精度和表面质量要求高时，进给速度应选小些，一般在 $20 \sim 50$mm/min 范围内选取。

④　刀具空行程时，特别是远距离"回零"时，可以设定该机床数控系统设定的最高进给速度。

2）每转进给量 f 的确定。每转进给量 f 是铣刀每转一转，工件与铣刀的相对位移，单位为 mm/r。即将每分钟进给量除以转速就是每转进给量，即

$$f = v_f / n$$

式中　n——主轴转速，单位为 r/min；

　　　v_f——进给速度，单位为 mm/min。

3）每齿进给量 f_z。每齿进给量 f_z 是铣刀每转过一齿时，工件与铣刀的相对位移，单位为 mm/齿。

每齿进给量 f_z 的选取主要取决于工件材料的力学性能、刀具材料和工件的表面粗糙度等因素。工件材料的强度和硬度越高，f_z 越小；反之则越大。硬质合金铣刀的每齿进给量高于同类高速钢铣刀。工件表面粗糙度值越小，f_z 就越小。每齿进给量的确定可参考表 1-3 选取。

在选择进给量时，还应注意零件加工中的某些特殊因素。比如在轮廓加工中，选择进给量时，应考虑轮廓拐角处的超程问题。特别是在拐角较大、进给速度较高时，应在接近拐角处适当降低进给速度，在拐角后逐渐升速，以保证加工精度。

4）进给速度 v_f、每转进给量 f 和每齿进给量 f_z 的关系

进给速度 v_f、每转进给量 f 和每齿进给量 f_z 之间的关系为

$$v_f = fn = f_z zn$$

式中　n——铣刀转速；

　　　z——铣刀齿数。

表 1-3　铣刀每齿进给量 f_z 的选取　　　　　（单位：mm/齿）

铣刀 工件材料	平铣刀	面铣刀	圆柱铣刀	成形铣刀	高速钢镶刃刀	硬质合金 镶刃刀
铸铁	0.2	0.2	0.07	0.04	0.3	0.1
可锻铸铁	0.2	0.15	0.07	0.04	0.3	0.09
低碳钢	0.2	012	0.07	0.04	0.3	0.09
中、高碳钢	0.15	0.15	0.06	0.03	0.2	0.08
铸钢	0.15	0.1	0.07	0.04	0.2	0.08
镍铬钢	0.1	0.1	0.05	0.02	0.15	0.06
高镍铬钢	0.1	0.1	0.04	0.02	0.1	0.05
黄铜	0.2	0.2	0.07	0.04	0.03	0.21
青铜	0.15	0.1	0.07	0.04	0.03	0.1
铝	0.1	0.1	0.07	0.04	0.02	0.1
Al-Si 合金	0.1	0.1	0.07	0.04	0.18	0.1
Mg-Al-Zn 合金	0.1	0.1	0.07	0.03	0.15	0.08
Al-Cu-Mg 合金 或 Al-Cu-Si 合金	0.1	0.15	0.1	0.05	0.04	0.02

　　（3）主轴转速的确定　主轴转速应根据允许的切削速度和工件（或刀具）直径来选择，其计算公式为

$$n = 1000v / (\pi D)$$

式中　v——切削速度，单位为 m/min，由刀具的使用寿命确定；

　　　n——主轴转速，单位为 r/min；

　　　D——工件直径或刀具直径，单位为 mm。

　　在选择切削速度时，还应考虑以下几点。

　　1）应尽量避开积屑瘤产生的区域。

　　2）断续切削时，为减小冲击和热应力，要适当降低切削速度。

　　3）在易发生振动的情况下，切削速度应避开自激振动的临界速度。

　　4）加工大件、细长件和薄壁工件时，应选用较低的切削速度。

　　5）加工带外皮的工件时，应适当降低切削速度。

【任务小结】

　　切削用量包括主轴转速、背吃刀量和进给速度。对于不同的加工方法，需要选用不同的切削用量。切削用量的选择应保证零件加工精度和表面粗糙度，充分发挥刀具的切削性能，保证合理的刀具使用寿命，并充分发挥机床的性能，最大限度地提高生产率，降低成本。

　　粗加工时，首先选取尽可能大的背吃刀量；其次要根据机床动力和刚性的限制条件等，选取尽可能大的进给量；最后根据刀具使用寿命确定最佳的切削速度。

　　精加工时，首先根据粗加工后的余量确定背吃刀量；其次根据已加工表面的粗糙度要求，选取较小的进给量；最后在保证刀具使用寿命的前提下，尽可能选取较高的切削速度。

无论机床、夹具和工件的要求如何，顺铣都是首选的加工方法。

【任务练习】

一、选择题

1. 选择粗加工切削用量时，首先应选择尽可能大的_____，以减少走刀次数。

A. 背吃刀量　　　　　B. 进给速度　　　　　C. 切削速度　　　　　D. 主轴转速

2. 切削时的切削热大部分由_____传散出去。

A. 刀具　　　　　　　B. 工件　　　　　　　C. 切屑　　　　　　　D. 空气

3. 切削用量中_____对刀具磨损的影响最大。

A. 切削速度　　　　　B. 进给量　　　　　　C. 进给速度　　　　　D. 背吃刀量

4. 以下三种材料中，塑性最好的是_____。

A. 纯铜　　　　　　　B. 铸铁　　　　　　　C. 中碳钢　　　　　　D. 高碳钢

5. 常用高速工具钢的牌号是_____。

A. YT15　　　　　　　B. YG6　　　　　　　C. W8V4Cr2　　　　　D. W18Cr4V2

6. 调质处理是指淬火和_____相结合的一种工艺。

A. 低温回火　　　　　B. 中温回火　　　　　C. 高温回火　　　　　D. 正火

二、简答题

1. 顺铣和逆铣的区别是什么？在数控加工中，哪些场合适宜选择顺铣？

2. 你能根据表1-3查出每齿进给量，并能根据刀具的齿数计算出主轴转速吗？

任务六　数控铣床坐标系及对刀原理

【任务目标】

1）熟练使用机床坐标系和工件坐标系。

2）能根据图样和刀具选择合适的数控铣削对刀点与换刀点。

3）具有对刀的相应理论知识。

【任务引入】

对于数控机床来说，在加工开始时，确定刀具与工件的相对位置是很重要的，这一相对位置是通过确认对刀点来实现的。掌握对刀的方法和原理对于正确加工出合格的零件至关重要，每个数控操作工都必须掌握。

【相关知识】

一、机床坐标系和工件坐标系的规定

为了便于编程时描述机床的运动，简化程序的编制方法及保证记录数据的互换性，数控机床的坐标和运动的方向均已标准化。

1. 铣床坐标系

如图1-31所示，机床坐标系是以机床原点为坐标系原点建立起来的XYZ直角坐标系。

（1）机床原点　　机床坐标系又称机械坐标系，用以确定工件、刀具等在机床中的位置，是机床运动部件的进给运动坐标系，其坐标轴及运动方向按标准规定，是机床上的固有坐标系。机床坐标系原点又称机床零点，它是其他所有坐标系，如工件坐标系以及机床参考点的基准点。机床坐标系原点的位置由机床生产厂家设定，一般取在机床最右（左）边、最里面、最高点的交点处。机床坐标系的原点在机床制造出来时就已经确定，不能随意改变。

（2）机床参考点　　机床参考点也是机床上的一个固定点，它用机械挡块和电气装置用来限制刀架移动的极限位置，主要作用是给机床坐标系一个定位。数控机床在开机后首先要进行回参考点（或称回零点）操作。机床在通电之后，一定完成机床回参考点操作。

（3）工件原点　　工件坐标系是编程人员在编程时使用的，由编程人员以工件图样上的某一固定点为原点所建立的坐标系，编程尺寸都按工件坐标系中的尺寸确定。为保证编程与机床加工的一致性，工件坐标系也应该是右手笛卡儿坐标系，而且工件装夹到机床上后，应使工件坐标系与机床坐标系的坐标轴方向保持一致。

工件坐标系的原点称为工件原点或编程原点，图 1-32 所示为机床坐标系 M 和工件坐标系 W。

工件原点在工件上的位置可以任意选择。为了有利于编程，数控铣床上的工件原点最好选在工件图样的基准上或工件的对称中心上，比如回转体零件的端面中心、非回转体零件的角边、对称图形的中心等。一台数控铣床装夹多个工件时，工件原点最好选在最边缘工件的中心上，以方便编程。

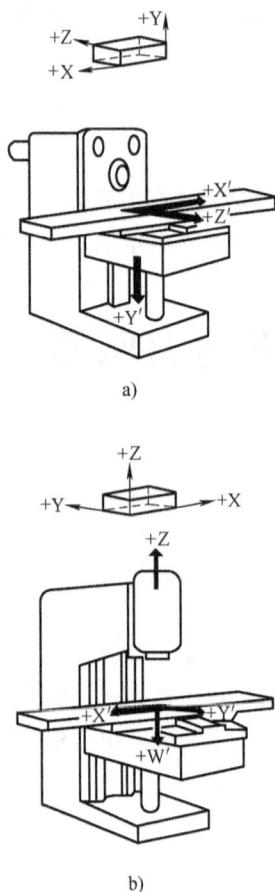

图 1-31　铣床坐标系
a）卧式铣床　b）立式铣床

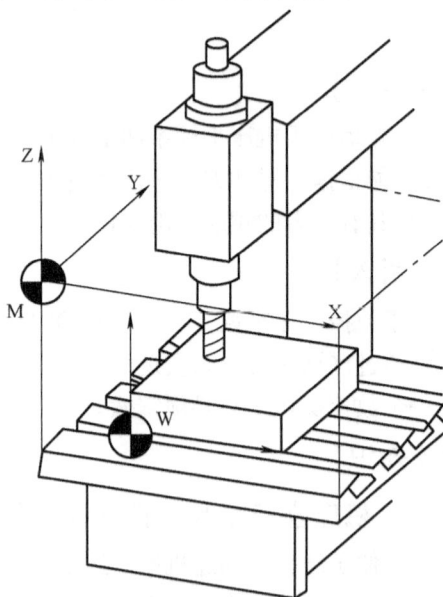

图 1-32　机床坐标系 M 和工件坐标系 W

2. 建立工件坐标系的基本原则

1）永远假定工件静止，刀具相对于静止的工件移动。

2）坐标系采用笛卡儿直角坐标系。如图 1-33 所示，大拇指的方向为 X 轴的正方向，食指指向为 Y 轴的正方向，中指指向为 Z 轴的正方向，同时规定绕 X、Y、Z 轴旋转的为 A、B、C 三个旋转坐标。在确定了 X、Y、Z 轴坐标的基础上，根据右手螺旋法则，可以方便地确定出 A、B、C 三个旋转坐标的方向。

二、对刀点与换刀点的确定

1. 对刀点

对刀点是指通过对刀确定刀具与工件相对位置的基准点。对刀点可以设置在被加工零件上，也可以设置在夹具上与零件定位基准有一定尺寸联系的某一位置，往往就选择零件的加工原点为对刀点。对刀点的选择原则如下：

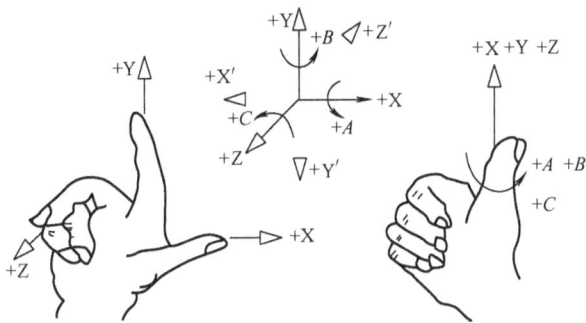

图 1-33 笛卡儿坐标系

1）所选的对刀点应使程序编制简单。

2）对刀点应选择在容易找正、便于确定零件加工原点的位置。

3）对刀点应选在加工时检验方便、可靠的位置。

4）对刀点的选择应有利于提高加工精度。

对刀点可以设置在加工零件上，也可以设置在夹具上或机床上。为了提高零件的加工精度，对刀点应尽量设置在零件的设计基准或工艺基准上。如：以外圆或孔定位零件，可以取外圆或孔的中心与端面的交点作为对刀点。

在使用对刀点确定加工原点时，就需要进行对刀。所谓对刀是指使刀位点与对刀点重合的操作。每把刀具的半径与长度尺寸都是不同的，刀具装在机床上后，应在控制系统中设置刀具的基本位置。刀位点是指刀具的定位基准点。如图 1-34 所示，圆柱铣刀的刀位点是刀具中心线与刀具底面的交点；球头铣刀的刀位点是球头的球心点或球头顶点；钻头的刀位点是钻头顶点。各类数控机床的对刀方法是不完全一样的，这一内容将结合各类机床分别讨论。

2. 对刀方法

以华中世纪星数控系统为例来说明数控铣床的对刀过程，将要建立工件表面中心位置作为工件坐标系的原点。

在选择了图 1-35 所示的被加工零件图样，并确定了编程原点的位置后，可按以下方法进行加工坐标系的设定。

（1）准备工作 机床回参考点，确认机床坐标系。

（2）装夹工件毛坯 通过夹具使工件定位，并使工件的定位基准面与机床的运动方向一致。

（3）对刀测量 用简易对刀法进行测量，方法如下：

用直径为 $\phi 10mm$ 的标准测量棒和塞尺进行对刀，得到测量值为 X = 324.4，Y =

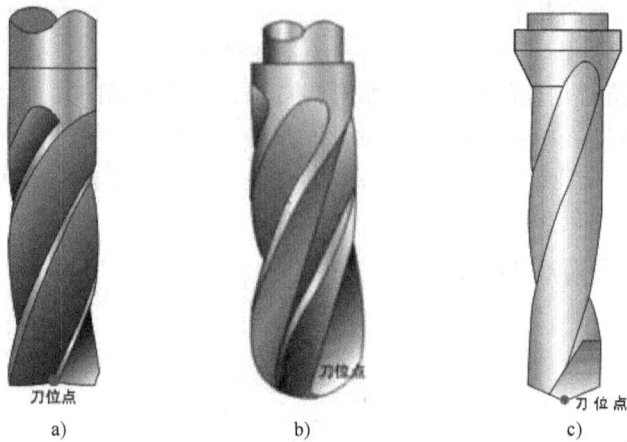

图 1-34　刀位点

a）圆柱铣刀的刀位点　b）球头铣刀的刀位点　c）钻头的刀位点

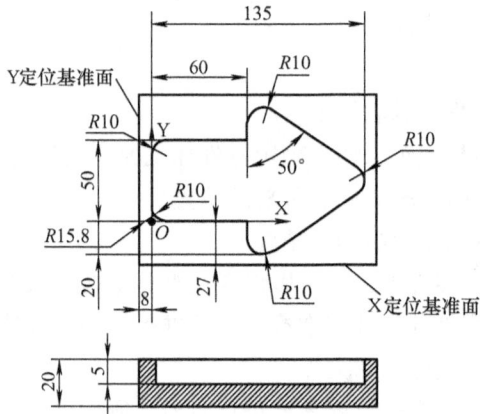

图 1-35　零件图样

－255.9,如图 1-36 所示；Z＝－198.433，如图 1-37 所示。

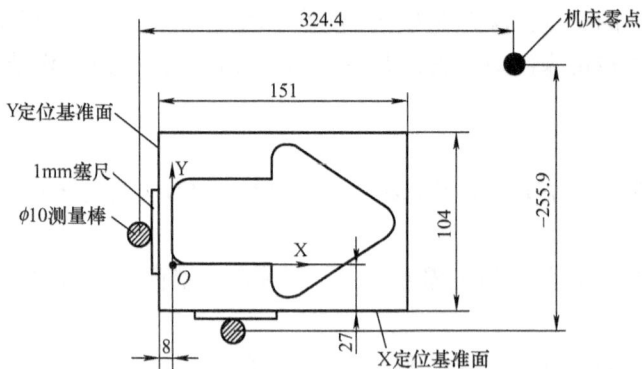

图 1-36　零件对刀

（4）计算设定值　按图 1-36 所示，将前面已测得的各项数据按设定要求进行运算。

X 坐标设定值：X＝（324.4－5－1－8）mm＝310.4mm

注：324.4mm 为 X 机床坐标显示值；－5mm 为测量棒半径值；－1mm 为塞尺厚度；

−8mm 为编程原点到工件定位基准面在 X 坐标方向的距离。

Y 坐标设定值：Y =（−255.9 + 5 + 1 + 27）mm = −222.9mm

注：如图 1-36 所示，−255.9mm 为机床坐标显示值；+5mm 为测量棒半径值；+1mm 为塞尺厚度；+27mm 为编程原点到工件定位基准面在 Y 坐标方向的距离。

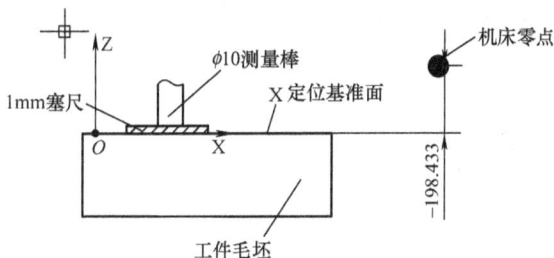

图 1-37　Z 向对刀

Z 坐标设定值：Z =（−198.433 − 1）mm = −199.433mm

注：−198.433mm 为坐标显示值；−1mm 为塞尺厚度，如图 1-37 所示。

通过计算，结果为：X−310.4；Y−222.9；Z−199.433。

（5）设定加工坐标系　将开关放在 MDI 方式下，进入 G54 坐标系设定页面，输入数据为：

$$X − 310.4；Y − 222.9；Z − 199.433$$

表示加工原点设置在机床坐标系的 X−310.4；Y−222.9；Z−199.433 位置上。

3. 换刀点的选择

由于数控铣床采用手动换刀，换刀时操作人员的主动性较高，换刀点只需设置在零件外面，不发生换刀阻碍即可。

【任务小结】

为了计算和编程方便，通常将程序原点设定在工件右端面的回转中心上，尽量使编程基准与设计、装配基准重合。机床坐标系是机床唯一的基准，由厂家设定，所以必须要弄清楚程序原点在机床坐标系中的位置。

在编程时，应正确地选择对刀点和换刀点的位置。对刀点就是在数控机床上加工零件时，刀具相对于工件运动的起点。由于程序段从该点开始执行，所以对刀点又称为程序起点或起刀点。对刀点可选在工件上，也可选在工件外面（如选在夹具上或机床上），但必须与零件的定位基准有一定的关系。换刀点有固定的，也有任意设定的一点，总之就是设在工件和夹具的外部，以不碰工件和其他部件为准。

【任务练习】

一、选择题

1. _____是指机床上一个固定不变的极限点。

A. 机床原点　　　　B. 工件原点　　　　C. 换刀点　　　　D. 对刀点

2. 数控机床的"回零"操作是指回到_____。

A. 对刀点　　　　B. 换刀点　　　　C. 机床的零点　　　　D. 编程原点

3. 选择对刀点时应选在零件的_____。

A. 设计基准上　　　　B. 零件边缘上　　　　C. 任意位置

4. 对刀点合理选择的位置应是_____。

A. 孔的中心线上　　B. 两垂直平面交线上　　C. 工件坐标系零点　　D. 机床坐标系零点

5. 数控机床坐标系中 X、Y、Z 轴由右手笛卡儿坐标系确定，A、B、C 坐标由左手确定。_____

A. 是　　　　　　　B. 否

二、简答题

1. 请简要说明数控机床坐标轴和运动方向是如何定义的。

2. 试简要说明工件坐标系是怎样确定的。

【课题小结】

　　数控铣是机械加工工艺中的一种。带有一个旋转的圆柱形刀头和多个出屑槽的铣刀通常称为面铣刀或立铣刀，可沿不同的轴运动，用来加工凹槽、沟槽和外轮廓等。进行铣削加工的机床称为铣床，带有刀库的数控铣床通常称为数控加工中心。铣削加工包括手动铣和数控铣。数控铣加工工艺参数如果选择不当，不但会影响所加工零件的尺寸精度，还会给数控机床带来不必要的损坏。这些工艺参数主要包括铣刀的选择、切削用量的选择、进给路线的确定等。编程人员在编写数控加工程序时，必须根据不同的加工要求和加工方法，正确选择加工工艺参数。

　　数控铣削加工刀具的种类很多，主要包括铣削刀具和孔加工刀具两大类。其中铣削刀具包括面铣刀、立铣刀、模具铣刀、键槽铣刀、鼓形铣刀和成形铣刀等，孔加工刀具包括中心钻、麻花钻、铰刀和镗刀等。

　　常用的刀具材料如下：

　　1）高速钢。高速钢是一种加入了较多的钨、铬、钒、钼等合金元素的高合金工具钢，有良好的综合性能。其强度和韧性是现有刀具材料中最高的。

　　2）硬质合金。硬质合金的性能不断改进，应用面不断扩大，成为切削加工的主要刀具材料，对推动切削效率的提高起到了重要作用。

【课题训练】

一、填空题

1. 数控机床按伺服系统的形式分类，可分为开环控制、_____、_____。

2. DNC 是指_____，FMC 则是_____。

3. NC 机床的含义是数控机床，CNC 机床的含义是_____，FMS 的含义是_____。

4. 数控程序的编制方法有_____和_____及_____编程三种。

5. 数控机床中的标准坐标系采用_____，并规定增大刀具与工件之间距离的方向为坐标正方向。

二、选择题

1. 工件夹紧的三要素是_____。

A. 夹紧力的大小、夹紧的方向、夹紧力的作用点

B. 夹紧力的大小、机床的刚性、工件的承受能力

C. 工件变形小、夹具稳定、定位精度高

D. 工件的大小、材料、硬度

2. 利用计算机辅助设计与制造技术进行产品的设计和制造，可以提高产品质量，缩短产品研制周期。它又称为_____。

    A. CD/CM　　　　　B. CAD/COM　　　　　C. CAD/CAM　　　　　D. CAD/CM

3. 数控机床的联运轴数是指机床数控装置的_____同时达到空间某一点的坐标数目。

    A. 主轴　　　　　　B. 坐标轴　　　　　C. 工件　　　　　　D. 电动机

4、数控加工中心与普通数控铣床、镗床的主要区别是_____。

    A. 一般具有三个数控轴

    B. 设置有刀库，在加工过程中由程序自动选用和更换

    C. 能完成钻、铰、攻螺纹、铣、镗等加工

5. 影响数控机床加工精度的因素很多，要提高加工工件的质量，有很多措施，但_____不能提高加工精度。

    A. 将绝对编程改变为增量编程　　　　　B. 正确选择刀具类型

    C. 控制刀尖中心高误差　　　　　　　　D. 减小刀尖圆弧半径对加工的影响

6. 切削用量是指_____。

    A. 切削速度　　　　　B. 进给量　　　　　C. 切削深度　　　　　D. 三者都是

7. 球头铣刀与铣削特定曲率半径的成形曲面铣刀的主要区别在于：球头铣刀的半径通常_____加工曲面的曲率半径，成形曲面铣刀的曲率半径_____加工曲面的曲率半径。

    A. 小于、等于　　　　B. 等于、小于　　　　C. 大于、等于

课题二 数控铣床的编程代码

本课题主要以华中世纪星（HNC-21/22M）数控系统为例来说明数控铣床程序编制的有关指令及方法。

任务一 数控系统 M、S、F、T 功能指令

【任务目标】

1）掌握数控机床的模态和初态的定义。

2）识记常用 M、S、F、T 的功能指令代码。

3）具有熟练运用 M、S、F、T 功能码的能力。

【任务引入】

M、S、F、T 功能码是数控系统的常用代码，M 为辅助功能代码，S 为主轴转速功能码，F 为进给功能码 T 为刀具功能码。程序的开始和结束、切削液的开和关、主轴的正转和反转、转速的控制、进给的控制及刀具的更换等都由 M、S、F、T 功能码来完成。熟练掌握这些功能码是正确编制程序的关键。

【相关知识】

一、模态与初态

1. 模态

模态是指相应字段的值一经设置，以后一直有效，直至某程序段又对该字段进行重新设置。模态的另一意义是设置之后，以后的程序段中若使用相同的功能，可以不必再输入该字段。如 G01、G02 和 G03 等指令。

2. 系统的初态

系统的初态是指开机后运行加工程序之前的编程状态。华中世纪星系统的初态如下：

G21 状态：米制编程。

G97 状态：S 指令指定主轴转速（非恒线速控制状态）。

G98 状态：切削进给速度为每分钟进给量（mm/min）。

二、M 功能指令

HNC-21/22M 数控系统的 M 功能指令是由地址字母 M 和其后的两位数字来表示的，其功能见表 2-1。

M00 为程序无条件暂停指令。程序执行到此，进给停止、主轴停转。重新启动程序，必须先回到 JOG（手动）状态下，按下 CW（主轴正转）启动主轴，接着返回 AUTO（自动）状态下，按下 START 键才能启动程序。

表 2-1　M 指令功能

M 代码	特性	功能说明	M 代码	特性	功能说明
M00	非模态	程序暂停	M08	模态	切削液开
M01	非模态	程序选择停止	M09	模态	切削液关
M02	非模态	程序结束	M98	非模态	调用子程序
M03	模态	主轴正转	M99	非模态	子程序结束
M04	模态	主轴反转	M30	非模态	程序结束并重置
M05	模态	主轴停止	M45	模态	卷屑机正转
M06	非模态	自动换刀 （只用于机械手换刀）	M46	模态	卷屑机反转
M07	模态	喷雾起动 （喷压缩空气）	M47	模态	卷屑机停转

注：M00、M02 和 M30 的区别与联系。

M00 常常用于加工中途工件尺寸的检测或排屑。

M02 为主程序结束指令。执行到此指令，进给停止、主轴停止、切削液关闭，但程序光标停在程序末尾。

M30 为主程序结束指令，功能同 M02，不同之处是光标返回程序开头位置，不管 M30 后是否还有其他程序段。

三、主轴功能 S

主轴功能也称主轴转速功能或 S 功能，是用来指定机床主轴转速（切削速度）的功能。S 功能用地址 S 及其后的数字来表示。

在编程时除用 S 代码指令主轴转速外，还要用 M 代码指令主轴旋转方向。

对于有恒定表面速度控制功能的机床，还要用 G96 或 G97 指令配合 S 代码来指令主轴的速度，使之随刀具位置的变化来保持刀具与工件表面的相对速度不变。

1. 最高转速限制

编程格式：G50　S～

S 后面的数字表示的是最高转速，单位为 r/min。例如 G50　S3000 表示最高转速限制为 3000r/min。

2. 恒线速控制

S1500　M03 表示主轴正转，转速为 1500r/min。

S800　M04 表示主轴反转，转速为 800r/min。

3. 恒线速取消

编程格式：G97　S～

S 后面的数字表示恒线速度控制取消后的主轴转速。如 S 未指定，将保留 G96 的最终值。如 G97　S3000 表示恒线速控制取消后主轴转速为 3000r/min。S1500　M03 表示主轴正转，转速为 1500r/min；S800　M04 表示主轴反转，转速为 800r/min。

四、进给功能 F

进给功能也称 F 功能，用来指令坐标轴的进给速度。进给功能用地址 F 及其后面的数字来表示，在程序中有两种使用方法。

1. 每转进给量

编程格式：G95　F ~

F 后面的数字表示的是主轴每转进给量，单位为 mm/r。如 G95　F0.2 表示进给量为 0.2 mm/r。

2. 每分钟进给量

编程格式：G94　F ~

F 后面的数字表示的是每分钟进给量，单位为 mm/min。如 G94　F100 表示进给量为 100mm/min。

F 指令表示工件被加工时刀具相对于工件的合成进给速度，F 的单位取决于 G94（mm/min）或 G95（mm/r）。当工作在 G01、G02 或 G03 方式下时，编程的 F 一直有效，直到被新的 F 值所取代，而工作在 G00 和 G60 方式下时，快速定位的速度是各轴的最高速度，由 CNC 参数设定，与所编 F 无关。借助操作面板上的倍率按键，F 可在一定范围内进行倍率修调。当执行攻螺纹循环指令 G84 和螺纹切削指令 G33 时，倍率开关失效，进给倍率固定在 100%。

五、刀具功能 T

加工中心自动换刀功能是通过机械手（自动换刀机构）和数控系统的有关控制指令来完成的。换刀过程包括装刀、选刀和换刀。

（1）装刀　刀具装入刀库。

1）任选刀座装刀方式。刀具安置在任意的刀座内，需将该刀具所在刀座号记下来。

2）固定刀座装刀方式。刀具安置在设定的刀座内。

（2）选刀　从刀库中选出指定刀具的操作。

1）顺序选刀：选刀方式要求按工艺过程的顺序（即刀具使用顺序）将刀具安置在刀座中，使用时按刀具的安置顺序逐一取用，用后放回原刀座中。

2）随意选刀。

①　刀座编码选刀：对刀库各刀座进行编码，把与刀座编码对应的刀具一一放入指定的刀座中，编程时用地址 T 指出刀具所在刀座，其换刀操作为：刀库→选刀→到换刀位→机械手取出刀具→装入主轴，同时将主轴取下的刀具装入待换刀具的刀座。

（3）自动换刀程序的编制

1）换刀动作（指令）：选刀（T××）；换刀（M06），如 T4　M06。

注：换刀指令 M06 必须在用新刀具进行切削加工的程序段之前，而下一个选刀指令 T 常紧跟在这次换刀指令之后。

2）换刀点：多数加工中心规定换刀点在机床 Z 轴零点（Z0），要求在换刀前用准备功能指令（G28）使主轴自动返回机床 0 点。

3）换刀过程：接到 T×× 指令后立即自动选刀，并使选中的刀具处于换刀位置，接到 M06 指令后机械手动作，一方面将主轴上的刀具取下送回刀库，另一方面又将换刀位置的刀具取出装到主轴上，实现换刀。

【任务小结】

M、S、F、T 功能码是数控编程必需的代码，除 T 功能码外，每个可运行的完整的数铣程序都必须有 M、S、F 功能码。因此，正确、熟练地使用这些代码很有必要。

【任务练习】

一、选择题

1. 辅助功能 M03 代码表示_____。

A. 程序停止　　　B. 切削液开　　　C. 主轴停止　　　D. 主轴正转

2. 在华中数控系统中，执行 mm/min 的指令是_____。

A. G94　　　　　B. G95　　　　　C. G98　　　　　D. G99

3. 数控铣床一般没有自动换刀装置，所以编程时_____需要考虑换刀点的坐标。

A. 是　　　　　　B. 否

二、简答题

在数控铣床上常用哪些坐标系？

任务二　数控系统中常用的准备功能 G 指令

【任务目标】

1）熟记准备功能 G 指令。

2）熟练运用 G00、G01、G02 和 G03 基本代码。

3）正确使用刀具半径补偿指令 G40、G41、G42 和长度补偿指令 G43、G44、G49。

4）熟记刀具半径补偿指令 G41、G42 和 G40。

5）编程中正确判断左右补偿，灵活应用 G41、G42 与 D××实现粗精加工。

6）编程中正确运用长度补偿，灵活应用 G43、G44 与 H××实现粗精加工。

7）熟练使用工件坐标系 G54~G59 指令，尤其是 G54 指令。

8）能正确区别 G54 与 G92 指令。

9）正确区别 G90 和 G91 指令，并在编程中灵活应用 G90 和 G91 指令。

10）正确区别 G17、G18 和 G19 指令，并在编程中灵活应用 G17、G18 和 G19 指令。

11）正确区别 G28 和 G29 指令，并在编程中灵活应用 G28 和 G29 指令。

12）正确区别子程序与主程序以及主程序与子程序之间的联系，灵活应用子程序提高编程速度与技巧。

【任务引入】

无论是手工编程还是自动编程，G00、G01、G02、G03、G40、G41、G42、G43、G44、G49、G54~G59 这些代码都必须熟悉并能正确使用，因为熟练运用这些代码是数控加工人员必须具有的能力。

【相关知识】

准备功能 G 指令由 G 后续一或二位数值组成，用来规定刀具和工件的相对运动轨迹、机床坐标系、坐标平面、刀具补偿和坐标偏置等多种加工操作。

华中世纪星（HNC-21/22M）数控系统数控铣床的常用准备功能 G 指令见表 2-2。

表 2-2　华中世纪星数控系统数控铣床的常用准备功能 G 指令

G 代码	功能	G 代码	功能
G00	定位（快速进给）	G43	刀具长度正向补偿（刀具延长）
G01	直线插补（切削进给）	G44	刀具长度负向补偿（刀具缩短）
G02	圆弧插补（顺时针方向）	G49	取消刀具长度补偿
G03	圆弧插补（逆时针方向）	G54～G59	工件坐标系设定
G04	在两个程序段之间暂停	G61	精确停止方式
G17	XY 平面选择	G64	连续方式
G18	ZX 平面选择	G80	固定循环取消
G19	YZ 平面选择	G81	定心钻孔固定循环
G40	取消刀具半径补偿	G83	深孔钻孔固定循环
G41	刀具半径左补偿	G90	绝对坐标编程方式
G42	刀具半径右补偿	G91	相对坐标编程方式

注：以上 G 代码均为模态指令（或续效指令），一经程序段中指定，便一直有效，直到以后程序段中出现同组另一指令（G 指令）或被其他指令取消（M 指令）时才失效，而且在以后的程序中使用时可省略不写。

一、工件坐标系选择指令 G54～G59

编程格式：

G54

G55

G56

G57

G58

G59

说明：G54～G59 指令可预定 6 个工件坐标系（见图 2-1），根据需要任意选用。

这 6 个预定工件坐标系的原点在机床坐标系中的值用 MDI 方式预先输入在"坐标系"功能表中，系统自动记忆。当程序执行 G54～G59 中的某一个指令时，后续程序段中绝对值编程时的指令值均为相对此工件坐标系原点的值。

［例 2-1］　如图 2-2 所示，用 G54 和 G55 指令选择工件坐标系指令编程，要求刀具从当前点（任一点）移动到 A 点，再从 A 点移动到 B 点。

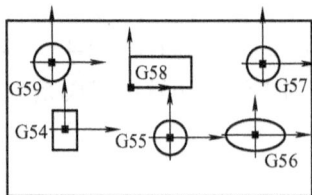

图 2-1　工件坐标系的选择

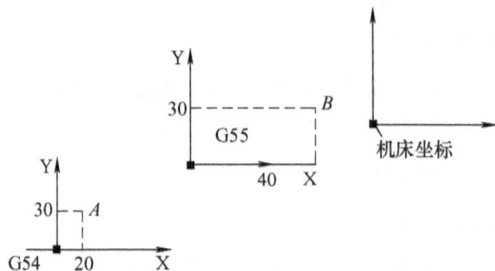

图 2-2　用 G54 和 G55 指令编程

其程序如下：

%1000

N01	G54	选择工件坐标系1
N02	G00 G90 X20 Y30	当前点→A
N03	G55	选择工件坐标系2
N04	G00 X40 Y30	A→B
N05	M30	

二、设定工件坐标系指令 G92

编程格式：G92   X __ Y __ Z __

指令功能：设定工件坐标系。

说明：

1）图2-3所示G92指令中X_1、Y_1、Z_1坐标表示换刀点在工件坐标系XYZ中的坐标值。如图2-4所示，通过与机床坐标系X'Y'Z'的相对位置建立工件坐标系XYZ，多数数控系统用G54指令的X、Y、Z坐标表示工件坐标系原点在机床坐标系中的坐标值。

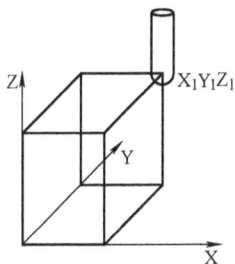

图 2-3 用 G92 指令设定工件坐标

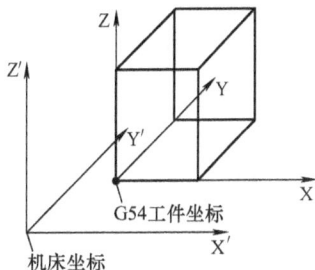

图 2-4 用 G54 指令设定工件坐标

2）常见错误。当执行程序段"G92   X30   Y10"时，常会认为是刀具在运行程序后到达X30   Y10点上。其实，G92指令程序段只是设定加工坐标系，并不产生任何动作，这时刀具已在加工坐标系中的X30   Y10点上。

3）G92指令与G54~G59指令的区别。G92指令与G54~G59指令都是用于设定工件加工坐标系的，但在使用中是有区别的。G92指令是通过程序来设定和选用加工坐标系的，它所设定的加工坐标系原点与当前刀具所在的位置有关，这一加工原点在机床坐标系中的位置是随当前刀具位置的不同而改变的。G54~G59指令程序段可以和G00、G01指令组合，如执行程序段G54   G90   G01   X30   Y10时，运动部件在选定的加工坐标系中进行移动，无论刀具当前点在哪里，都会移动到加工坐标系中的X30   Y10点上。

三、G90 绝对坐标和 G91 增量坐标指令

编程格式：G90   X __ Y __ Z __

G91   X __ Y __ Z __

指令功能：设定坐标输入方式。

说明：

1）G90 指令建立绝对坐标输入方式，移动指令目标点的坐标值 X、Y、Z 表示刀具离开工件坐标系原点的距离。

2）G91 指令建立增量坐标输入方式，移动指令目标点的坐标值 X、Y、Z 表示刀具离开当前点的坐标增量。

[例2-2] 如图 2-5 所示，刀具由原点按顺序向 0、A、B、C、0 点移动时，用 G90、G91 指令编程。

其程序如下：

%1（G90 指令编程）

```
G54   G00   X0   Y0
G90   G01   X10   Y10   F200
X30   Y22
X20   Y40
X0   Y0
M30
```

%1（G91 指令编程）

```
G54   G00   X0   Y0
G91   G01   X10   Y10   F200
X20   Y12
X – 10   Y18
X – 20   Y – 40
M30
```

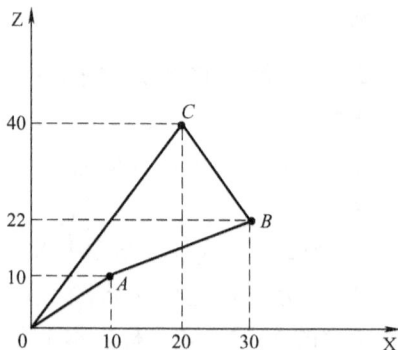

图 2-5 用 G90 和 G91 方式编程

注意：铣床编程中增量编程不能用 U、W 来表示 X，Z 坐标。如果用 U、W，就为 U 轴、W 轴。

铣床中 X 轴不再是直径。

四、插补平面选择 G17、G18、G19 指令

编程格式：G17
　　　　　　G18
　　　　　　G19

指令功能：表示选择的插补平面。

说明：

1）G17 指令表示选择 XY 平面。

2）G18 指令表示选择 ZX 平面。

3）G19 指令表示选择 YZ 平面，如图 2-6a 所示。

对于三坐标联动的铣床和加工中心，常用这些指令确定机床在哪个平面内进行插补运动。例如，加工如图 2-6b 所示零件，当铣削圆弧面 $R15$mm 时，就在 XY 平面内进行圆弧插补，应选用 G17 指令；当铣削圆弧面 $R22$mm 时，应在 XZ 平面内加工，应选用 G18 指令。数控系统开机默认 G17 指令状态。

图 2-6 G17、G18、G19 指令的应用

a）工件平面的设定 b）加工平面的选择

五、回参考点控制指令

1. 自动返回参考点指令 G28

编程格式：G28 X __ Y __ Z __

说明：

X、Y、Z：回参考点时经过的中间点（不是机床参考点），在 G90 指令时为中间点在工件坐标系中的坐标；在 G91 指令时为中间点相对于起点的位移量。G28 指令先使所有的编程轴都快速定位到中间点，然后再从中间点到达参考点，如图 2-7 所示。一般地，G28 指令用于刀具自动更换或者消除机械误差，在执行该指令之前应取消刀具半径补偿和刀具长度补偿。在 G28 指令的程序段中不仅产生坐标轴移动指令，而且记忆了中间点坐标值，以供 G29 指令使用。系统电源接通后，在没有手动返回参考点的状态

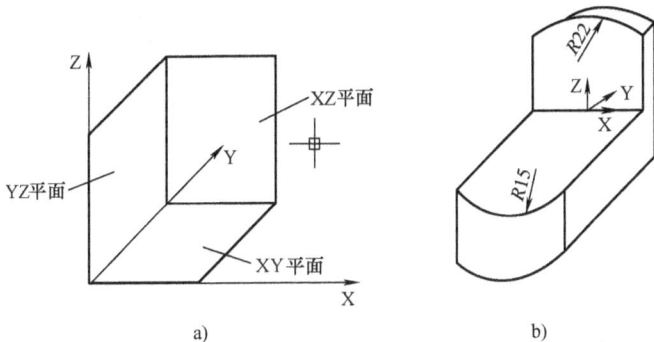

图 2-7 G28 指令的刀路轨迹

下，执行 C28 指令时，刀具从当前点经中间点自动返回参考点，与手动返回参考点的结果相同。这时从中间点到参考点的方向就是机床参数"回参考点方向"设定的方向。G28 指令仅在其被规定的程序段中有效。

[例 2-3] 在图 2-7 中，从 A 点经过 B 点回参考点 R 的轨迹编程如下：

%1111

G54 G00 G90 X10 Y10 Z20 以 A（10，10，20）为起刀点建立工件坐标系

G90 G28 X140 Y80 Z20 从 A 点按绝对坐标输入方式移动到 B，最后到达 R

M30

2. 自动从参考点返回指令 G29

编程格式：G29 X __ Y __ Z __

说明：

X、Y、Z：返回的定位终点，在 G90 指令时为定位终点在工件坐标系中的坐标；在 G91 指令时为定位终点相对于 G28 指令中间点的位移量。G29 指令可使所有编程轴以快速进给方式经过由 G28 指令定义的中间点，然后再到达

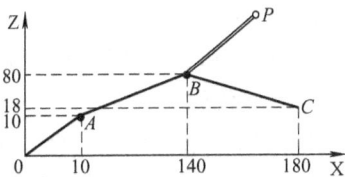

图 2-8 G28 和 G29 指令的刀路

指定点。通常该指令紧跟在 G28 指令之后。G29 指令仅在其被规定的程序段中有效。

[例2-4] 用 G28 和 G29 指令对图 2-8 所示的路径进行编程，要求由 A 点经过中间点 B 并返回参考点，然后从参考点经由中间点 B 返回到 C 点。

其程序如下：

%1102

G54　G90　G00　X10　Y10　Z20　　以 A（10，10，20）为起刀点建立工件坐标系

G91　G28　X130　Y70　Z0　　　　从 A 点按增量坐标输入方式移动到 B 点，最后到达 P 点。

G29　X40　Y－62　　　　　　　　从参考点经过 B 点，到达 C 点

M02

六、基本编程指令

1. 快速定位指令 G00

编程格式：G00　X＿＿ Y＿＿ Z＿＿

其中，X、Y、Z、为快速定位终点，在 G90 指令时为终点在工件坐标系中的坐标；在 G91 指令时为终点相对于起点的位移量（空间折线移动）。

说明：

1）G00 指令一般用于加工前快速定位或加工后快速退刀。

2）为避免干涉，通常的做法是不轻易三轴联动，一般先移动一个轴，再在其他两轴构成的面内联动。

如：进刀时，先在安全高度 Z 上移动（联动）X、Y 轴，再下移 Z 轴到工件附近；退刀时，先抬 Z 轴，再移动 X－Y 轴。

如程序段　N25　G00　X40　Y30

N30　X20　Y20 表示刀具快速从 X40　Y30 移动到 X30　Y20 再到达 X20　Y20 上，其运动轨迹如图 2-9 所示。

2. 直线切削（直线插补）指令 G01

编程格式：G01　X＿＿ Y＿＿ Z＿＿ F＿＿

其中，X、Y、Z 为终点，其含义为从起点以直线的方式移动到指定的终点位置，其速度的大小由 F 值决定。在 G90 指令时为终点在工件坐标系中的坐标；在 G91 指令时为终点相对于起点的位移量。

说明：

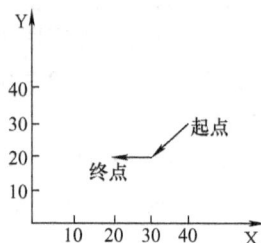

图 2-9　G00 指令刀具运动轨迹图

1）G01 指令刀具从当前位置以联动的方式，按程序段中 F 指令规定的合成进给速度，按合成的直线轨迹移动到程序段所指定的终点。

2）实际进给速度等于指令速度 F 与进给速度修调倍率的乘积。

3）G01 和 F 都是模态代码，如果后续的程序段不改变加工的线型和进给速度，可以不再书写这些代码。

4）G01 可由 G00、G02、G03 或 G33 功能注销。

F 是切削进给率或进给速度，其单位为 mm/r 或 mm/min，取决于该指令前面程序段的

设置是否有 G99 指令。若有 G99 指令未被 G98 指令取消，则 F 表示 mm/r；其余情况系统以初态 G98 指令表示 F，即 mm/min。第一次出现 G01 指令时，必须指定 F 值，否则机床报警。如下面的程序段表示刀具以 80mm/min 的进给速度移动到 X20　Y20 上，其运动轨迹如图 2-10 所示。

N25　G00　X40　Y40

N30　G01　Y30　F80

N35　X20　Y20

N35　X0　Y20

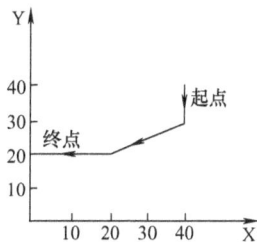

图 2-10　G01 指令的运动轨迹图

3. 圆弧插补指令　(G02/G03)

下面所列的指令可以使刀具沿圆弧轨迹运动。图 2-11 所示为其方向判定方法。

编程格式：

在 X-Y 平面

G17　{G02/G03}　X __ Y __ I __ J __ F __

G17　{G02/G03}　X __ Y __ R __ F __

在 X-Z 平面

G18　{G02/G03}　X __ Z __ I __ K __ F __

G18　{G02/G03}　X __ Z __ R __ F __

在 Y-Z 平面

G19　{G02/G03}　Y __ Z __ J __ K __ F __

G19　{G02/G03}　Y __ Z __ R __ F __

上面指令中字母的解释见表 2-3。

表 2-3　G02/G03 指令解释

内　容	指　令	含　义
平面选择	G17	指定 X-Y 平面上的圆弧插补
	G18	指定 X-Z 平面上的圆弧插补
	G19	指定 Y-Z 平面上的圆弧插补
圆弧方向	G02	顺时针方向的圆弧插补
	G03	逆时针方向的圆弧插补
从起点到圆心的距离	I、J、K 中的两轴指令	从起点到圆心的距离（有方向的）
圆弧半径	R	圆弧半径
沿圆弧运动的速度	F	沿圆弧切线方向运动的速度

指令参数说明：

1）圆弧插补只能在某平面内进行。

G17 代码进行 XY 平面的指定，省略时就默认为是 G17 指令。

当在 ZX（G18）和 YZ（G19）平面上编程时，平面指定代码不能省略。

2）G02/G03 指令的判断：G02 为顺时针方向圆弧插补，G03 为逆时针方向圆弧插补。顺时针或逆时针是从垂直于圆弧加工平面的第三轴的正方向看到的回转方向，如图 2-11 所示。

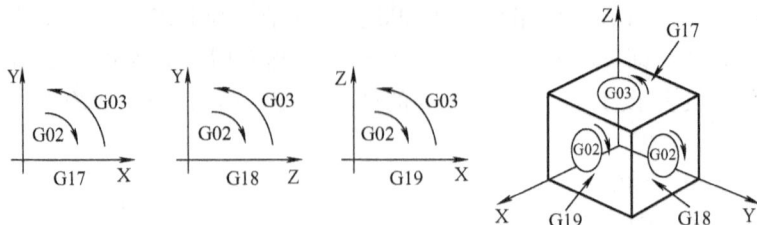

图 2-11　G02/G03 指令的方向判定

3）I、J、K 分别表示 X、Y、Z 轴圆心的坐标减去圆弧起点的坐标，如图 2-12 所示。某项为零时，可以省略。

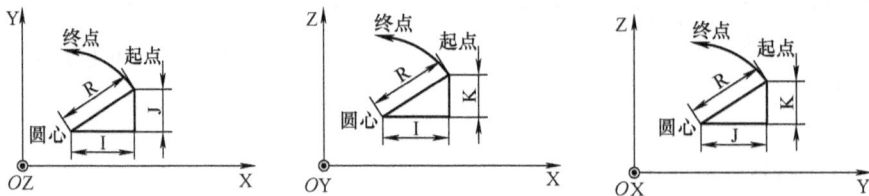

图 2-12　I、J、K 的含义

当圆弧圆心角小于 180°时，R 为正值；当圆弧圆心角大于 180°时，R 为负值。整圆编程时不可以使用 R，只能用 I、J、K。

F 为编程的两个轴的合成进给速度。

4）整圆编程。要求由 A 点开始，实现逆时针圆弧插补并返回 A 点，如图 2-13 所示，其编程方法如下：

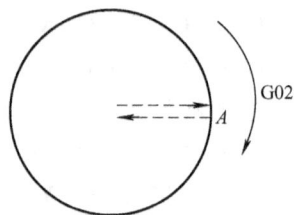

图 2-13　整圆编程

G90　G02　X40　Y0　I－40　J0　F200
G91　G02　X0　　Y0　I－40　J0　F200

5）用 G02/G03 指令实现空间螺旋线进给。

编程格式：G17　G02（G03）X __ Y __ R __ Z __ F __
或　　　　　G18　G02（G03）X __ Z __ R __ Y __ F __
　　　　　　G19　G02（G03）Y __ Z __ R __ X __ F __

即在原 G02、G03 指令格式的程序段后部再增加一个与加工平面相垂直的第三轴移动指令，这样在进行圆弧进给的同时还进行第三轴方向的进给，其合成轨迹就是空间螺旋线。其中，X 、Y 、Z 为投影圆弧终点，第 3 坐标是与选定平面垂直的轴终点。

［例 2-5］　如图 2-14 所示，以 φ30mm 的孔定位精铣外轮廓，暂不考虑刀具补偿半径，编制其加工程序。

其加工程序为：

％0001	主程序号
G54　G00　G90　X80.0　Y150.0　Z5.0	建立工件坐标系
S800　M03	主轴正转
G90　G00　X100.0　Y60.0	快进到 X＝100，Y＝60
Z－2.0	Z 轴快移到 Z＝－2

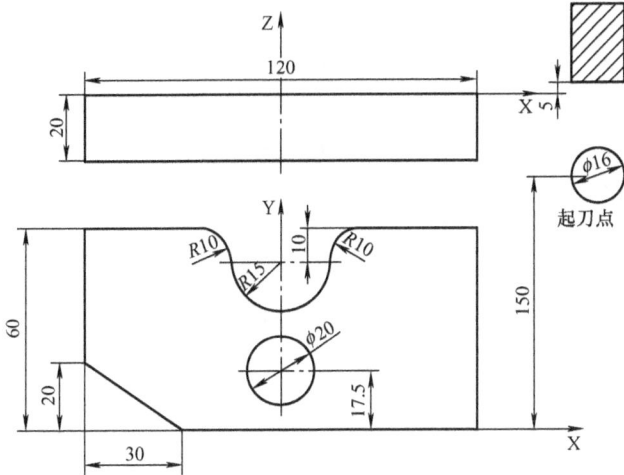

图 2-14　外轮廓加工编程实例

G01　X25.0　F200	直线插补至 X = 25
G03　X15.0　Y50　R10.0	逆圆插补至 X = 15，Y = 50
G02　X - 15　R15	顺圆插补至 X = - 15，Y = 50
G03　X - 25.0　Y60　R10.0	逆圆插补至 X = 15，Y = 60
G01　X - 60.0	直线插补至 X = - 60
Y20	直线插补至 Y = 20
X - 30　Y0	直线插补至 X = - 30　Y = 0
X60	直线插补至 X = 60
Y70	直线插补至 Y = 70
G00　X100.0　Y60.0	快进至 X = 100　Y = 60
Z5.0	快进至 Z = 5
M05　M30	程序结束，复位

[例 2-6]　利用 G18 指令加工平面圆弧，如图 2-15 所示，加工半径为 15mm、长度为 40mm 的半圆柱，刀具为 ϕ16mm 的平头铣刀，编制其加工程序。

其加工程序为：

%11（主程序）

S1000　M03

G54　G00　G90　G17　X30　Y - 25

G00　Z0

G01　X15　F100

Y - 20.5

G98　P22　L40

G00　Z50

M30

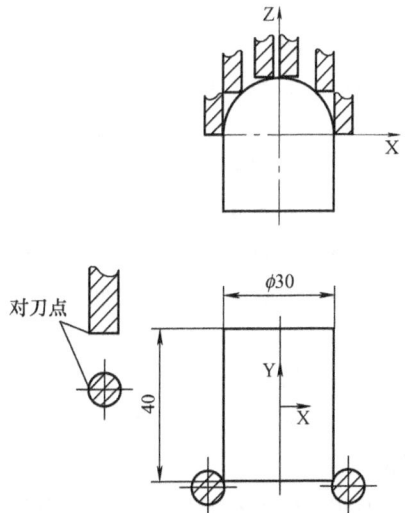

图 2-15　编程实例

%22（子程序）

G01	G91 Y0.5	向前
G90	G18 G03 X0 Z15 R15 F100	从右到左走右圆弧
G01	X－16	向左移动一个刀具直径
G03	X－31 Z0 R15	从右到左走左圆弧
G91	Y0.5	向前
G90	G02 X－16 Z15 R15	从左到右走左圆弧
G01	X0	向右移动一个刀具直径
G02	X15 Z0 R15	从左到右走右半圆弧
M99		

编程时注意以下问题。

1）对刀点的位置。

2）切削点的位置。

七、刀具半径补偿指令 G41、G42 和 G40

1. 刀具半径补偿的目的

在数控铣床上进行轮廓的铣削加工时，由于刀具半径的存在，刀具中心轨迹和工件轮廓不重合。如果系统没有半径刀具补偿功能，则只能按刀心轨迹进行编程，即在编程时事先加上或减去刀具半径，其计算相当复杂，计算量大，尤其当刀具磨损、重磨或换新刀后，刀具半径发生变化时，必须重新计算刀心轨迹，修改程序，这样既繁琐，又不利于保证加工精度。当数控系统具备刀具半径补偿功能时，数控编程只需按工件轮廓进行，数控系统会自动计算刀心轨迹，使刀具偏离工件轮廓一个刀具半径值，即进行刀具半径补偿。

2. 刀具半径补偿指令

编程格式：$\begin{Bmatrix} G17 \\ G18 \\ G19 \end{Bmatrix}\begin{Bmatrix} G40 \\ G41 \\ G42 \end{Bmatrix}\begin{Bmatrix} G00 \\ G01 \end{Bmatrix}$ X＿ Y＿ Z＿ D＿

编程说明：

G40：取消刀具半径补偿。

G41：左刀补（在刀具前进方向左侧补偿），如图 2-16a 所示。

G42：右刀补（在刀具前进方向右侧补偿），如图 2-16b 所示。

G17：刀具半径补偿平面为 XY 平面。

G18：刀具半径补偿平面为 ZX 平面。

G19：刀具半径补偿平面为 YZ 平面。

X、Y、Z：G00、G01 的参数，即刀补建立或取消的终点（投影到补偿平面上的刀具轨迹受到补偿）。

D：G41、G42 的参数，即刀补号码（D00～D99），它代表了刀补表中对应的半径补偿值。

G40、G41 和 G42 都是模态代码，可相互注销。

注意：

1）刀具半径补偿平面的切换必须在补偿取消方式下进行。

2）刀具半径补偿的建立与取消只能用 G00 或 G01 指令，不能用 G02 或 G03 指令。

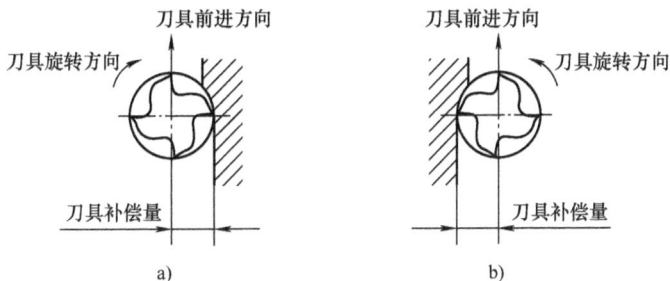

图 2-16　刀具半径补偿

a）刀具半径左补偿 G41　b）刀具半径右补偿 G42

[例 2-7]　考虑刀具半径补偿，编制图 2-17 所示零件的加工程序：要求建立如图所示的工件坐标系，按箭头所指示的路径进行加工，设加工开始时刀具距离工件上表面 5mm，切削深度为 2mm。

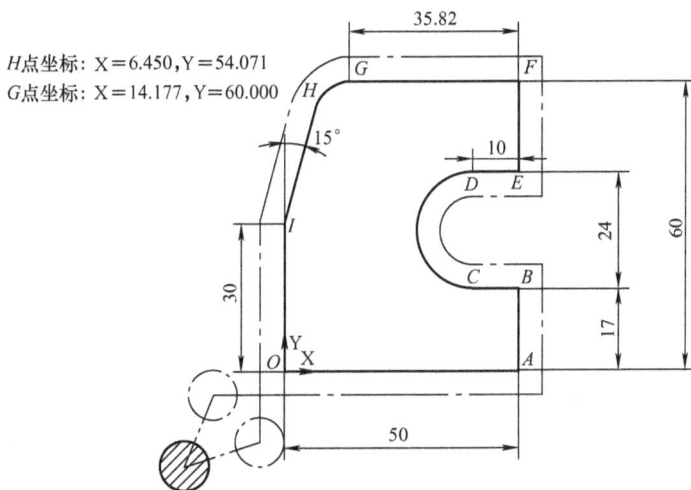

图 2-17　刀具半径补偿示例 1

零件的加工程序如下：

```
%1008
G90   G17   G54   G00   X-20   Y-20   Z5   M03   S900
G42   G00   X-10   Y0   D01
Z2
G01   Z-2   F200
X50
Y17
X40
G02   Y41   R12
G01   X50
```

Y60

X14. 177

G03　X6. 45　Y54. 071

G01　Y - 10

G00　Z50　M05

G40　X - 20　Y - 20

M30

[例2-8]　　凸轮零件的外形轮廓如图2-18 所示，厚度为5mm。要求用直径 φ12mm 的立铣刀加工，试手工编制零件的加工程序。

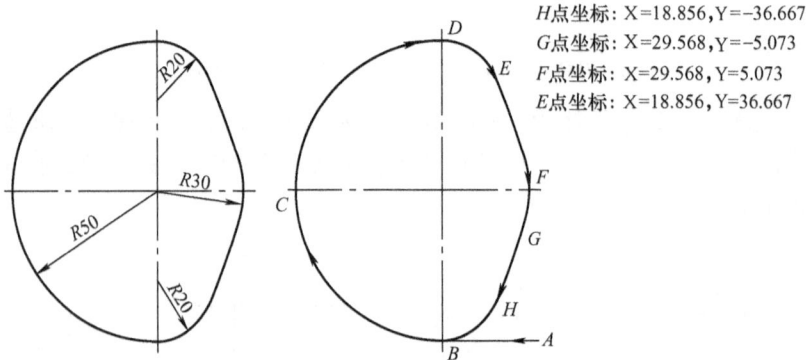

H点坐标：X=18.856,Y=-36.667
G点坐标：X=29.568,Y=-5.073
F点坐标：X=29.568,Y=5.073
E点坐标：X=18.856,Y=36.667

图 2-18　刀具半径补偿示例 2

在编制程序之前，要计算每一圆弧的起点坐标和终点坐标值，有了坐标值方能正式编程。各点的坐标如图 2-18 所示。

零件的加工程序如下：

O0003 （或%3）	定义零件程序号 0 ~ 9999
N01　G90　G17　G54　G00　X70　Y - 60　Z5　S800　M03	建立工件坐标系（坐标参数由对刀点确定），主轴正转
N02　G90　G41　D1　G00　X60　Y - 50	快速由对刀点移动到了点 A 下方（60，-50，5），建立刀补
N03　G01　Z-6. 0　F200	下刀
N04　G01　X0　Y - 50　F200	由点（60，-50，-6）　到点 A（0，-50，-6）
N05　G02　Y50　J50	加工圆弧 BCD
N06　G02　X18. 856　Y36. 667　R20. 0	加工圆弧 DE
N07　G01　X29. 568　Y5. 073	加工直线 EF
N08　G02　Y - 5. 073　R30. 0	加工圆弧 FG
N09　G01　X18. 856　Y - 36. 667	加工直线 GH
NIO　G02　X0　Y - 50　R20	加工圆弧 HB
N11　G01　X - 10	到点（-10，-50，-6）

N12	G01	Z35.0	F500	到点（－10，－50，－6）上方（－10，－50，5）
N13	G40	X70	Y－60	取消刀补
N14	M05			
N15	M30			程序结束

八、刀具长度偏置指令 G43、G44 和 G49

通常，数控车床的刀具装在回转刀架上，而加工中心和数控镗、铣床、数控钻床等的刀具装在主轴上，由于刀具长度不同，装刀后刀尖所在的位置不同，即使是同一把刀具，由于磨损、重磨变短，重装后刀尖位置也会发生变化。如果要用不同的刀具加工同一工件，确定刀尖位置是十分重要的。为了解决这一问题，我们把刀尖位置都设在同一基准上，一般刀尖基准选为刀柄测量线（或是装在主轴上的刀具选用主轴前端面，装在刀架上的刀具选用刀架前端面）。编程时不用考虑实际刀具的长度偏差，只以这个基准进行编程，而刀尖的实际位置由 G43、G44 指令来修正。

编程格式：$\begin{Bmatrix} G17 \\ G18 \\ G19 \end{Bmatrix} \begin{Bmatrix} G43 \\ G44 \\ G49 \end{Bmatrix} \begin{Bmatrix} G00 \\ G01 \end{Bmatrix}$ X ＿ Y ＿ Z ＿ H ＿

说明：

G17：刀具长度补偿轴为 Z 轴。

G18：刀具长度补偿轴为 Y 轴。

G19：刀具长度补偿轴为 X 轴。

G49：取消刀具长度补偿。

G43：正向偏置（补偿轴终点加上偏置值），如图 2-19 所示。

G44：负向偏置（补偿轴终点减去偏置值），如图 2-19 所示。

X、Y、Z：G00、G01 的参数，即刀补建立或取消的终点。

H：G43、G44 的参数，即刀具长度补偿偏置号（H00～H99），它代表了刀具表中对应的长度补偿值。长度补偿值是编程时的刀具长度和实际使用的刀具长度之差。G43、G44 和 G49 都是模态代码，可相互注销。用 G43（正向偏置）、G44（负向偏置）指令设定偏置的方向，如图 2-20 所示。

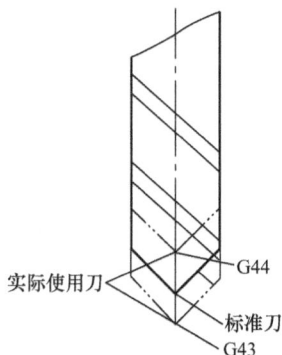

图 2-19 G43、G44 偏置

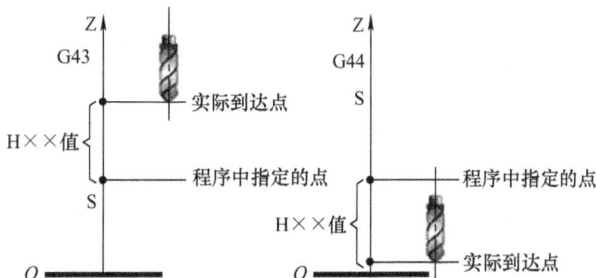

图 2-20 G43、G44 指令的偏置方向

G43 和 G44 指令由输入的相应地址号 H 代码从刀具表（偏置存储器）中选择刀具长度偏置值。该功能补偿编程刀具长度和实际使用的刀具长度之差，而不用修改程序。偏置号可用 H00～H99 来指定，偏置值与偏置号对应，可通过 MDI 功能先设置在偏置存储器中。

无论是绝对指令还是增量指令，存入 H 代码指定的偏置存储器中的偏置值，在 G43 时，是从长度补偿轴运动指令的终点坐标值中加上 H 代码指定的偏置值，计算后的坐标值成为终点；在 G44 时，则是从长度补偿轴运动指令的终点坐标值中减去 H 代码指定的偏置值，计算后的坐标值成为终点。

[例 2-9] 考虑刀具长度补偿，编制如图 2-21 所示零件的加工程序：要求建立如图 2-21 所示的工件坐标系，按箭头所指示的路径进行加工。

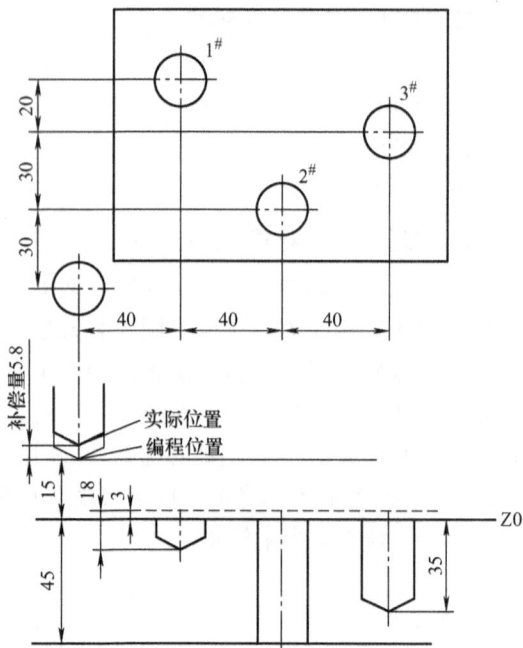

图 2-21　刀具长度补偿的应用

H01 = 4.0 为预先在 MDI 功能中的"刀具表"设置 01 号刀具长度值。
零件的加工程序如下：

%0001	
G54　G00　X0　Y0　Z15	起刀点坐标（0，0，15）
G91　G00　X40　Y80　M03	用增量方式移动到 1 号点
G01　G43　Z－12　H01　F100	移近工件表面，建立刀具长度补偿
Z-21	加工 1 号孔
G04　P2	
G00　Z21	抬刀
X10.0　Y－50.0	移动到 2 号点
G01　Z－33	加工 2 号孔
G04　P2	
G01　Z33	抬刀
X30　Y30	移动到 3 号点
Z－25	加工 3 号孔
G04　P2	
G00　Z40	抬刀
X－80　Y－60	移动到起始点
M05	
M30	

若要改变刀具长度补偿量，需指定新的刀具号，刀具长度将按新的偏置值进行补偿。例

如，设 H01 的偏置值为 5.0，H02 的偏置值为 10.0 时，

G90　G43　Z100.0　H01 程序段表示 Z 将达到 105.0，

G90　G43　Z100.0　H02 程序段表示 Z 将达到 110.0。

九、子程序

1. 子程序调用

把程序中某些固定顺序和重复出现的程序单独抽出来，按一定格式编成一个程序供调用，这个程序就是常说的子程序。子程序可以被主程序调用，同时子程序也可以调用另一个子程序。这样可以简化程序的编制和节省 CNC 系统的内存空间。

子程序必须有一个程序号码，且以 M99 作为子程序的结束指令，并返回到调用子程序的主程序中。主程序调用子程序的指令格式如下：

编程格式 1：M98　P __ L __

其中 P 为被调用的子程序号，L 为重复调用的次数，例如 M98　P1234　L4

编程格式 2：M98　P × × × × × × × ×

P 表示子程序的调用情况。P 后共有 8 位数字，前四位为调用次数，省略时为调用一次；后四位为所调用的子程序号。

2. 子程序示例

[例 2-10]　　如图 2-22 所示，在一块平板上加工 6 个边长为 10mm 的等边三角形，每边的槽深为 − 2mm，工件上表面为 Z 向零点。其程序的编制就可以采用调用子程序的方式来实现（编程时不考虑刀具补偿）。

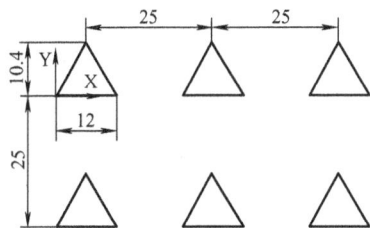

图 2-22　零件图样

主程序（以华中系统为例）：

%10

N10	M03	S800			主轴启动
N20	G54	G90	G01	Z40 F2000	进入工件加工坐标系
N30	G00	Z3			快进到工件表面上方
N40	G01	X　0 Y8.66			到 1#三角形上顶点
N50	M98	P20			调 20 号切削子程序切削三角形
N60	G90	G01	X30	Y8.66	到 2#三角形上顶点
N70	M98	P20			调 20 号切削子程序切削三角形
N80	G90	G01	X60	Y8.66	到 3#三角形上顶点
N90	M98	P20			调 20 号切削子程序切削三角形
N100	G90	G01	X0	Y − 21.34	到 4#三角形上顶点
N110	M98	P20			调 20 号切削子程序切削三角形
N120	G90	G01	X30	Y − 21.34	到 5#三角形上顶点
N130	M98	P20			调 20 号切削子程序切削三角形
N140	G90	G01	X60	Y − 21.34	到 6#三角形上顶点
N150	M98	P20			调 20 号切削子程序切削三角形

N160	G90	G01	Z40	F2000		抬刀
N170	M05					主轴停
N180	M30					程序结束

子程序：

%20

N10	G91	G01	Z－2	F100	在三角形上顶点切入（深）2mm
N20	G01	X－5	Y－8.66		切削三角形
N30	G01	X10	Y0		切削三角形
N40	G01	X5	Y8.66		切削三角形
N50	G01	Z5	F2000		抬刀
N60	M99				子程序结束

[例2-11]　以子程序来编写图2-23所示零件的加工程序。

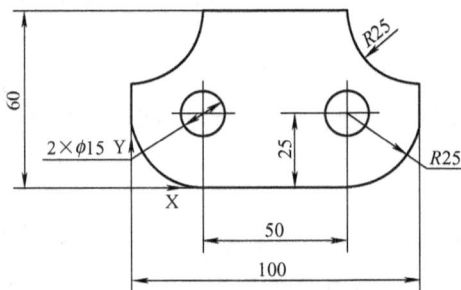

图2-23　子程序零件加工图

该零件的工艺过程为：

1）选用 ϕ12mm 立铣刀（或键槽铣刀）。

2）粗加工选刀具半径补偿 D01（R＝8），半精加工选刀具半径补偿 D02（R＝6.1），精加工选 D01（R＝6）。这样可以用同一把刀具、不同的刀具补偿值，用相同的子程序来实现各种加工。

该零件的加工程序为：

%0050（以华中系统为例）

G54	G17	G90	G40		
G00	X－40	Y80	Z50		
M03	S800				
G01	Z0	F300			
M98	P51	L30	F200		调用粗加工外形的子程序
G00	Z20				
X25	Y25				
G01	Z0	F300			
G91	G03	X0	Y－7.5	R3.75	
M98	P52	L30			调用粗加工 ϕ15mm 孔的子程序
G91	G03	X0	Y0	R7.5	

```
G90    G00    Z50
G00    Z20
X75    Y25
G01    Z0    F300
G91    G03    X0    Y－7.5    R3.75
M98    P52    L30                          调用粗加工φ15mm孔的子程序
G91    G03    X0    Y0    R7.5
G90    G00    Z50
M05
M02
％0051                                     粗加工外形的子程序
G90    G41    G01    X－15    Y60    D01    F300
G91    G01    Z－1    F120
G90    G01    X75
G03    X100    Y35    R25
G01    Y25
G02    X75    Y0    R25
G01    X25
G02    X0    Y25    R25
G01    Y35
G03    X25    Y60    R25
G01    Y70
       X－5
G40    G01    X－15    Y60    F300
M99


％0052                                     粗加工R25mm圆弧的子程序
G91    G03    X0    Y0    Z－1    R7.5
M99
```

【知识拓展】

一、镜像功能

镜像功能指令为 G24 和 G25。

编程格式：G24　X ＿ Y ＿ Z ＿

　　　　　　G25　X ＿ Y ＿ Z ＿

说明：

G24：建立镜像。

G25：取消镜像。

X、Y、Z：镜像位置。

当工件相对于某一轴具有对称形状时，可以利用镜像功能和子程序只对工件的一部分进行编程，而能加工出工件的对称部分，这就是镜像功能。

当某一轴的镜像有效时，该轴执行与编程方向相反的运动。

G24、G25 为模态指令，可相互注销，G25 为默认值。

[例2-12]　使用镜像功能编制如图 2-24 所示轮廓的加工程序：设刀具起点距工件上表面 10mm，切削深度为 5mm。

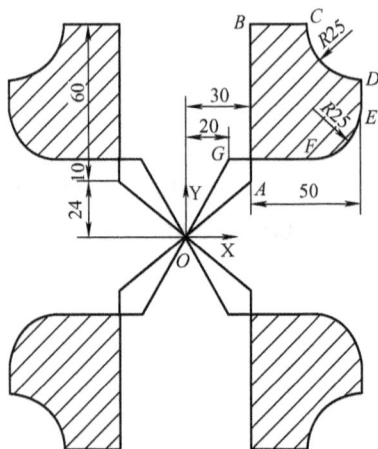

图 2-24　镜像轮廓加工图

预先在 MDI 功能中的"刀具表"设置 01 号刀具半径值项 D01 = 6.0，长度值项 H01 = 4.0。

该轮廓的加工程序如下：

%0024	主程序
G54　G00　X0　Y0　Z10	建立工件坐标系
G90　G17　M03　S600	
G00　G43　Z − 10　H01	Z 接近工件上表面
M98　P100　L10	加工第①象限
G00　Z10	
G24　X0	Y 轴镜像，镜像位置为 X = 0
G00　Z-10	
M98　P100　L10	加工第②象限
G00　Z10	
G24　Y0	X、Y 轴镜像，镜像位置为（0，0）
G00　Z − 10	
M98　P100　L10	加工第③象限
G00　Z10	
G25　X0	X 轴镜像继续有效，取消 Y 轴镜像
G00　Z − 10	
M98　P100	加工第④象限
G25　Y0	取消镜像

G49	G00	Z55		Z 提刀

M30

%100　　　　　　　　　　　　子程序（第①象限的加工程序）

G41	G00	X30	Y24	D01	$O{\to}A$

G01	Z-2	F300		Z 进刀

Y70　　　　　　　　　　　　$A{\to}B$

X25　　　　　　　　　　　　$B{\to}C$

G03	X25	Y-25	R25	$C{\to}D$

G01	Y-20			$D{\to}E$

G03	X-25	Y-25	R25	$E{\to}F$

G01	X-35			$F{\to}G$

G40	X-20	Y-34		回到 O

M99

二、暂停指令 G04

编程格式：G04　P ___

说明：

P：暂停时间，单位为 s。

G04：在前一程序段的进给速度降到零之后才开始暂停动作。在执行含 G04 指令的程序段时，先执行暂停功能。

G04 为非模态指令，仅在其被规定的程序段中有效。

[例 2-13]　编制图 2-25 所示零件的钻孔加工程序。

其程序如下：

%0004

G54	G00	X0	Y0	Z0

G91　F200

M03　S500

G43	G01	Z-6	H01

G04　P5

G49	G00	Z6	M05

M30

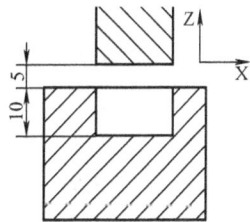

图 2-25　G04 指令编程实例

G04 可使刀具作短暂停留，以获得圆整而光滑的表面。如对不通孔进行深度控制时，在刀具进给到规定深度后，用暂停指令使刀具作非进给光整切削，然后退刀，保证孔底平整。

【任务小结】

本任务中每一 G 代码都是关键代码，对编程来说，掌握这些代码至关重要。

1. G00 与 G01

G00 的运动轨迹有直线和折线两种，该指令只用于点定位，不能用于切削加工。G01 按指定进给速度以直线运动方式运动到指令指定的目标点，一般用于切削加工。

2. G02 与 G03

G02：顺时针圆弧插补；G03：逆时针圆弧插补。

3. G04（延时或暂停指令）

一般用于正反转切换和加工不通孔。

4. G17、G18、G19

平面选择指令，指定平面加工，一般用于铣床和加工中心。

G17：X-Y 平面，可省略，也可以是与 X-Y 平面相平行的平面。

G18：X-Z 平面或与之平行的平面，数控车床中只有 X-Z 平面，不用专门指定。

G19：Y-Z 平面或与之平行的平面。

5. G27、G28、G29

G27：返回参考点，检查、确认参考点位置。

G28：自动返回参考点（经过中间点）。

G29：从参考点返回，与 G28 配合使用。

6. G40、G41、G42

G41 半径左补偿。

G42 半径右补偿。

G40：取消刀具半径补偿。

7. G43、G44、G49

G43：长度正补偿；G44：长度负补偿；G49：取消刀具长度补偿。

8. G90、G91

G90：绝对坐标编程；G91：增量坐标编程。

9. 主轴设定指令

G50：主轴最高转速的设定；G96：恒线速度控制；G97：主轴转速控制（取消恒线速度控制指令）；G99：返回到 R 点（中间孔）；G98：返回到参考点（最后孔）。

10. M03、M04、M05

M03：主轴正传；M04：主轴反转；M05：主轴停止。

11. M07、M08、M09

M07：雾状切削液开；M08：液状切削液开；M09：切削液关。

12. M00、M01、M02、M30

M00：程序暂停；M01：计划停止；M02：机床复位；M30：程序结束，指针返回到开头。

13. M98

调用子程序。

14. M99

返回主程序

【任务练习】

一、判断题

1. 执行 G92 指令，机床并不会运动。（　　　）

2. 刀具半径右补偿指令为 G41。（   ）

3. 加工程序段的结束部分常用 M02 或 M30 表示。（   ）

4. 刀具长度正向补偿用 G43 指令。（   ）

5. G 指令称为辅助功能指令代码。（   ）

6. 在华中系统中，G96 S200 表示主轴转速为 200r/min。（   ）

7. 在华中系统中，程序段 M98 P120 表示调用程序号为 O120 的子程序。（   ）

8. G01 是直线插补指令，它不能对斜线进行插补。（   ）

9. G00 为非模态 G 代码。（   ）

10. 程序段：G00 X150 Y70 和程序段：G28 X150 Y70 中的 X、Y 值都表示为目标点的坐标值。（   ）

二、选择题

1. 在华中系统中，G17 表示_____功能。

A. 坐标系平移和旋转   B. 英寸制输入   C. X-Y 平面指定   D. Z 轴刀具长度补偿

2. 在 G55 中设置的数值是_____。

A. 工件坐标系原点相对机床坐标系原点的偏移值

B. 刀具长度的偏差值

C. 工件坐标系的原点

D. 工件坐标系原点相对对刀点的偏移值

3. 在华中系统中，G43 代表_____功能。

A. 自动刀具补偿 X   B. 自动补偿 Z

C. 刀具圆弧半径左补偿   D. 刀具半径右补偿

4. 顺圆弧插补指令为_____。

A. G04   B. G03   C. G02   D. G01

5. 刀具长度补偿值的地址为_____。

A. D   B. H   C. R   D. J

6. 在 FANUC 数控系统中，规定用地址字_____指令换刀。

A. M04   B. M05   C. M06   D. M08

7. 非模态代码是指_____。

A. 一经在一个程序段中指定，直到出现同组的另一个代码时才失效

B. 只在写有该代码的程序段中有效

C. 不能独立使用的代码

D. 有续效作用的代码

8. 下面哪项不属于刀具补偿范围内的_____。

A. 刀具位置补偿   B. 刀具的使用寿命补偿

C. 刀具半径补偿   D. 刀具长度补偿

9. _____指令仅在所出现的程序段内有效。

A. G01   B. G02   C. G03   D. G04

任务三　孔的固定循环

【任务目标】

1）熟记固定循环功能程序的格式。

2）正确应用 G73、G74、G76 和 G80~G89 指令进行钻、镗和攻螺纹操作。

3）区别 G73、G74、G76 和 G80~G89 指令的编程速度与技巧。

【任务引入】

孔的加工有钻中心孔、钻孔、铰孔、攻螺纹、镗孔和锪孔等，并在编程加工中有相应的代码，本任务讲述完成孔加工相应的代码，即固定循环代码。

【相关知识】

一、固定循环

孔加工固定循环指令有 G73、G74、G76 和 G80~G89，通常由下述 6 个动作构成，如图 2-26 所示。

1）X、Y 轴定位；

2）定位到 R 点（定位方式取决于上次是 G00 还是 G01）；

3）孔加工；

4）在孔底的动作；

5）退回到 R 点（参考点）；

6）快速返回到初始点。

固定循环的数据表达形式可以用绝对坐标（G90）和相对坐标（G91）表示，如图 2-27 所示，图 2-27a 所示为采用 G90 指令表示，图 2-27b 所示为采用 G91 指令表示。

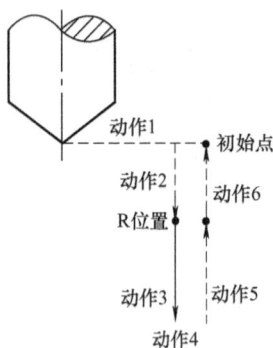

图 2-26　固定循环动作

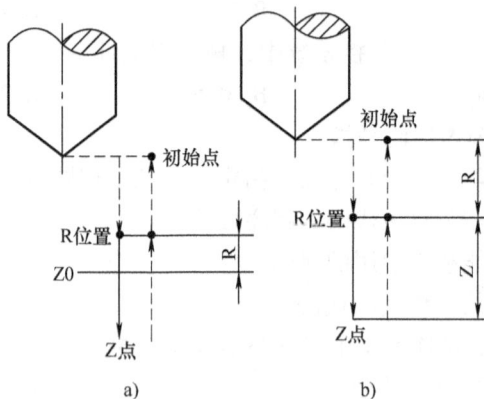

图 2-27　固定循环移动方式

固定循环的程序格式包括数据形式、返回点平面、孔加工方式、孔位置数据、孔加工数据和循环次数。数据形式（G90 或 G91）在程序开始时就已指定，因此在固定循环程序格式中可不注出。固定循环的编程格式如下：

$\begin{bmatrix} G98 \\ G99 \end{bmatrix}$ G _ X _ Y _ Z _ R _ Q _ P _ I _ J _ K _ F _ L _

说明：

G98：返回初始平面；

G99：返回 R 点平面；

G：固定循环代码 G73、G74、G76 和 G81 ~ G89 之一；

X、Y：加工起点到孔位的距离（G91）或孔位坐标（G90）；

R：初始点到 R 点的距离（G91）或 R 点的坐标（G90）；

Z：R 点到孔底的距离（G91）或孔底坐标（G90）；

Q：每次进给深度（G73/G83）；

I、J：刀具在轴反向的位移增量（G76/G87）；

P：刀具在孔底的暂停时间；

F：切削进给速度；

L：固定循环的次数。

G73、G74、G76 和 G81 ~ G89、Z、R、P、F、Q、I、J、K 是模态指令。G80、G01 ~ G03 等代码可以取消固定循环。

二、G73 高速深孔加工循环

当进行深孔加工时，钻头散热和排屑困难，需将钻头反复退出进行散热和排屑。

编程格式：$\begin{bmatrix} G98 \\ G99 \end{bmatrix}$ G73 _ X _ Y _ Z _ R _ Q _ P _ K _ F _ L _

说明：

Q：每次进给深度；

K：每次退刀距离。

G73：用于 Z 轴的间歇进给，使深孔加工时容易排屑，减少退刀量，可以进行高效率的加工。

G73 指令动作循环如图 2-28 所示。

注意：Z、K、Q 移动量为零时，该指令不执行。

[例 2-14]　使用 G73 指令编制如图 2-28 所示深孔加工循环的加工程序：设刀具起点距工件上表面 30mm，距孔底 55mm，在距工件上表面 2mm 处（R 点）由快进转换为工进，每次进给深度为 10mm，每次退刀距离为 5mm。

其加工程序如下：

```
%0073
G54   G00   G90   X0   Y0   Z300
M03   S600
G73   X100   R2   P2 Q - 10   K5   Z - 25   F200
G00   X0   Y0   Z40
M05
```

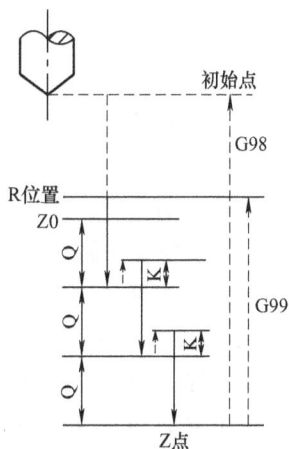

图 2-28　G73 指令动作循环

M30

三、G74 攻反螺纹循环

编程格式：$\begin{Bmatrix} G98 \\ G99 \end{Bmatrix}$ G74 X__ Y__ Z__ R__ P__ F__ L__

用 G74 指令攻反螺纹时主轴反转，到孔底时主轴正转，然后退回。

G74 指令动作循环如图 2-29 所示。

注意：

1）攻螺纹时的速度倍率和进给保持均不起作用。

2）R 应选在距工件表面 7mm 以上的位置。

3）如果 Z 的移动量为零，该指令不执行。

[例 2-15] 使用 G74 指令编制如图 2-29 所示攻反螺纹的加工程序：设刀具起点距工件上表面 30mm，距孔底 55mm，在距工件上表面 8mm 处（R 点）由快进转换为工进。

其加工程序如下：

%0074

G54 G00 G90 X0 Y0 Z30

M04 S400

M29

G98 G74 X100 R8 P4 G90 Z−25 F1.5

G0 X0 Y0 Z30

M05

M30

四、G76 精镗循环

编程格式：$\begin{Bmatrix} G98 \\ G99 \end{Bmatrix}$ G76 X__ Y__ Z__ R__ P__

I__ J__ F__ L__

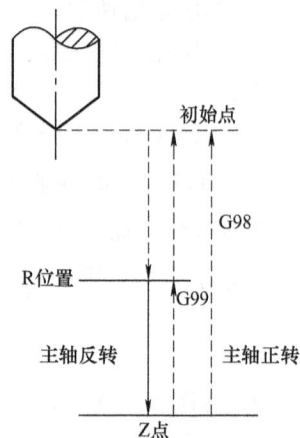

图 2-29 G74 指令动作循环

说明：

I：X 轴刀尖反向位移量；

J：Y 轴刀尖反向位移量。

用 G76 指令精镗时，主轴在孔底定向停止后，向刀尖反方向移动，然后快速退刀。这种带有让刀的退刀不会划伤已加工平面，保证了镗孔的精度。

G76 指令动作循环如图 2-30 所示。

注意：如果 Z 的移动量为零，该指令不执行。

[例 2-16] 使用 G76 指令编制如图 2-30 所示精镗加工循环的加工程序：设刀具起点距工件上表面 40mm，距孔底 90mm，在距工件上表面 2mm 处（R 点）由快进转换为工进。

其加工程序如下：

%0076

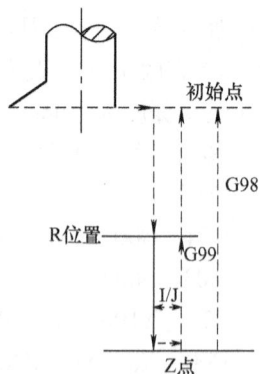

图 2-30 G76 指令动作循环

```
G54   G00   G90   X0   Y0   Z40
M03   S600
G76   X100   R2   P2   I－6   Z－50   F200
G00   X0   Y0   Z40
M05
M30
```

五、G81 钻孔循环（中心钻）

编程格式：$\begin{Bmatrix} G98 \\ G99 \end{Bmatrix}$ G81　X＿　Y＿　Z＿　R＿　F＿　L＿

G81 钻孔动作循环，包括 X，Y 坐标定位、快进、工进和快速返回等动作。其指令动作循环如图 2-31 所示。

注意：如果 Z 的移动量为零，该指令不执行。

[例 2-17]　使用 G81 指令编制如图 2-31 所示钻孔加工程序：设刀具起点距工件上表面 40mm，距孔底 90mm，在距工件上表面 2mm 处（R 点）由快进转换为工进。

其加工程序如下：
```
%0081
G54   G90   G00   X0   Y0   Z40
M03   S600
G81   X100   R2   Z－50   F100
G90   G00   X0   Y0   Z40
M30
```

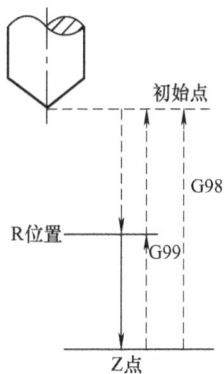

图 2-31　G81 指令动作循环

六、G82 带停顿的钻孔循环

编程格式：$\begin{Bmatrix} G98 \\ G99 \end{Bmatrix}$ G82　X＿　Y＿　Z＿　R＿　P＿　F＿　L＿

G82 指令除了要在孔底暂停外，其他动作与 G81 指令相同。暂停时间由地址 P 给出。

G82 指令主要用于加工不通孔，以提高孔深精度。

注意：如果 Z 的移动量为零，该指令不执行。

七、G83 深孔加工循环

编程格式：$\begin{Bmatrix} G98 \\ G99 \end{Bmatrix}$ G83　X＿　Y＿　Z＿　R＿　Q＿　P＿　K＿　F＿　L＿

说明：

Q：每次进给深度；

K：每次退刀后，再次进给时，由快速进给转换为切削进给时距上次加工面的距离。

G83 指令动作循环如图 2-32 所示。

注意：Z、K、Q 移动量为零时，该指令不执行。

[例 2-18]　使用 G83 指令编制如图 2-32 所示深孔加工循环的加工程序：设刀具起点距工件上表面 30mm，距孔底 70mm，在距工件上表面 2mm 处（R 点）由快进转换为工进，

每次进给深度为 10mm，每次退刀后，再由快速进给转换为切削进给时，距上次加工面的距离 5mm。

其加工程序为：

%0083

G54　G00　X0　Y0　Z30

M03　S500

G90　G83　X100　R2　P2　Q−5　K3　Z−40　F100

G90　G00　X0　Y0　Z40

M05

M30

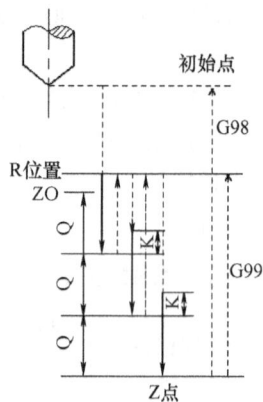

图 2-32　G83 指令动作循环

八、G84 攻螺纹循环

编程格式：$\begin{Bmatrix} G98 \\ G99 \end{Bmatrix}$ G84　X__　Y__　Z__　R__　P__　F__　L__

用 G84 指令攻螺纹时，从 R 点到 Z 点为主轴正转，在孔底暂停后，主轴反转，然后退回。

G84 指令动作循环如图 2-33 所示。

注意：

（1）攻螺纹时的速度倍率和进给保持均不起作用。

（2）R 应选在距工件表面 7mm 以上的位置。

（3）如果 Z 的移动量为零，该指令不执行。

［例 2-19］　使用 G84 指令编制如图 2-33 所示攻螺纹的加工程序：设刀具起点距工件上表面 30mm，距孔底 55mm，在距工件上表面 8mm 处（R 点）由快进转换为工进。

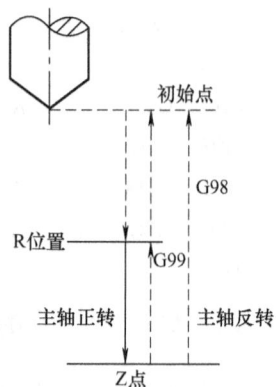

图 2-33　G84 指令动作循环

其加工程序如下：

%0084

G54　G90　G00　X0　Y0　Z30

M03　S200

M29

G84　X100　R8　P10　Z−55　F1.5

G00　X0　Y0　Z60

M05

M30

或：

G54　G90　G95　G00　X0　Y0　Z30

M03　S100

G84　X100　R8　P10　Z−55　F1.5

G94　G00　X0　Y0　Z60

M05

M30

九、G85 镗孔循环

G85 指令与 G84 指令相同，但 G85 指令在孔底时主轴不反转。

十、G86 镗孔循环

G86 指令与 G81 指令相同，但 G86 指令在孔底时主轴停止，然后快速退回。

注意：

1）如果 Z 的移动位置为零，该指令不执行。

2）调用此指令之后，主轴将保持正转。

十一、G87 反镗循环

编程格式：$\begin{Bmatrix} G98 \\ G99 \end{Bmatrix}$　G87　X ＿　Y ＿　Z ＿　R ＿　P ＿　I ＿　J ＿　F ＿　L ＿

说明：

I：X 轴刀尖反向位移量。

J：Y 轴刀尖反向位移量。

G87 指令动作循环如图 2-34 所示，其循环步骤描述如下：

1）在 X、Y 轴定位；

2）主轴定向停止；

3）在 X、Y 方向分别向刀尖的反方向移动 I、J 值；

4）定位到 R 点（孔底）；

5）在 X、Y 方向分别向刀尖方向移动 I、J 值；

6）主轴正转；

7）在 Z 轴正方向上加工至 Z 点；

8）主轴定向停止；

9）在 X、Y 方向分别向刀尖反方向移动 I、J 值；

10）返回到初始点（只能用 G98 指令）；

11）在 X、Y 方向分别向刀尖方向移动 I、J 值；

12）主轴正转。

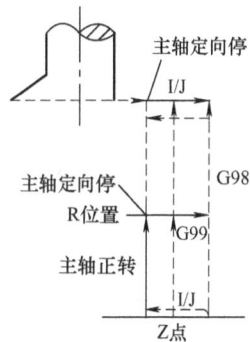

图 2-34　G87 指令动作循环

注意：如果 Z 的移动量为零，该指令不执行。

［例 2-20］　使用 G87 指令编制如图 2-34 所示反镗加工循环的加工程序：设刀具起点距工件上表面 30mm，距孔底（R 点）55mm。

其加工程序如下：

%0087

G54　G90　G00　X0　Y0　Z30

S200　M03

G87　X50　Y50　I－5　G90　R0　P2　Z－25　F60

G00　X0　Y0　Z40　M05

M30

十二、G88 镗孔循环

编程格式：$\begin{Bmatrix} G98 \\ G99 \end{Bmatrix}$ G88 X＿ Y＿ Z＿ R＿ P＿ F＿ L＿

G88 指令动作循环如图 2-35 所示，其循环步骤描述如下：

1）在 X、Y 轴定位；

2）定位到 R 点；

3）在 Z 轴方向上加工至 Z 点（孔底）；

4）暂停后主轴停止；

5）转换为手动状态，手动将刀具从孔中退出；

6）返回到初始平面；

7）主轴正转。

注意：如果 Z 的移动量为零，该指令不执行。

［例 2-21］ 使用 G88 指令编制如图 2-35 所示镗孔加工的加工循环程序：设刀具起点距 R 点 30mm，距孔底 55mm。

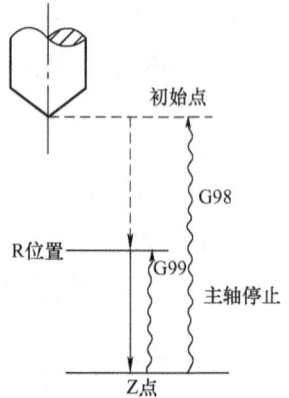

图 2-35　G88 指令动作循环

其加工程序如下：

```
％0088
G54  G90  G00  X0  Y0  Z30
M03  S200
G88  X60  Y80  R2  P2  Z－25  F200
G00  X0  Y0  M05
M30
```

十三、G89 镗孔循环

G89 指令与 G86 指令相同，但 G89 指令在孔底有暂停。

注意：如果 Z 的移动量为零，G89 指令不执行。

十四、G80 取消固定循环

该指令能取消固定循环，同时 R 点和 Z 点也被取消。

【任务小结】

孔加工循环指令：

G73：高速深孔啄钻；G83：深孔啄钻；G81：钻孔循环；G82：深孔钻削循环；G74：左旋螺纹加工 G84：右旋螺纹加工；G76：精镗孔循环；G86：镗孔加工循环；G88：镗孔加工循环；G80：取消循环指令。使用固定循环指令时应注意以下问题。

1）在固定循环指令前应使用 M03 或 M04 指令使主轴回转。

2）在固定循环程序段中，X、Y、Z、R 数据应至少指令一个才能进行孔加工。

3）在使用控制主轴回转的固定循环指令（G74、G84、G86）中，如果连续加工一些孔间距比较小，或者初平面到 R 点平面的距离比较短的孔时，会出现在进入孔的切削动作前主轴还没有达到正常转速的情况。遇到这种情况时，应在各孔的加工动作之间插入 G04 指令，以获得时间。

4）当用 G00～G03 指令注销固定循环时，若 G00～G03 指令和固定循环出现在同一程序段，按后出现的指令运行。

5）在固定循环程序段中，如果指定了 M，则在最初定位时送出 M 信号，等 M 信号完成，才能进行孔加工循环。

【任务练习】

编制如图 2-36 所示零件的钻孔加工程序。

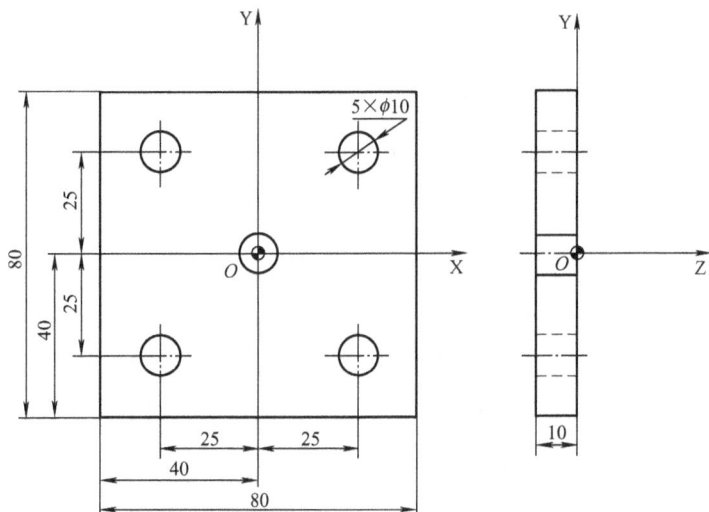

图 2-36 钻孔零件

【课题小结】

本课题完成了数控编程常用代码的讲解，通过这些代码和坐标的应用，可完成数控加工程序的编制。

【课题训练】

一、选择题

1. 下列指令中，只有_____指令执行后机床有动作产生。

A. G90   B. G91   C. G92   D. G81

2. 以下提法中_____是正确的。

A. G00 需要指定进给速度   B. G04 是主轴和进给暂停指定的时间

C. G41 是刀具半径左补偿   D. G54 指令会引起机床运动

3. 准备功能 G18 表示的功能是选择_____。

A. XY 平面   B. XZ 平面   C. YZ 平面   D. 恒线速度

二、简答题

1. 数控编程包含哪些内容？

2. 数控编程有哪几种方法？

三、编程练习

1. 编制图 2-37 所示零件的加工程序，深 5mm。

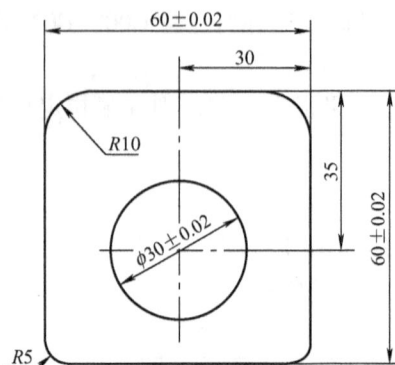

图 2-37　编程练习 1

2. 编制图 2-38 所示零件的加工程序，外矩形深 10mm。

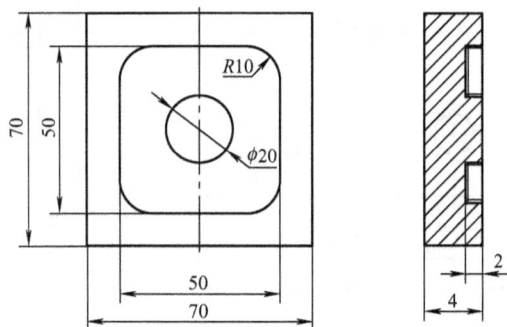

图 2-38　编程练习 2

课题三　手工编程和数控铣床的操作

任务一　开机、关机与认识数控铣床界面

【任务目标】

1）掌握数控铣床操作的安全注意事项。

2）认识数控铣床的正确开机、关机方法，安全熟练地进行回零操作。

3）掌握数控系统面板的基本操作方法。

4）了解机床的日常维护知识。

【任务引入】

数控铣床的操作是数控铣削加工的基础，熟悉数控铣床上的各类按键及铣床的安全操作是熟练使用铣床的入门知识。

【相关知识】

一、数控铣床操作安全须知

1）数控铣削和所有切削加工操作一样，必须注重安全。数控铣床是高速旋转的机床，加工工件时一定要关上防护门，避免主轴上的铁屑或刀具甩出伤人。

2）操作数控铣床时只能一人操作，若操作者操作不熟练，需要提示或纠正其操作，其他人也只能提醒他，不能随意去按按钮，除非出现安全隐患才帮助他快速按下安全阀。

3）每次使用完机床时，将机床内和工作台上的切屑清理干净，并将排屑器内的切屑排出去，以免出现卡滞现象等。

4）每次使用气源自动分水滤水器后，及时清理分水器中滤出的水分，保证自动空气干燥器正常工作。

5）上实训室必须穿工作服，衣服和裤子上不能有任何吊勾，衣服的袖口不能敞开，留长发的女同学应戴上安全帽，以免发生安全事故。

二、数控系统操作面板

华中 HNC—21M 数控系统的操作面板如图 3-1 所示，其按钮说明见表 3-1。

表 3-1　华中 HNC—21M 数控系统操作面板的按钮说明

按钮区位	按钮图标	按钮说明
编辑区	Enter	回车键或输入键
	Upper	上挡键，当需要选用 A、B、C、D 等上挡键时，按下该键，键上指示灯亮，该键有效

63

（续）

按钮区位	按钮图标	按钮说明
编辑区	Del	删除光标后的一个字符，光标位置不变，余下的字符左移一个字符位置
	Alt	替换键
	PgDn	向下翻页键
	PgUp	向上翻页键
	BS	删除光标前的一个字符，光标位置不变，余下的字符右移一个字符位置
	SP	空格键
	Esc	复位键
操作区	自动	打开要运行的程序，按下"自动"键，"自动"灯亮，再按"循环启动"按钮，程序运行
	单段	当输入一程序段时，如"S700 M03"，按下"循环启动"按钮，运行该程序段
	手动	按一下"手动"键，按键指示灯亮，系统处于手动运行方式，可移动X、Y、Z键
	增量	按一下"增量"键，按键指示灯亮，系统处于增量运行方式，可用"手轮"移动X、Y、Z键
	回参考点	打开机床时，系统需移动工作台的X、Y、Z坐标到机床原点
	换刀允许	换刀时，按下"允许换刀"按钮，按键灯亮才允许换刀

三、数控铣床的日常维护

为了使数控铣床保持良好的状态，除了发生故障应及时修理外，坚持维护保养是十分重要的。坚持定期检查，经常维护保养，可以把许多故障隐患消灭在萌芽之中，防止或减少事故的发生。

1）每次上完课做好工作台的清洁工作，有自动润滑系统的机床要定期检查油量，及时添加润滑油，检查液压泵是否定时启动及停止。

2）注意定期检查电器柜中的冷却风扇是否工作正常，风道过滤网有无堵塞，并清洗粘附其上的尘土。

3）注意检查冷却系统，检查液面高度，及时添加油或水，油、水脏时要更换。

4）注意检查机床液压系统的液压泵有无异常噪声，工作油面高度是否合适，压力表指

图 3-1 华中 HNC—21M 数控系统的操作面板

示是否正常，管路及各接头有无泄漏。

5）注意检查导轨、机床防护罩是否齐全有效。

6）注意检查各运动部件的机械精度。

7）每天下课后做好机床清扫工作，清扫铁屑，擦净工作台，防止导轨生锈。

【任务实施】

一、机床的起动与关机

1. 机床的起动

打开压缩空气阀→接通电源→系统准备（松开急停按钮）。

2. 机床回零

1）将模式按钮转到回零模式，按回零指示灯所对应的三个坐标按钮，以手动回零。

2）先回 Z 轴，按坐标轴的正方向键 +Z，当到达原点后运动自动停止，屏幕显示原点符号，此时坐标显示 Z 坐标为零。

3）依次完成 X 轴和 Y 轴的回原点操作。

4）若是 4 轴的数控铣床，最后是回转坐标回零，即按 + Z、+ X、+ Y、+ A 的顺序进行回零操作。

注：回零之前，工作台和主轴必须处于中间状态，否则系统将出现超程报警。

3. 机床预热

1）为了保持设备发挥最佳的性能，使加工精度保持稳定，必须在加工前预热设备。

2）开机预热时间为 5min。

3）预热的主轴转速：最高转速的一半。

4. 机床关机

1）将机床工作台移动到中间位置。

2）使主轴停止转动。

3）按"急停"按钮停止油压系统及所有驱动元件。

4）关闭机床电源。

5）关闭压缩空气阀。

二、程序输入

1. MDI 方式输入

1）选择"MDI"模式。

2）输入"M03　S700"。

3）按"Enter"键结束。

4）按"单段"键，执行"循环启动"，此时主轴以 700r/min 的转速旋转。

2. 编辑方式

按下 程序编辑 F2 按钮，再按 文件管理 F1 按钮新建文件夹，输入新建文件夹名（新建文件夹名应以 O 开头，如 O××），进入编辑方式，输入以下程序。

%11（华中数控系统必须以%开头，否则程序报警）

M03　S600

G90　G54　G17　G00　X – 50　Y – 50

Z100

M08

Z50

G01　Z20　F400

G01　Y50

X50

Y – 50

X – 50

G00　Z100

M05

M30

程序输入完后，按 [保存文件 F4] 按钮，保存文件。

当需要对程序进行重新编辑时，可在编辑方式下进行输入、修改及删除等操作。

三、手动操作

1. 主轴控制

手动模式下，按主轴正转按钮，再按主轴停止按钮，然后按主轴反转按钮。

2. 坐标轴的运动控制

1）手动慢速移动。在按下 [手动] 按钮时，分别按下 [+X]、[-X]、[-Y]、[+Y]、[+Z] 和 [-Z] 按钮，实现 X、Y、Z 慢速移动。

2）快速移动。在按下 [手动] 按钮时，分别按下 [快进] 与 [+X]、[-X]、[-Y]、[+Y]、[+Z] 和 [-Z] 组合按钮，实现 X、Y、Z 快速移动。

3）手轮微量移动。在按下 [增量] 按钮时，使用手轮，实现 X、Y、Z 微量移动。

四、图形模拟显示操作

按下 [自动] 按钮，按软体键 [程序校验 F3] 并按下 [Z轴锁住] 按钮，屏幕上显示图形框架，这时按"循环启动"键，可执行图形模拟操作。

五、超程故障的处理

在机床工作台移动过程中，机床的工作台超过其行程极限时，系统出现超程报警，报警灯闪烁。此故障的处理方法如下：

1）按住超程解锁键直到系统显示恢复正常。

2）在手动模式下，将轴移动至行程范围内。

【任务小结】

数控铣床的基本操作包括以下内容。

1）数控机床的开机、关机等操作。

2）机床的回零操作。

3）程序的输入、编辑操作。

4）图形模拟显示操作。

5）零件的加工及常见报警故障的排除。

【任务练习】

1. 进行机床开机和关机的操作。

2. 进行机床回零操作。

3. 运行任务实施中的程序。

任务二　立式铣床的机用平口钳校正和圆毛坯对刀操作

【任务目标】

1）掌握用百分表校正机用平口钳钳口的方法。
2）掌握工件坐标系指令G54，掌握机床坐标、工件坐标原点及G54指令之间的关系。
3）掌握装刀的操作。
4）重点掌握圆毛坯对刀的操作方法。

【任务引入】

机用平口钳是数控铣床的通用夹具，两钳口平面平行于X轴对保证水平方向的加工精度很重要，钳口的水平高度是保证工件加工高度一致的依据之一。为能加工出合格的工件，必须校正机用平口钳，保证工件在高度和水平方向上不会出现高度不一致和水平歪斜的情况。

对刀是为了使机床坐标和工件坐标协调统一，保证刀具正确加工工件，满足图样要求。

【相关知识】

一、工件坐标原点的确定原则

工件坐标系和机床坐标系之间通过G54、G55、G56～G59指令联系，最常用的坐标系设置指令是G54。

工件坐标系原点是编程及加工的基准点，是由操作工通过对刀来寻找工件坐标为零时的机床坐标，并将这一机床坐标输入到G54指令中。为保证编程与机床加工的一致性，工件坐标系也应是右手笛卡儿坐标系。工件装夹到机床上时，应使工件坐标系与机床坐标系的坐标轴的方向保持一致。编程坐标系的原点也称编程原点或工件原点，其位置由编程者确定。工件原点的设置一般应遵循下列原则。

1）对称图形的工件原点最好选在工件的对称中心表面上。
2）非对称图形的工件原点要便于测量和检验。
3）工件原点应尽量选在尺寸精度高、表面粗糙度值小的工件表面上。
4）工件原点应与设计基准或装配基准重合，以利于编程。

所有数控机床都遵循以下操作流程：开机——手动（JOG）——移动X、Y、Z到中间位——回参考点——机床零点（先Z再X、Y）——手动（JOG）——或手轮移动X、Y、Z——装工件——装刀——对刀。

二、对刀原则

各种系统对刀都遵循的原则：找到工件坐标原点在工件中所处的位置，并将工件坐标原点所处的机床坐标X、Y、Z输入到G54下。

对刀的方法很多，本任务只讲解圆毛坯的粗对刀方法。

验证对刀是否正确的方法如下：

在MDI方式下输入G00　G54　G90　X0　Y0——单段——循环启动，看看刀具是否移动到工件零点，Z坐标用手轮移动刀具靠近零点时，观察工件坐标Z是否正确。

【任务实施】

一、实训工具

磁性表座（或用直径10~11mm的夹头套及配套刀柄代替磁性表座）、呆扳手或活扳手、木锤子或塑料锤子、ϕ20mm高速钢刀具、弹簧套（ϕ19~ϕ20mm）及BT40刀柄、BT40扳手、0~150mm游标卡尺、ϕ55mm×50mm的45钢。

二、实施过程

1. 校正机用平口钳钳口的步骤

1）用干净的棉布将机用平口钳钳口清洁干净，并将钳口两侧的螺钉松开。

2）将磁性表座固定在机床的床柱上，装上百分表并使探针微触固定钳口（也可用刀柄装上百分表进行同样的操作），探针要垂直于钳口面。

3）在X向左右移动工作台，使探针从钳口一端移至另一端，检查量表的读数是否不同。若不同，则以木锤子或塑料锤子轻敲机用平口钳的侧边，正确无误后将机用平口钳锁紧。

① 若指针数字增加，说明钳口右边向门口倾斜（即操作者的右边），应用锤子从左向右轻轻敲击活动钳口尾部。注意：敲击时不能太用力，否则容易使探针内的弹簧失去弹性。

② 若指针数字减少，说明钳口左边向门口倾斜（即操作者的右边），应用锤子从右向左轻轻敲击活动钳口尾部。

③ 若指针数字不变，说明钳口与X轴平行，这时将机用平口钳两边的螺钉锁紧。

注意：有的机用平口钳中间可能是凹陷的，这可能是机用平口钳长期使用中间部分夹紧工件而磨损产生的，但只要其两边是水平的就可以使用。

老师分组演示，每组学生由组长先做，再由组长带领同学依次试做一次。再限制时间，每个同学应在2min内校平。组长将每个同学的校正时间记录在考评单上。

2. 刀具的安装操作

1）清洁：将BT40刀柄装上拉钉，分别将装入主轴中的锥体7:24部分和装夹头套的夹持部分用棉布擦干净，再将夹头套内外也擦干净，如图3-2所示。

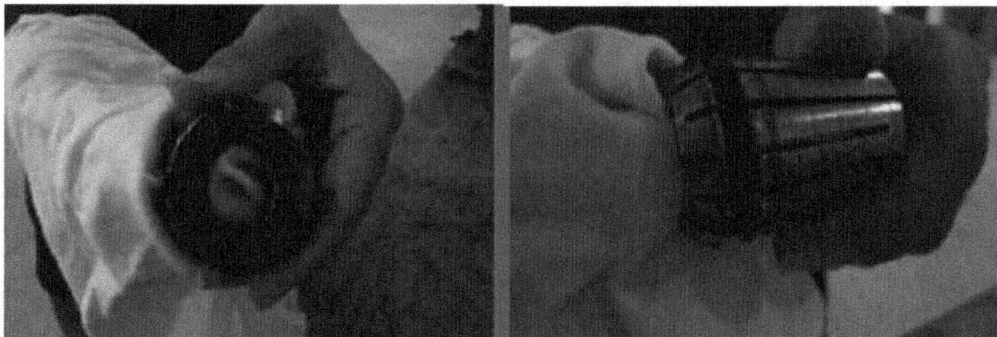

图3-2　清洁

2）将ϕ19~ϕ20mm的夹头套大端垂直压入刀柄的夹紧螺母，并将其旋入刀柄中，再放入BT40装刀器内，如图3-3所示。

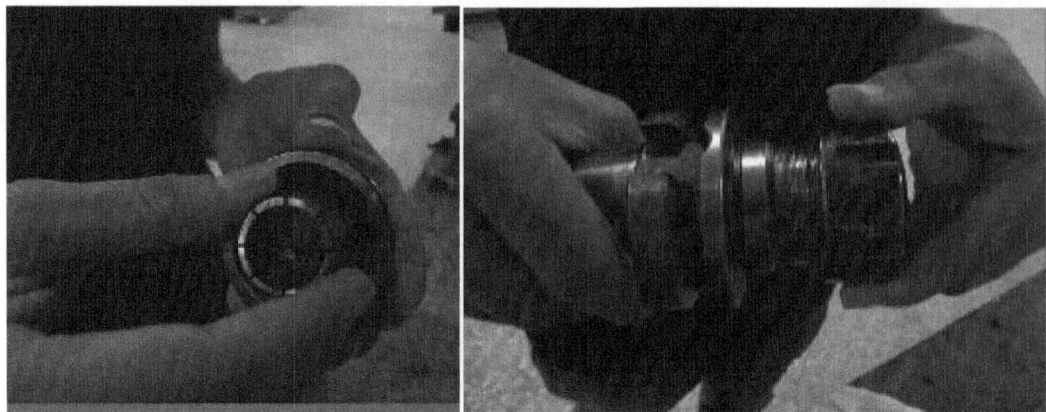

图 3-3　装入夹头套

3）将 φ20mm 的高速钢刀具装入夹头套中，装刀时尽量将光杆部分夹持住，用手旋紧刀柄的夹紧螺母，再改用 BT40 扳手拧紧。注意：扳手一定要嵌入螺母槽中，用力时扳手要垂直于刀具轴心线水平用力，不可上下偏移，如图 3-4 所示。

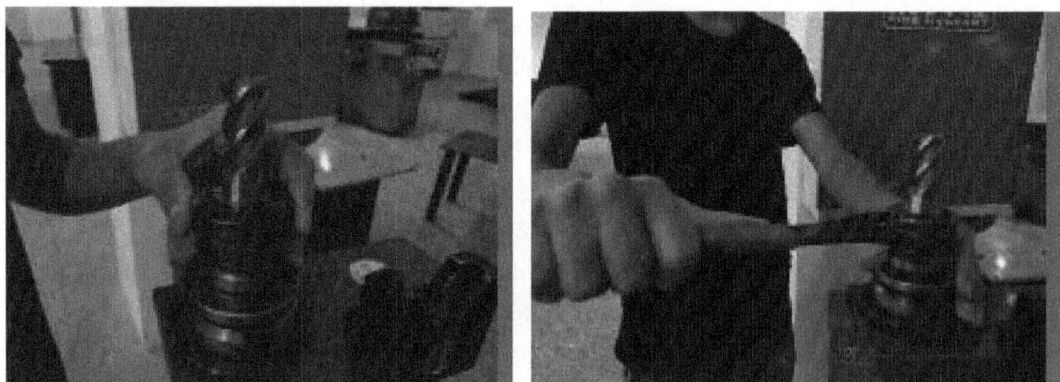

图 3-4　装入刀具并夹紧

如图 3-5 所示扳手与刀柄不垂直，是错误的夹紧方式。

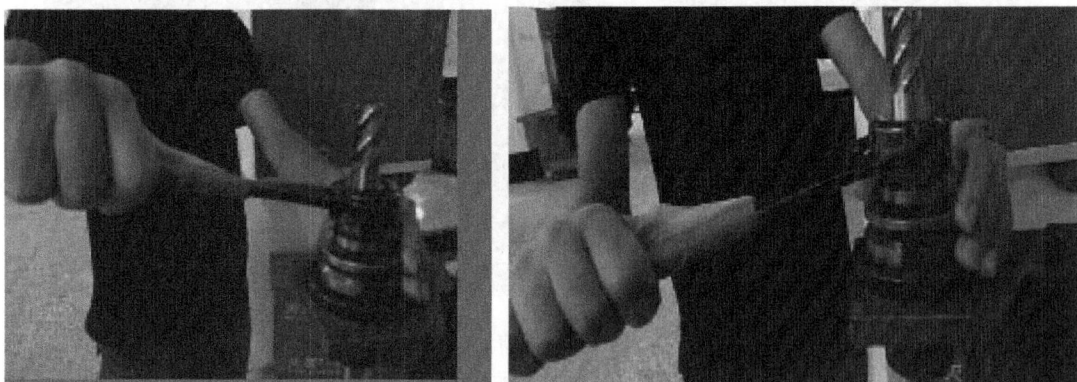

图 3-5　错误的夹紧方式

4）刀具装好后，将其从装刀器下取出，再装入机床主轴中。上刀前，机床必须处于手动或手轮方式下。华中系统上刀前，除了应在手动或增量方式下，还应按下换刀按钮。

5）在JOG或手轮方式下，将刀柄上的键槽口与主轴上的键相对，并留一定的通气空间，右手按下主轴上的装刀按钮，同时左手随着空气的吸力向上推动刀柄，使刀柄装入主轴，即完成了装刀。

3. 华中系统对刀操作的过程

用煤油清洁工作台的台面，同时把机用平口钳与工作台相接触的底面也清洁干净，将机用平口钳安装在铣床工作台面的中心，清洁机用平口钳的钳口，用百分表找正X向和Y向，然后固定机用平口钳，根据工件的高度情况，在钳口内放入形状合适和表面质量较好的垫铁后，再放入工件。一般是工件的基准面朝下，与垫铁面紧靠，然后固定机用平口钳。放入工件前，应对工件、钳口和垫铁的表面进行清洁，以免影响加工质量。在X、Y两个方向找正后夹紧工件，完成工件的装夹。

找到圆毛坯表面的中心，并将其数据输入到工件坐标系指令中。

图3-6 工件装夹

1）装夹工件，如图3-6所示，然后夹紧工件，并调整垫铁，使工件与垫铁贴紧，用手轻轻拉动垫铁，应无松动感。

在单段和MDI方式中输入S900 M03并按"Enter"键，再按下"循环启动"键，使主轴旋转。

2）按下"增量"键，将手轮调到X挡，根据刀具到工件的距离调整倍率，按下"主轴正转"按钮。

3）移动刀具使其与工件接触，听到有金属磕碰声为准，如图3-7所示。

按下设置键F5，再按相对清零键F8及"X轴清零"和"X相对清零"按钮，屏幕上显示X相对坐标为0，如图3-8所示。

抬刀，将手轮调到Z挡，并将刀具抬到工件表面以上，用手轮调整，保持Y坐标不变，移动X坐标到工件的右边，下降Z坐标，使刀具从右边接触工件，如图3-9所示。

记下屏幕上显示的X相对坐标

图3-7 对刀（X轴的一侧）

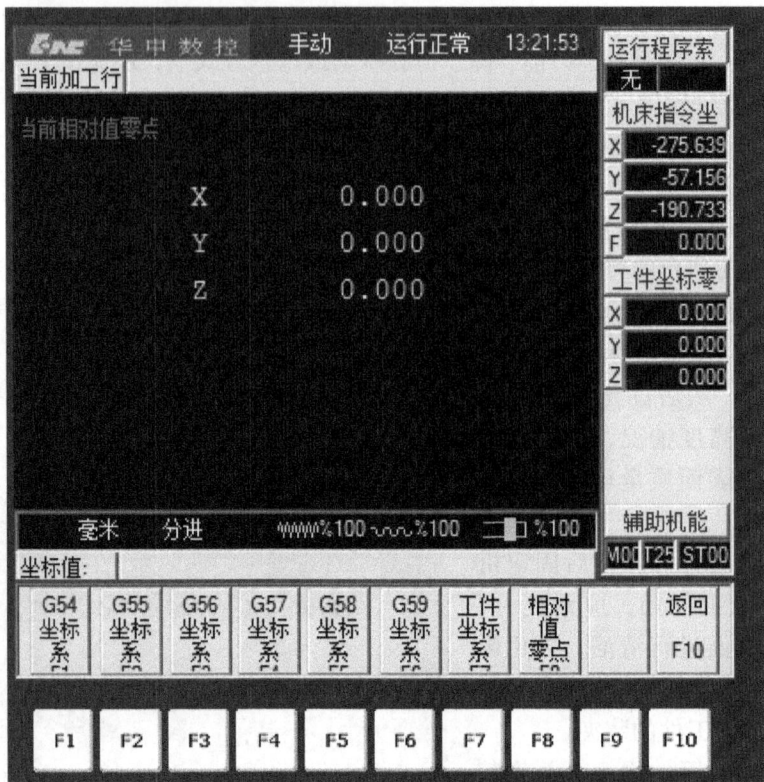

图 3-8　相对清零

X82，如图 3-10 所示。

4）抬刀，将手轮调到 Z 挡，并将刀具抬到工件表面以上，移动 X 到中间位置（82÷2＝41）。

5）按设置键 F5 和坐标系设定键 F1 将此时 X 方向的机床指令坐标"X211.04"输入到 G54 中，按下"Enter"键。

6）按同样的方法找到 Y 方向的中心点机床坐标并输入到 G54 中。

7）Z 向零点。使主轴正转，将刀具移到接触工件表面，在 G54 下将光标移到 Z 上，输入 Z 的机床坐标。

8）验证：在手动或手轮方式下将刀具移到毛坯中心外，在单段和 MDI 方式中输入 G54 G00　G90　X0　Y0；按"循环启动"键，使

图 3-9　对刀（X 轴的另一侧）

刀具快速移至中心，这时工件坐标显示（X0，Y0），Z 坐标用手轮移动，凭眼睛观察刀具到工件表面的距离与屏幕上显示的 Z 轴工件坐标是否相近，或靠近工件表面观察。切勿在 MDI 中输入 Z0 或其他数字，否则一旦 Z 坐标对刀错误，容易引起撞刀。

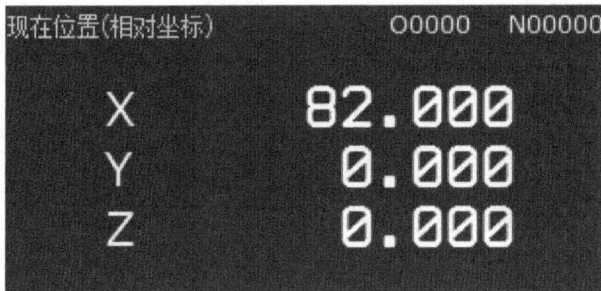

图 3-10　坐标显示

注意：有的华中系统设置 G54 和 G00　G90　X0　Y0 要分两步完成，刀具才能移动。

4. FANUC 0i 对刀与验证

找到圆毛坯表面的中心并将其输入到 G54 中。

1）装夹工件，如图 3-11 所示。

在 MDI 方式下，在程序"PROG"中输入"S800　M03"，先按"INSERT"键，再按 键，使主轴旋转。

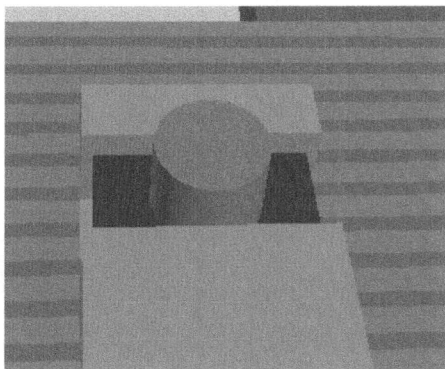

2）按下手轮键 ，屏幕左下角显示 HND，将手轮调到 X 挡，根据刀具到工件的距离来调整倍率，按下主轴正转按钮。

3）将刀具移动到工件的左边，并接触工件，听到有金属切削声为准，如图 3-12 所示，对正 X 轴上的一点。

图 3-11　装夹工件

按下 X 起源键 ，屏幕显示 X 相对坐标为 0，如图 3-13 所示。

图 3-12　对正 X 轴上的一点

图 3-13　清零

抬刀，将手轮调到 Z 挡，并将刀具抬到工件表面以上，用手轮调整，保持 Y 坐标不变，移动 X 坐标到工件的右边，下降 Z 坐标，使刀具从右边接触工件，如图 3-14 所示。

记下屏幕上显示的 X 相对坐标 X82.8，如图 3-15 所示。

4）抬刀，将手轮调到 Z 挡，并将刀具抬到工件表面以上，移动 X 到中间位置（82.8÷2＝41.4）。

5）输入此时的 X 机床坐标到 G54 中。按下 OFFSET SETTING 按钮，调整光标，使之移到 G54 中，输入"X0"，然后按下"测量"按钮，如图 3-16 所示。

这时机床坐标已输入，如图 3-17 所示。

按下"POS"按钮，出现如下 3-18 所示结果。

6）按同样的方法找到 Y 方向的中心并输入到 G54 中。

7）Z 向零点。以同样的主轴正转，将刀具移至与工件表面相接触，在 G54 指令下，将光标移到 Z 上，输入"Z0"，然后按下"测量"按钮。

图 3-14　对正 X 轴上的另外一点

图 3-15　坐标显示

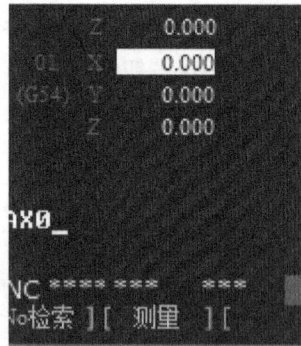

图 3-16　按"测量"按钮

图 3-17　机床坐标

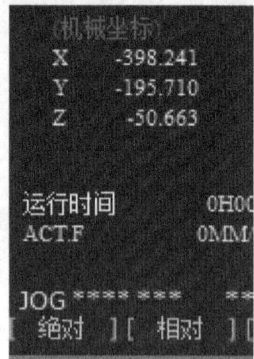

图 3-18　验证对刀的准确性

8）验证：在手动或手轮方式下将刀具移到毛坯中心之外，在 MDI 方式下，在程序"PROG"中输入 G54　G00　G90　X0　Y0；然后按"循环启动"键，使刀具快速移至中心，这时工件坐标显示（X0，Y0），Z坐标用手轮移动，凭眼睛观察刀具到工件表面的距离与屏幕上显示的Z轴工件坐标是否相近，或靠近工件表面观察。

5. 西门子802S的对刀与验证

西门子系统回参考点时应注意：先后按住Z、X、Y按钮不松手，直到出现宝马车图标🔘才能松手。

找到圆毛坯表面的中心并将其数据输入到G54指令中。

1）装夹工件，如图3-11所示。在MDA方式下按下主功能键，在出现的黑色条纹中输入S800　M03，如图3-19所示，然后按"INPUT"按钮，再按下"ON"按钮，主轴旋转。

图3-19　输入指令

2）按下"JOG"键，屏幕上方显示JOG手动，将手轮调到X挡，根据刀具到工件的距离调整倍率，按下主轴正转按钮。

3）将刀具移动到工件的左边，并接触工件，听到有金属切削声为准，如图3-12所示。调整主功能键，出现如图3-20所示界面。

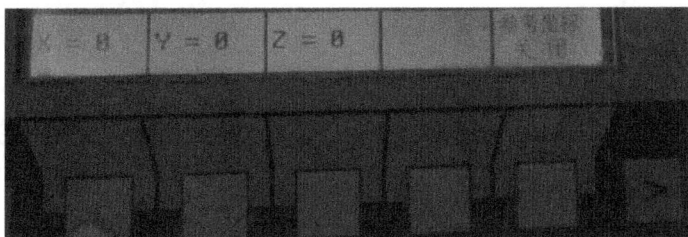

图3-20　相对清零

按下X＝0对应的软键，屏幕上显示X0，如图3-21所示。

抬刀，将手轮调到Z挡，将刀具抬到工件表面以上，用手轮调整，保持Y坐标不变，移动X坐标到工件的右边，下降坐标Z，使刀具从右边接触工件，如图3-14所示，记下屏幕上显示的X相对坐标X88.8，如图3-22所示。

4）抬刀，将手轮调到Z挡，将刀具抬到工件表面以上，移动X到中间位置（88.8÷2

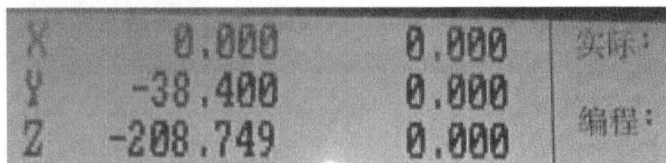

X	0.000	0.000	实际:
Y	-38.400	0.000	
Z	-208.749	0.000	编程:

图 3-21 按下"X=0"软键后的屏幕显示

X 88.800 0.000

图 3-22 X 相对坐标

=44.4），如图 3-23 所示。

X 44.400 0.000

图 3-23 中间位置

5）按下主功能键 ▣，再按"参数"软键，然后按零点"偏移"软键，进入"零点偏移"界面，如图 3-24 所示。

在图 3-24 中按下"测量"软键，输入刀号"1"，确认后再按下"计算"软键，如图 3-25 所示。此时 X 机床坐标就输入到了 G54 中。

这时记下 G54 中 X 的机床坐标，回到主界面上，检查其与主界面上的 X 机床坐标应是一致的。

6）按同样的方法找到 Y 方向的中心并将其输入到 G54 中。

7）Z 向零点。同样主轴正转，将刀具移到接触工件表面，在 G54 指令下将光标移到 Z 上，依次按"测量"、"确认"、"计算"软键，并再次确认。

8）验证：在手动或手轮方式下将刀具移到毛坯中心之外，在"MDA"方式下输入 G54 G00 G90 X0 Y0；

按下"INPUT"按钮，再按下"循环启动"按钮，将刀具快速移至中心，这时工件坐标显示（X0，Y0），Z 坐标用手轮移动，凭眼睛观察刀具到工件表

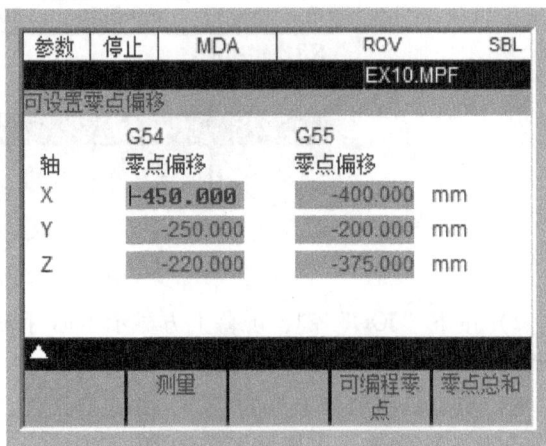

参数	停止	MDA		ROV	SBL

EX10.MPF

可设置零点偏移

	G54	G55	
轴	零点偏移	零点偏移	
X	-450.000	-400.000	mm
Y	-250.000	-200.000	mm
Z	-220.000	-375.000	mm

		测量		可编程零点	零点总和

图 3-24 "零点偏移"界面

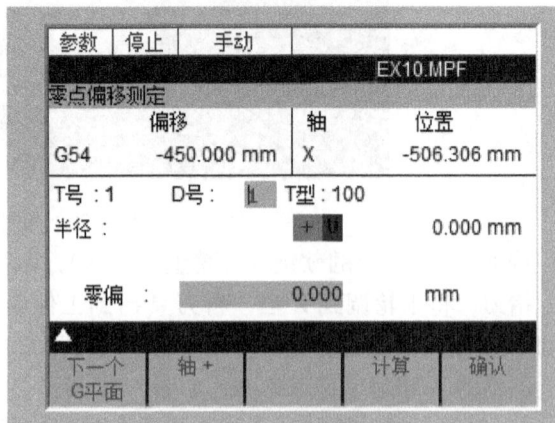

参数	停止	手动		

EX10.MPF

零点偏移测定

	偏移	轴	位置
G54	-450.000 mm	X	-506.306 mm

T号：1	D号： 1	T型：100	
半径：		+ 1	0.000 mm
零偏：		0.000	mm

下一个 G平面	轴 +			计算	确认

图 3-25 计算零点

面的距离与屏幕上显示的 Z 轴工件坐标是否相近，或靠近工件表面观察。切勿在 MDA 中输入 Z0 或其他数字，否则一旦 Z 坐标对刀错误，容易引起撞刀。

【任务小结】

对刀和机用平口钳校正是数控加工基本功的训练，每一位数控铣工都必须具备这样的基本功。对于不同的机床，对刀的输入方式可能不一样，但是对刀的原理是相同的，都是寻找工件零点的机床坐标。

【任务练习】

1. 在校正机用平口钳时，若探针垂直向下接触机用平口钳的导轨，移动 Y 轴，指针数字发生变化，这说明什么？怎么处理？

2. 你还知道哪些对刀方法？

任务三 简单零件的加工

【任务目标】

1）学会建程序名，编辑、校验和运行程序。

2）通过加工简单图形，认识数控铣削的编程模式，初步了解铣削加工切削深度、进给量 F 及转速 S 与刀具材料和直径之间的关系。

3）了解手工编程的格式，掌握三种系统主程序和子程序的录入方式、调用子程序和子程序的结束方式。

4）学会粗、精加工程序的修改方法。

【任务引入】

分析图 3-26 所示零件图，加工出 36mm × 36mm × 26mm 矩形块，调头装夹时，保证无调头加工的刀具接痕，再加工出 ϕ36mm × 10mm 的圆台，注意精度和表面粗糙度要求。

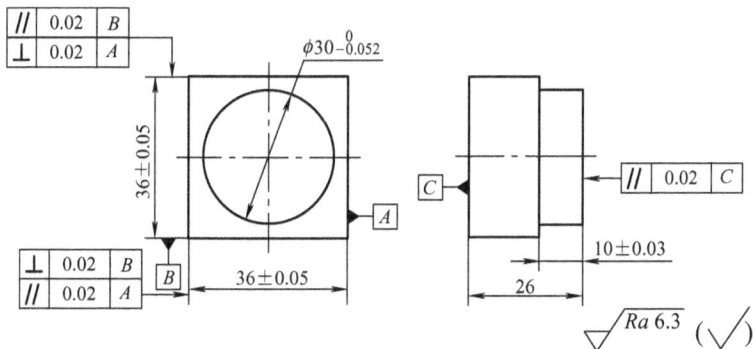

图 3-26 外圆与孔的加工

【相关知识】

一、新建程序

1）FANUC 数控系统的程序以 O 开头，后面接四个数字，如 O1234。

2）西门子数控铣系统的程序以字母和数字组合，如L1234。

3）华中数控铣系统的程序以%和数字组合，如%1234。

二、编写整圆程序

1）编程格式：G02/G03　X＿＿Y＿＿Z＿＿I＿＿J＿＿F＿＿

2）说明：X、Y为圆弧的终点坐标，Z为铣刀运动一圈Z向走刀的深度，I、J表示圆心相对于圆弧起点的有向距离。如圆心坐标为（0，0），圆弧起点坐标为（0，10），那么I＝0，J＝－10。

三、调用子程序的格式

1. FANUC 系统

子程序格式：O2211　　　　　调用格式：O1234

…　　　　　　　　　　　　　…

…　　　　　　　　　　　　　M98　　P2211　　L10

M99　　　　　　　　　　　　…

　　　　　　　　　　　　　　M30

2. 西门子系统

子程序格式：L2211. SPF　　　调用格式：L1234

…　　　　　　　　　　　　　…

…　　　　　　　　　　　　　L2211　　P10

RET　　　　　　　　　　　　…

　　　　　　　　　　　　　　M30

3. 华中数控系统

子程序格式：%2211　　　　　调用格式：%1234

…　　　　　　　　　　　　　…

…　　　　　　　　　　　　　M98　　P2211　　L10

M99　　　　　　　　　　　　…

　　　　　　　　　　　　　　M30

四、刀具半径补偿

1. 功能

当使用数控铣床进行内、外轮廓的铣削时，刀具中心的轨迹应该是这样的：能够使刀具中心在编程轨迹的法线方向上距编程轨迹的距离始终等于刀具的半径（图3-27）。在机床上，这样的功能可由G41或G42指令来实现。

编程格式：

G41（G42）G01　X＿＿　Y＿＿　D＿＿　F＿＿；

2. 补偿值

在G41或G42指令中，地址D指定了一个补

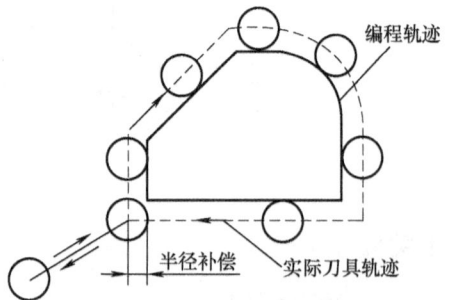

图3-27　刀具半径补偿示意图

偿号，每个补偿号对应一个补偿值。补偿号的取值范围为 0 ~ 200，这些补偿号由长度补偿和半径补偿共用。如 D1 表示系统将到#0001 号刀位中调入半径 10.3mm，并与 G41 或 G42 一起完成刀具偏移，其刀具半径补偿见表 3-2。刀具半径补偿与长度补偿相同，D00 意味着取消半径补偿。刀具半径补偿值的取值范围与长度补偿的取值范围也相同。

表 3-2　刀具半径补偿

刀号	组号	长度	半径	寿命	位置
#0000	0	0.000	0.000	0	0
#0001	0	0.000	10.300	0	0
#0002	0	0.000	0.000	0	0
#0003	0	0.000	0.000	0	0
#0004	0	0.000	0.000	0	0
#0005	0	0.000	0.000	0	0
#0006	0	0.000	0.000	0	0
#0007	0	0.000	0.000	0	0
#0008	0	0.000	0.000	0	0
#0009	0	0.000	0.000	0	0
#0010	0	0.000	0.000	0	0
#0011	0	0.000	0.000	0	0
#0012	0	0.000	0.000	0	0
毫米	分进给	~%100	~%100		%100

3. G40、 G41 和 G42

G40 用于取消刀具半径补偿模态，G41 为左向刀具半径补偿，G42 为右向刀具半径补偿。

判别方法：沿刀具运动方向看，刀具在加工轮廓的左侧为左刀补；刀具在加工轮廓的右侧为右刀补。

【任务实施】

一、工艺分析

1）分析零件图样。本工件是矩形凸台的加工，技术要求中垂直度和平行度误差均为 0.02mm，表面粗糙度值为 $Ra6.3\mu m$，因此加工时分粗、精加工，编程时工件坐标原点设在其中心，如图 3-26 所示。

2）确定加工工艺路线。刀具从图形的右下角开始沿着矩形凸台进行顺时针加工，采用右偏移的方式，刀具直径为 $\phi20mm$。粗加工时 D1 为 10.3mm，理论余量为 0.6mm，每层下刀 3mm，加工深度为 26mm，因此共调用 9 次子程序。精加工与粗加工共用一把刀，为提高转速 S，降低进给速度 F，只围绕工件旋转一圈，一次加工到位。

3）计算工件的坐标点。

4）编写程序。

5）将程序录入机床并加工工件。

二、刀具、工具、量具及材料

1）刀具：高速钢立铣刀，直径为 $\phi20mm$。

2）工具：对应铣刀大小的弹簧夹头套，锤子、垫铁、锉刀和扳手等。

3）量具：0~150mm 游标卡尺。

4）材料：45 钢，规格为 ϕ55mm×30mm。

三、程序编制（参考程序）

1. 用华中 21/22M 系统编程

（1）加工 36mm×36mm 外轮廓

%11（粗加工主程序）

M03　S450

G00　G54　G90　X45　Y−45

Z10

M08

G01　Z0　F300

M98　P111　L9（调用粗加工子程序）

G00　Z100

M09

M30

%111（粗加工子程序）

G91　G01　Z−3　F100

G90　G42　X18　Y−30　D01　F80

Y18

X−18

Y−18

X30

G40　G0　X45　Y−45

M99

%12（精加工主程序）

M03　S600

G00　G54　G90　X45　Y−45

Z10

M08

G01　Z0　F300

M98　P112　L1（调用精加工子程序）

G00　Z100

M09

M30

%112（精加工子程序）

G91　G01　Z−27　F100

G90　G42　X18　Y－30　D01　F80

Y18

X－18

Y－18

X30

G40　G0　X45　Y－45

M99

（2）加工 $\phi30mm$ 的外圆

％22　（粗加工主程序）

M03　S450

G00　G54　G90　X50　Y50

Z10

G41　G01　X15　Y40　D01　F500

Y0

M08

G01　Z0　F300

M98　P221　L5（调用粗加工子程序）

G02　I－15　F100

G90　G40　G01　X50　Y50

G00　Z100

M09

M30

％221（粗加工子程序）

G91　G02　X0　Y0　Z－2　I－15　F100

M99

外圆精加工程序可以参考 36mm×36mm 的外轮廓精加工，修改调用次数和刀具半径补偿值即可。

2. 用 FANUC 数控系统编程

（1）加工 36mm×36mm 外轮廓

O11；（粗加工主程序）

M03　S450；

G00　G54　G90　X45　Y－45；

Z10；

M08；

G01　Z0　F300；

M98　P111　L9；（调用粗加工子程序）

G00　Z100；

M09；

M30;

O111;（粗加工子程序）

G91　G01　Z－3　F100;

G90　G42　X18　Y－30　D01　F80;

Y18;

X－18;

Y－18;

X30;

G40　G0　X45　Y－45;

M99;

O12;（精加工主程序）

M03　S600;

G00　G54　G90　X45　Y－45;

Z10;

M08;

G01　Z0　F300;

M98　P112　L1;（调用精加工子程序）

G00　Z100;

M09;

M30;

O112;（精加工子程序）

G91　G01　Z－27　F100;

G90　G42　X18　Y－30　D01　F80;

Y18;

X－18;

Y－18;

X30;

G40　G0　X45　Y－45;

M99;

（2）加工 φ30mm 的外圆

O22;（粗加工主程序）

M03　S450;

G00　G54　G90　X50　Y50;

Z10;

G41　G01　X15　Y40　D01　F500;

Y0;

M08;

G01　Z0　F300；

M98　P221　L5；（调用粗加工子程序）

G02　I－15　F100；

G90　G40　G01　X50　Y50；

G00　Z100；

M09；

M30；

O221；（粗加工子程序）

G91　G02　X0　Y0　Z－2　I－15　F100；

M99；

外圆精加工程序可以参考 36mm×36mm 的外轮廓精加工程序，修改调用次数和刀具半径补偿值即可。

3. 用西门子 802Se 系统编程

（1）加工 36mm×36mm 外轮廓

SX1. MPF（粗加工主程序）

M03　S400

G00　G54　G90　X45　Y－45

Z10

M07

G01　Z0　F300

SX2　P9（调用粗加工子程序）

G00　Z100

M09

M30

SX2. SPF（粗加工子程序）

G91　G01　Z－3　F100

G90　G42　X18　Y－30　D01　F80

Y18

X－18

Y－18

X30

G40　G0　X45　Y－45

RET

SX4. MPF（精加工主程序）

M03　S600

G00　G54　G90　X45　Y－45

Z10

M07

G01　Z0　F300

SX5　P1（调用精加工子程序）

G00　Z100

M09

M30

SX5. SPF（精加工子程序）

G91　G01　Z-27　F100

G90　G42　X18　Y-30　D01　F80

Y18

X-18

Y-18

X30

G40　G0　X45　Y-45

RET

（2）加工 φ30mm 的外圆

SX6. MPF（粗加工主程序）

M03　S400

G00　G54　G90　X50　Y50

Z10

G41　G01　X15　Y40　D01　F500

Y0

M07

G01　Z0　F300

SX7　P5（调用粗加工子程序）

G02　I-15　F100

G90　G40　G01　X50　Y50

G00　Z100

M09

M30

SX7. SPF（粗加工子程序）

G91　G02　X0　Y0　Z-2　I-15　J0　F100

RET

外圆精加工程序可以参考 36mm×36mm 的外轮廓精加工程序，修改调用次数和刀具半径补偿值即可。

四、加工工件

1）开机，回零，预热机床。

2）安装刀具。

3）清洁工作台和钳口，找正钳口，安装工件。通过百分表找正、找平钳口，再将工件安装在机用平口钳上。

4）手动铣外圆的夹持平面和外圆端面。

5）对刀，设定工件坐标系。

① 用试切法对刀，确定 X、Y 向的工件零偏值，将 X、Y 向零偏值输入到工件坐标系 G54 中。

② 将加工所用的刀具装上主轴，再将 Z 轴设定的零偏值输入到 G54 中。

6）设置刀具补偿值。将刀具半径补偿值输入到刀具补偿地址 D01 中。

7）输入加工程序。

8）调试校验加工程序。

9）自动加工。把进给倍率开关降低，按下循环启动键运行程序，开始加工。加工时，适当调整主轴转速和进给速度，并注意监控加工状态，保证加工正常。

10）用游标卡尺进行测量。若尺寸没达到要求，有必要进行精修，调整补偿值，直到达到合格尺寸后，取下工件。

11）清理加工现场。

【考核评价】

工件加工完后，将毛刺修锉干净，做完清洁工作，整理好工、量具，进行自评和教师评价，并填写表 3-3。

表 3-3 考核评价表

班级_____ 组号_____   总分_____

检测项目	检测内容	检测工具	配分	扣分标准	自评	教师评价	最终得分
编程及工艺的确定	选用的刀具正确		4	不完全正确相应减分			
	工艺方案制订正确		4	不完全正确相应减分			
	加工路线安排正确		5	不完全正确相应减分			
	切削用量选择正确		5	不完全正确相应减分			
	程序编制正确、简明规范		7	不完全正确相应减分			
加工尺寸	36 ± 0.05mm	游标卡尺	10	超差扣 5 分			
	36 ± 0.05mm	游标卡尺	10	超差扣 5 分			
	$\phi 30_{-0.052}^{0}$mm	游标卡尺	10	超差扣 5 分			
	平行度	百分表	9	超差 0.1mm 扣 5 分			
	垂直度	直角尺	9	超差 0.05mm 扣 2 分			
	表面粗糙度值 $Ra6.3\mu$m	粗糙度对照块	10	一处未达要求扣 2 分			
	去毛刺	目测	2	一处未倒棱扣 1 分			
操作情况	设备维护保养方法得当		5	酌情扣分			
	安全文明操作		10	酌情扣分			

【任务小结】

本任务让同学们学会了如何新建程序，编辑、校验并运行程序，对铣削加工有了初步的认识，并掌握了怎么利用子程序来实现程序的循环加工，以及对主程序和子程序进行稍加改动实现粗、精加工，达到图样要求。

【任务练习】

1. 试用另外的编程思路为本任务中的 $\phi30$mm 外圆编制加工程序？
2. 怎样保证加工中的尺寸精度？
3. 编制如图 3-28 所示工件的数控加工程序，毛坯为 50mm × 50mm × 30mm。

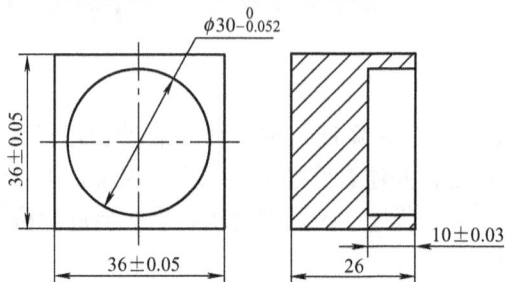

图 3-28　练习题

任务四　外轮廓的加工

【任务目标】

1）理解铣削用量的选择原则，根据图样选择刀具和合理的铣削用量。
2）掌握程序的编制、调试和运行方法。
3）掌握零件尺寸精度的保证方法。

【任务引入】

根据图样要求，编写如图 3-29 所示矩形轮廓的加工工艺和数控加工程序，达到图样的技术要求。毛坯为 45 钢，规格为 55mm × 55mm × 24mm，其 55mm × 55mm 外轮廓不加工，加工表面的表面粗糙度值均为 $Ra6.3\mu$m。

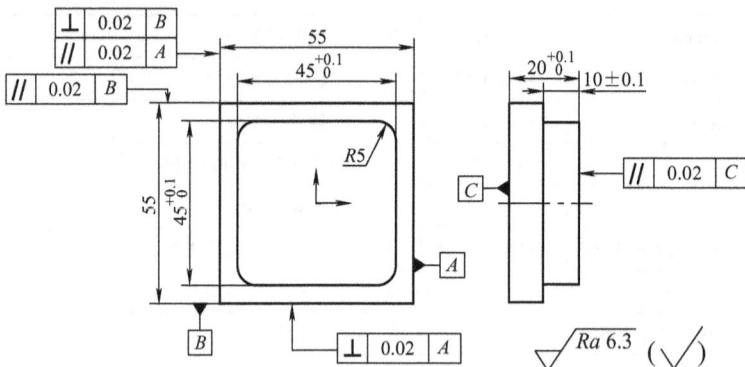

图 3-29　矩形轮廓的加工

【相关知识】

一、轮廓切入与切出的方式

1. 加工平面轮廓切入点的选择

切入点就是工件轮廓线上的起始点。对于开放的平面，切入点只能是两端点之一；对于封闭的轮廓，切入点应尽量选择在尖角处，这样可以避免在被加工的轮廓上留下刀痕。

2. 切入方式

在铣削平面轮廓表面时，为了避免在工件表面留下切入痕，不能在被加工表面上下刀，而应在距离工件表面切入点一段合适的距离处下刀，方式是沿切入点的几何线段的切线方向切入。切入方式一般有三种，直线切入、1/2 圆弧切入和 1/4 圆弧切入。采用圆弧切入时，切入圆弧的直径与所用刀具直径有关，一般大于或等于刀具直径。

3. 切出方式

在平面轮廓铣削结束时，与切入工件轮廓表面时一样，不要在被加工的轮廓表面上停刀，要将刀具轨迹延伸出去，使其离开工件的被切削轮廓表面。刀具的延伸轨迹也有，直线、1/2 圆弧和 1/4 圆弧三种方式。

二、切削用量的选择

1. 主轴转速的确定

主轴转速应根据允许的切削速度和工件（或刀具）直径来选择。其计算公式为

$$n = 1000v/(\pi D)$$

式中　v——铣削速度，单位为 m/min，由刀具的寿命确定，可以参考表 3-4 选择；

　　　n——主轴转速，单位为 r/min；

　　　D——工件直径或刀具直径，单位为 mm。

表 3-4　铣削速度推荐表

工件材料	铣削速度/（m/min）		说　明
	高速钢铣刀	硬质合金铣刀	
20	20 ~ 45	150 ~ 190	1. 粗铣时取小值，精铣时取大值 2. 工件材料的强度和硬度高取小值，反之取大值 3. 刀具材料的耐热性好取大值，耐热性差取小值
45	20 ~ 35	120 ~ 150	
40Cr	15 ~ 25	60 ~ 90	
HT150	14 ~ 22	70 ~ 100	
黄铜	30 ~ 60	120 ~ 200	
铝合金	112 ~ 300	400 ~ 600	
不锈钢	16 ~ 25	50 ~ 100	

2. 进给速度 v_f、每转进给量 f 和每齿进给量 f_z 的关系

$$v_f = fn = f_z zn$$

式中　n——铣刀转速；

　　　z——铣刀齿数。

每齿进给量可参照表 1-3 选取。

【任务实施】

一、工艺分析

1）分析零件图样。本工件是矩形凸台的加工，技术要求是垂直度和平行度公差均为 0.02mm，表面粗糙度值为 $Ra6.3\mu m$，因此加工时分粗、精加工，编程时工件坐标原点设在

其中心。

2）确定加工工艺路线。刀具从右下角开始沿着矩形凸台进行顺时针加工，采用左偏移的方式，刀具直径为ϕ16mm。粗加工时 D1 为 6.3mm，理论余量为 0.6mm，每层下刀 2mm，加工深度为 10mm，因此共调用 5 次子程序。精加工时与粗加工共用一把刀，为提高转速 n，降低进给速度 v_f，只围绕工件旋转一圈，一次加工到位。

3）计算工件的坐标点。

4）编写程序。

5）将程序录入机床并加工工件。

二、刀具、工具、量具及材料

1）刀具：高速钢立铣刀，直径为ϕ16mm。

2）工具：对应铣刀大小的弹簧夹头套，锤子、垫铁、锉刀和扳手等。

3）量具：0～150mm 游标卡尺。

4）材料：45 钢材，规格为 60mm×60mm×24mm。

三、程序编制（参考程序）

用华中数控系统编程：

1. 加工 45mm×45mm 外轮廓

```
%11 （粗加工程序）
M03    S600
G00    G54    G90    X－50    Y－50
Z10
M08
G01    Z0    F300
M98    P111    L5 （调用粗加工矩形带 R 圆弧的子程序）
G00    Z100
M09
M30
```

```
%111 （粗加工矩形带 R 圆弧的子程序）
G91    G01    Z－2    F100
G90    G41    X－22.5    Y－30    D01    F300
G01    Y17.5    F100
G02    X－17.5    Y22.5    R5    F80
G01    X17.5    F100
G02    X22.5    Y17.5    R5    F80
G01    Y－17.5    F100
G02    X17.5    Y－22.5    R5    F80
G01    X－17.5    F100
```

```
G02   X-22.5   Y-17.5   R5   F80
G03   X-32.5   Y-7.5   R10   F200
G40   G0   X-50   Y-50
M99
```

也可用 G01 指令走 R 圆弧来编写子程序, 其参考程序如下:

```
%111
G91   G01   Z-2   F100
G90   G41   X-22.5   Y-30   D01   F300
G01   Y22.5   R5
      X22.5   R5
      Y-22.5   R5
      X-22.5   R5
G01   Y-15 （往前要走一段直线）
G03   X-32.5   R10   F200
G40   G0   X-50   Y-50
M99
```

2. 精加工外轮廓

先进行测量, 再调整刀补值, 将主程序当中的调用次数修改为 1 次, 将子程序中的下刀深度修改为 10mm。

四、加工工件

1) 开机, 清理工作台, 根据机用平口钳的深度选择适合的垫铁, 保证工件装夹好后高出钳口高度为 12~15mm。

2) 安装刀具。

3) 清洁工作台和钳口, 用百分表校正钳口, 安装工件, 安装时保证工件底面贴紧垫铁, 当工件基本夹紧时, 可用手轻轻拉动一下垫铁, 感觉工件贴紧了垫铁, 再用力夹紧工件。

4) 手动铣平毛坯表面作为 Z 轴工件零点, 并将其输入到 G54 中。

5) 对刀找出工件坐标系 G54。用试切法对刀, 确定 X、Y 向的工件零偏值, 将 X、Y 向零偏值输入到工件坐标系 G54 中。

6) 设置刀具补偿值。将刀具半径补偿值 8.1mm 输入到刀具补偿地址#0001 号位置。

7) 输入加工程序%11 及其子程序。

8) 调试并校验加工程序。

9) 自动加工。把进给倍率开关降低到 50%, 调出程序%11, 按下"循环启动"键运行程序, 开始加工。加工时, 适当调整主轴转速和进给速度, 并注意监控加工状态, 保证加工正常。

10) 加工完后, 暂时不取下工件, 先用游标卡尺在机用平口钳上进行测量, 若尺寸没达到要求, 有必要进行精修, 调整补偿值, 直到达到合格尺寸后, 再取下工件。

11）清理加工现场。

【考核评价】

完成加工后，进行自评和教师评价，并填写表3-5。

表 3-5　考核评价表

班级_____组号_____　　　　　　总分_____

检测项目	检测内容	检测工具	配分	扣分标准	自评	教师评价	最终得分
编程及工艺的确定	选用的刀具正确		4	不完全正确相应减分			
	工艺方案制订正确		4	不完全正确相应减分			
	加工路线安排正确		5	不完全正确相应减分			
	切削用量选择正确		5	不完全正确相应减分			
	程序编制正确、简明规范		7	不完全正确相应减分			
加工尺寸	$45^{+0.1}_{0}$mm	游标卡尺	10	超差扣5分			
	$45^{+0.1}_{0}$mm	游标卡尺	10	超差扣5分			
	10 ± 0.1mm	游标卡尺	10	超差扣5分			
	平行度	百分表	9	超差0.1mm扣5分			
	垂直度	直角尺	9	超差0.05mm扣2分			
	表面粗糙度值 $Ra6.3\mu m$	粗糙度对照块	10	一处未达要求扣2分			
	去毛刺	目测	2	一处未倒棱扣1分			
操作情况	设备维护保养方法得当		5	酌情扣分			
	安全文明操作		10	酌情扣分			

【任务小结】

1）本任务强化了从编程到加工出合格工件的数控铣削操作过程，让同学们更加熟悉了数控铣床的操作。

2）自己编程时注意下刀点要在工件之外，否则容易扎刀。

3）采用G01指令进行 R 圆弧编程时，注意最后一个圆弧加工完后，要走一段直线，否则工件会出现缺陷。

【任务练习】

1. 本任务中若粗加工采用硬质合金立铣刀，怎么确定合理的铣削用量？

2. 观察在加工圆弧和加工直线时的走刀速度是否有变化。若有，怎么纠正？

任务五　孔　加　工

【任务目标】

1）应用钻孔和铰孔编程方法。

2）掌握孔加工的工艺。

3）掌握孔加工尺寸精度的保证方法。

【任务引入】

根据如图 3-30 所示图样完成孔加工，达到图样上的精度要求。先进行外轮廓的加工后再进行孔加工。

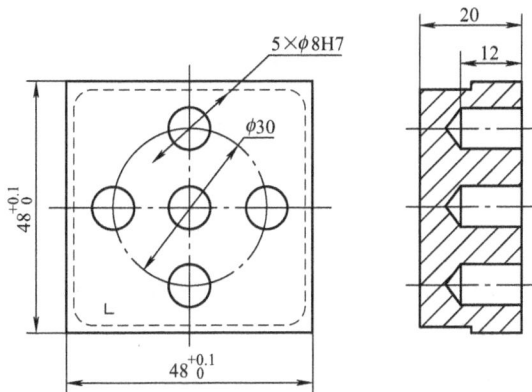

图 3-30 孔加工

【相关知识】

一、钻孔指令 G73/G83 的编程格式（FANUC）

（G98/G99） G73/G83 X__ Y__ Z__ R__ Q__ P__ F__

其中，G98：返回初始平面。

G99：返回 R 点平面。

G73/G83：深孔啄钻式加工，G73 与 G83 指令的区别在于 G83 指令要让钻头抬出工件表面。

X、Y：孔的坐标；Z：孔底的坐标，也是钻头的钻尖加工到最后的坐标位置。一般来说，钻尖的高度是钻头直径的 1/3。

R：参考点平面的高度。

Q：每次加工深度，为正值。使用华中系统编程时为负值。

P：钻头在孔底停留的时间，单位是 ms。华中系统单位是 s。

F：进给量。

二、钻孔工艺

1. 先点孔

钻孔之前点孔的目的就是为了定心，避免出现钻头钻偏。

2. 钻孔

铰孔之前需钻孔。要保证铰孔的精度和表面粗糙度值，底孔的尺寸很重要，因此选择合适的钻头也是关键。本任务是加工 ϕ8H7 的孔，选择 ϕ7.8mm 或者 ϕ7.7mm 的钻头，孔直径单边留有 0.1mm 左右的余量，容易保证铰孔的质量。同时，还要合理选用钻削速度。其钻头转速可参考表 3-6。

表 3-6　高速钢钻头的参考转速

钻头直径/mm	推荐转速/（r/min）	钻头直径/mm	推荐转速/（r/min）
0.3 ~ 0.6	5000 ~ 10000	3 ~ 4	>1000
0.7 ~ 1	2000 ~ 3000	5 ~ 9	600 ~ 800
1 ~ 1.5	2000	10 ~ 14	>600
1.5 ~ 2.2	2000	15 ~ 18	400 ~ 500
2.2 ~ 3	1500	24 ~ 30	300 ~ 400

3. 铰孔

铰孔主要依靠选用合适的刀具和合理的切削用量保证加工精度。铰孔时应使用切削液。

【任务实施】

一、工艺分析

1）外轮廓的加工：利用前面学过编程知识编制本任务的外轮廓加工程序。

2）点孔：中心钻的转速为 2000r/min。

3）钻孔：钻头的转速为 500r/min。

4）铰孔：铰刀的转速为 80r/min。

二、刀具、工具、量具及材料的选择

1）刀具：选择中心钻、$\phi 7.8$mm 的钻头，$\phi 8$H7 的铰刀及 $\phi 16$mm 的铣刀。

2）工具：对应铣刀大小的弹簧夹头套、锤子、垫铁、锉刀和扳手等。

3）量具：0 ~ 150mm 游标卡尺。

4）材料：45 钢材，规格为 55mm × 55mm × 24mm。

三、程序编制（用华中数控系统编程的参考程序）

1. 加工 48mm × 48mm 外轮廓的参考程序

%55（粗加工程序）

M03　S600

G00　G54　G90　X45　Y − 45

Z10

M08

G01　Z0　F300

M98　P111　L6

G00　Z100

M09

M30

%111

G91　G01　Z − 2　F100

G90　G42　X24　Y − 30　D01　F80

Y24

X－24

Y－24

X30

G40　G0　X45　Y－45

M99

2. 点孔加工的参考程序

％12

M03　S2000

G00　G54　G90　X0　Y0

Z10

M08

G01　Z5　F300

G98　G81　X0　Y0　Z－3　R3　F50

X－30　Y0

X0　Y－30

X30　Y0

X0　Y30

G80

G00　Z100

M09

M30

3. 钻孔加工的参考程序

％13

M03　S500

G00　G54　G90　X0　Y0

Z10

M08

G01　Z5　F300

G98　G73　X0　Y0　Z－15　R3　Q－3　K2　P1　F50

X－30　Y0

X0　Y－30

X30　Y0

X0　Y30

G80

G00　Z100

M09

M30

4. 铰孔加工的参考程序

%14

M03　S80

G00　G54　G90　X0　Y0

Z10

M08

G01　Z0　F300

M98　P141　L1

G0　X – 30　Y0

M98　P141　L1

G0　X0　Y – 30

M98　P141　L1

G0　X30　Y0

M98　P141　L1

G0　X0　Y30

M98　P141　L1

G90　G0　Z100

M09

M30

%141

G01　Z – 12　F30

Z5　F50

M99

四、加工操作

1）开机，回零，预热机床。

2）清洁工作台和机用平口钳，用百分表找正钳口，本工件的毛坯是任务四加工过的工件，装夹时不需要垫铁，可利用钳口支撑工件并将工件夹持在钳口上。

3）根据加工要求选择中心钻、钻头、铰刀及相应的夹头套及 φ16mm 铣刀。

4）手动铣平工件表面，并将此表面作为 Z 轴的工件原点输入工件坐标系 G54。

5）对刀设定工件坐标系。

用试切法对刀，确定 X、Y 向的工件零偏值，并将其输入到工件坐标系 G54 中。

6）输入加工程序%12、%13 和%14。

7）调试校验加工程序。

8）自动加工。

把进给倍率开关降低至30%，按下"循环启动"键运行程序，开始加工。加工时，适当调整主轴转速和进给速度，并注意监控加工状态，保证加工正常。

9）用塞规检验工件，合格后取下工件。

10）清理加工现场。

【考核评价】

工件加工完后，进行自评和教师评价，并填写表3-7。

表3-7　考核评价表

班级_____组号_____　　　　　　　　总分_____

检测项目	检测内容	检测工具	配分	扣分标准	自评	教师评价	最终得分
编程及工艺的确定	选用的刀具正确		4	不完全正确相应减分			
	工艺方案制订正确		4	不完全正确相应减分			
	加工路线安排正确		5	不完全正确相应减分			
	切削用量选择正确		5	不完全正确相应减分			
	程序编制正确、简明规范		7	不完全正确相应减分			
加工尺寸	$48^{+0.1}_{0}$ mm	游标卡尺	15	超差扣5分			
	$48^{+0.1}_{0}$ mm	游标卡尺	15	超差扣5分			
	$5 \times \phi 8H7$	光滑塞规	15	一个不合格扣2分			
	表面粗糙度值 $Ra6.3\mu m$	粗糙度对照块	12	一处未达要求扣2分			
	去毛刺	目测	3	一处未倒棱扣1分			
操作情况	设备维护保养方法得当		5	酌情扣分			
	安全文明操作		10	酌情扣分			

【任务小结】

1）应用钻孔和铰孔加工程序进行加工。
2）掌握孔加工工艺。
3）掌握孔加工尺寸精度的保证方法。

【任务练习】

1. 本任务中5个孔的加工编程可以简化吗？能否利用旋转或镜像编程？
2. 加工的孔不光滑是由哪些因素造成的？

任务六　长方体零件的加工

【任务目标】

1）本任务重点是用百分表找中心。
2）强化认识手工编程的格式及主程序和子程序在数控铣削中的应用。
3）掌握三种数控系统主程序和子程序的录入方式、调用子程序的方式和子程序的结束方式。
4）正确使用游标卡尺测量工件尺寸。

【任务引入】

加工如图3-31所示的长方体工件，为保证两次装夹中心一致，第二次装夹后，工件 X、

Y 的工件零点应为第一次装夹的工件零点。在此过程中，需要用百分表来找正工件中心。

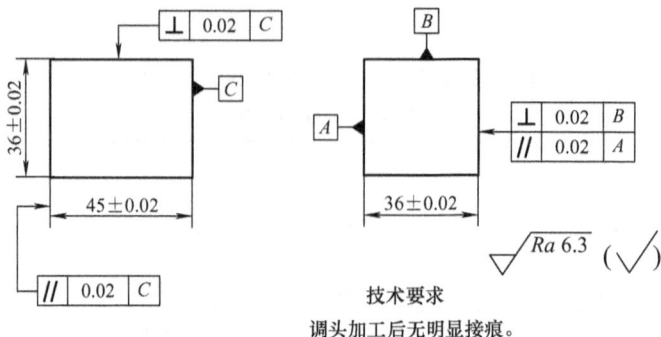

图 3-31 长方体的加工

【相关知识】

一、认识百分表

1. 百分表的工作原理

百分表是利用齿条齿轮或杠杆齿轮传动，将测杆的直线位移变为指针的角位移的计量器具。其工作原理是将被测尺寸引起的测杆微小直线移动经过齿轮传动放大，变为指针在刻度盘上的转动，从而读出被测尺寸的大小。

2. 百分表的作用

百分表主要用于测量制件的尺寸、形状和位置误差等，其分度值为 0.01mm，测量范围为 0 ~ 3mm、0 ~ 5mm 和 0 ~ 10mm。

3. 百分表的构造

百分表主要由表体部分、传动系统和读数装置组成，如图 3-32 所示。

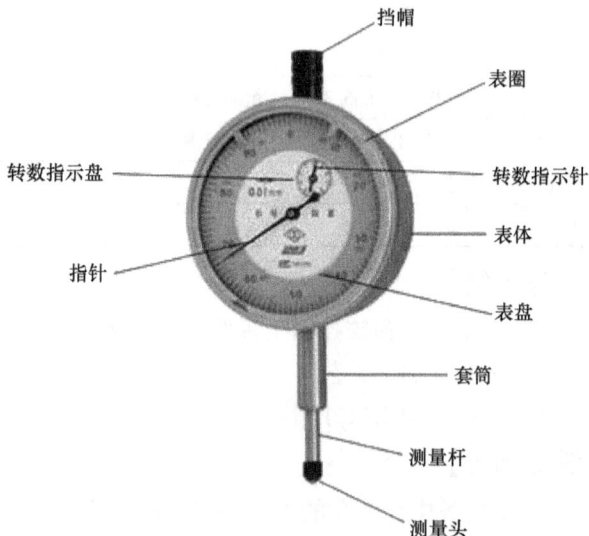

图 3-32 百分表

二、用百分表找正工件中心的操作步骤

1. 装夹工件

将工件安装成如图 3-33 所示并保证装夹牢固。装夹时边夹紧边用锤子敲击工件表面中心位置，并拉动工件下面的垫铁，保证垫铁不松动，与工件贴合牢靠。

2. 安装百分表

将百分表装入表杆内，再将表杆装入刀柄，安装时应保证探针与表杆垂直，表盘向上，如图 3-34 所示。

3. 找正工件中心

（1）工件 X 坐标原点的找正

① 将百分表探头调整到水平向右，移动手轮，使探头慢慢接触已加工表面的左边，并

使指针轻轻旋转一圈（也可两圈），如图 3-35 所示。

图 3-33 装夹工件

图 3-34 百分表的安装

图 3-35 找 X 坐标第一点

② 将 X 坐标清零。

③ 抬 Z。

④ 移 X. 到右边。

⑤ 用手搬动刀柄使百分表旋转 180°，使探头指向右边，如图 3-36 所示。

⑥ 移动手轮，使指针慢慢接触已加工表面的右边，并使指针轻轻旋转与第①步相同的圈数，如图 3-37 所示。

图 3-36　旋转百分表

图 3-37　找 X 轴的第二点

⑦　记下此时的 X 相对坐标值，并移动 X 轴，将百分表退出。

⑧　抬 Z。

⑨　移动 X 到 $X_{相对}/2$。

⑩　将此时的 X 值输入工件坐标系 G54 中，即完成了 X 向对刀。

（2）工件 Y 坐标原点的找正　由于工件两端面是夹紧面，如果 Y 方向工件不便于打表的话，可以利用钳口两侧进行打表，如图 3-38 和图 3-39 所示。

按与找正 X 相同的方法将一端 Y 相对坐标清零，再将表调头，打另一端钳口，使指针旋转相同圈数，记下此时的 Y 相对坐标值。移动 Y 到 $Y_{相对}/2$ 位置后，输入此时的 Y 坐标到工件坐标系 G54 中，即完成了 Y 坐标的对刀。

在单段和 MDI 方式中输入 G00　G54　G90　X0　Y0，再按"循环启动"按钮，观察是否找正了中心位置。

图 3-38　找 Y 轴的第一点

图 3-39　找 Y 轴的第二点

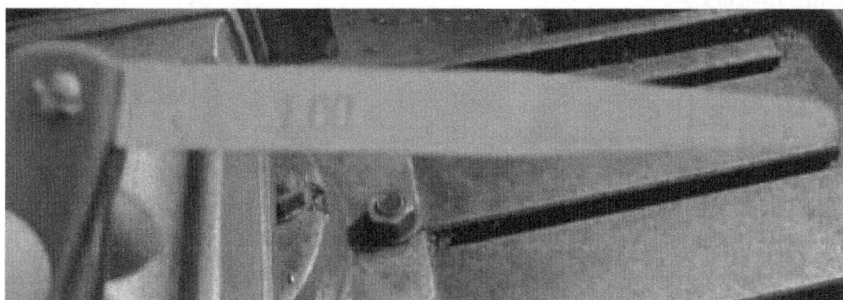

图 3-40　塞尺

（3）工件 Z 坐标原点的找正　由于图样要求保证加工总高度为 45mm，因此可将 45mm 高的位置处设为 Z 的工件坐标原点。为确保对刀精确，可使用 1mm 的塞尺，如图 3-40 所示。

取下百分表，装入 ϕ16mm 高速钢立铣刀，将刀具移动到垫铁上方，慢慢靠近垫铁，一手转动手轮的 Z 轴，一手拿着 1mm 的塞尺在刀具下方的垫铁上来回移动，直到刀具端面与塞尺相碰，且塞尺勉强能过，这时将 Z 相对坐标清零，如图 3-41 所示。

图 3-41　找正 Z 轴

取出塞尺，将刀具往上抬，直到相对坐标为（45 − 1）mm ＝ 44mm 的位置，此时将机床坐标输入到 G54 中，并进行验证。

【任务实施】

一、任务分析

1）铣平面。铣出工件表面，保证表面质量。

2）加工夹持平面，保证加工精度。

3）加工正方形轮廓 36mm。

4）调头装夹，用百分表找正工件中心。

5）铣平面，保证高度 45mm，加工正方形，保证精度。

二、刀具、工具、量具及材料的选择

1）工具：表杆，对应铣刀大小的弹簧夹头套，锤子，垫铁，锉刀和扳手等。

2）刀具：$\phi16$mm 高速钢立铣刀。

3）量具：0 ~ 10mm 百分表，0 ~ 150mm 游标卡尺。

4）毛坯材料：45 钢，尺寸为 $\phi60$mm × 48mm。

三、程序编制（参考程序）

以华中数控系统编程，加工 36mm × 36mm 外轮廓的程序如下：

%88（粗加工程序）

M03　S600

G00　G54　G90　X45　Y − 45

Z10

M08

G01　Z1　F300

M98　P111　L18（调用加工矩形的子程序）

G00　Z100

M09

M30

%111（加工矩形的子程序）

G91　G01　Z − 2　F100

G90　G42　X18　Y − 30　D01　F80

Y18

X − 18

Y − 18

X30

G40　G0　X45　Y − 45

M99

其他轮廓的粗、精加工程序可参考 36mm × 36mm 的外轮廓粗加工程序，只需修改调用

次数和刀具半径补偿值即可，不再赘述。

四、加工操作

1）开机，回零，预热机床。

2）安装刀具。根据加工要求安装 $\phi16$mm 高速钢立铣刀。

3）清洁工作台和钳口，找正钳口，安装工件。通过百分表找正、找平钳口，再将工件安装在机用平口钳上。

4）手动铣外圆毛坯的夹持平面和外圆端面。

5）对刀确定工件坐标系。

6）用试切法对刀，确定 X、Y 向的工件零偏值，将 X、Y 向零偏值输入到工件坐标系 G54 中。

7）铣平毛坯表面，并将此表面设为 Z 轴的零偏值输入到 G54 中。

8）输入加工程序。

9）调试校验加工程序。

10）自动加工。

11）把进给倍率开关降低，按下"循环启动"键运行程序，开始加工。加工时，适当调整主轴转速和进给速度，并注意监控加工状态，保证加工正常。

12）用游标卡尺测量工件尺寸，直至符合图样要求，取下工件。

13）清理加工现场。

【考核评价】

工件加工完后，进行自评和教师评价，并填写表3-8。

表 3-8 考核评价表

班级＿＿＿＿＿ 组号＿＿＿＿＿　　　　　总分＿＿＿＿＿

检测项目	检测内容	检测工具	配分	扣分标准	自评	教师评价	最终得分
编程及工艺的确定	选用的刀具正确		4	不完全正确相应减分			
	工艺方案制订正确		6	不完全正确相应减分			
	加工路线安排正确		7	不完全正确相应减分			
	切削用量选择正确		7	不完全正确相应减分			
	程序编制正确、简明规范		7	不完全正确相应减分			
加工尺寸	36 ± 0.02mm	游标卡尺	10	超差 0.01mm 扣 2 分			
	36 ± 0.02mm	游标卡尺	10	超差 0.01mm 扣 2 分			
	45 ± 0.02mm	游标卡尺	10	超差 0.1mm 扣 5 分			
	平行度	百分表	8	超差 0.1mm 扣 5 分			
	垂直度	直角尺	8	超差 0.05mm 扣 2 分			
	表面粗糙度值 $Ra6.3\mu$m	粗糙度对照块	4	一处未达到扣 2 分			
	去毛刺	目测	4	一处未倒棱扣 1 分			
操作情况	设备维护保养方法得当		5	视情况酌情扣分			
	安全文明操作		10	视情况酌情扣分			

【任务小结】

1）熟练装夹工件，装夹时工件要贴紧垫铁。

2）百分表对刀是精确对刀的一种实用型对刀方法，应通过反复练习，熟练掌握，提高用百分表对刀的技能，直到无明显接痕。

3）Z 向使用塞尺时，塞尺需要贴紧垫铁，并来回在刀具下面移动，直至感觉到与刀头有擦碰，要达到准确对刀，需要反复练习这种感觉。

4）认识手工编程的格式及主、子程序在数控铣中的应用。

5）正确使用游标卡尺测量工件尺寸。

【任务练习】

1. 若不用塞尺，改用立铣刀的夹持部分代替塞尺，Z 坐标该怎样对刀。

2. 思考一下，X、Y 的工件零点不用百分表来确定而改用塞尺该怎么确定。

任务七　外圆与孔的加工

【任务目标】

1）本任务块重点是保证外圆与孔的精度。

2）掌握钻孔和铰孔的编程及加工参数。

3）掌握整圆加工的编程格式。

4）保证薄壁环不变形。

5）正确使用游标卡尺测量工件尺寸。

【任务引入】

根据图 3-42 所示的零件图样加工出工件，保证精度要求。

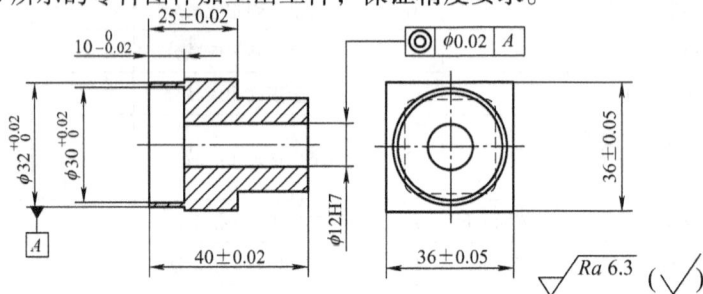

图 3-42　外圆与孔的加工

【相关知识】

1. 铰孔

铰孔是孔的精加工方法之一，在生产中应用很广。对于较小的孔，相对于内圆磨削及精镗而言，铰孔是一种较为经济实用的加工方法。

2. 铰孔精度

铰削余量小，可起到修光孔壁的作用，精度可达 IT9 ~ IT7，表面粗糙度值可达 *Ra*3. 2 ~

$Ra0.8\mu m$。

3. 铰削余量

铰孔前所留的铰削余量是否合适，直接影响到铰孔后的精度和表面粗糙度。铰削余量过大，铰削时吃刀量大，孔壁不光滑，面且铰刀容易磨损；铰削余量过小，上道工序留下的刀痕不易铰到，达不到铰孔的要求。一般情况下，铰削余量可参考表3-9。

表3-9 铰削余量

铰刀直径/mm	铰削余量/mm
>0 ~ 6	0.05 ~ 0.1
>6 ~ 18	一次铰：0.1 ~ 0.2 二次精铰：0.1 ~ 0.15
>18 ~ 30	一次铰：0.2 ~ 0.3 二次精铰：0.15 ~ 0.25

注：二次铰时，粗铰余量可取一次铰余量的较小值。

通常，对于IT9 ~ IT8级的孔可一次性铰出，对IT7级以上的孔应分两次铰出（粗铰和精铰）。

对于孔径大于20mm的孔，可先钻孔，再扩孔，然后再进行铰孔。

4. 铰孔方法

1）根据铰孔的孔径和孔精度要求，确定加工孔的方法和工序间的加工余量。

2）进给量大小适当，并不断地加冷却液。

3）选择适当的铰孔切削速度σ_c和进给量f，并注意冷却，切削速度应尽量小，一般高速钢铰刀切削的切削速度和进给量见表3-10。

表3-10 高速钢铰削时的切削速度和进给量

工件材料	铰刀切削速度/（m/min）	铰刀的进给量/（mm/r）
钢件	4 ~ 8	0.5 ~ 1
铸件	6 ~ 8	0.5 ~ 1
铜件	8 ~ 12	1 ~ 1.2

【任务实施】

一、任务分析

1）铣表面，保证工件的表面质量。

2）钻孔。为保证铰孔的精度，底孔的余量需留0.1 ~ 0.2mm。

3）铰孔。铰完孔后需用塞规检验，合格后方能取下工件。

4）调头装夹，用百分表找出调头前工件中心并将数据输入到工件坐标系G54中，铣表面，保证高度40 ± 0.02mm，铣外圆$\phi32mm$。

5）铣内圆$\phi30mm$。

6）去毛刺。

二、刀具、工具、量具及材料的准备

1）工具：表杆，对应铣刀大小的弹簧夹头套，锤子，垫铁，锉刀和扳手等。

2）刀具：ϕ11.7mm 或 ϕ11.8mm 钻头，ϕ12H7 铰刀，ϕ16mm 高速钢刀具。

3）量具：0～10mm 百分表，0～150mm 游标卡尺。

4）毛坯：材料为 45 钢，尺寸为 ϕ60mm×43mm。

三、程序编制（参考程序）

1. 钻孔的参考程序 （以华中系统为例）

%83

S400　M03

G54　G90　G0　X0　Y0　Z100

M08

Z20

G1　Z5　F100

G98　G83　X0　Y0　Z－45　R3　Q－5　K2　P3　F50

G80

G90　Z100

M09

M30

2. 铰孔的参考程序

%81

S80　M03

G54　G90　G0　X0　Y0　Z100

M08

Z20

G1　Z5　F100

G81　X0　Y0　Z－43　R5　F35

G80

G90　G0　Z100

M09

M30

3. 铣外圆 ϕ32mm 的参考程序

%18

S600　M03

G54　G90　G0　X35　Y－35　Z100

M08

Z20

G1　Z0　F300

G42　X16　Y－30　D01

Y0

M98 P19 L10（调用铣外圆的子程序）

G02 I－16 J0

G01 G90 Y5

G40 X35 Y10

G00 Z100

M09

M30

％19（铣外圆的子程序）

G91 G02 X0 Y0 Z－1 I－16 J0 F100

M99

4. 铣内圆 ϕ30mm 的参考程序

％30

M03 S500

G54 G90 G0 X0 Y0 Z100

G0 Z5

M08

G01 X6.9 Y0

G01 Z0 F100

M98 P31 L10（调用铣内圆的子程序）

G02 I－6.9

G90 G1 Z5 F300

G0 Z100

M09

M30

％31（铣内圆的子程序）

G91 G02 X0 Y0 Z－1 I－6.9 J0 F100

M99

经测量后，修改程序再进行精加工。

四、加工操作

1）开机，回零，预热机床。

2）安装刀具。根据加工要求装夹 ϕ16mm 铣刀。

3）清洁工作台和钳口，找正钳口，安装工件。通过百分表找正、找平钳口，再将工件安装在机用平口钳上。

4）手动铣外圆的夹持平面和端面。

5）对刀设定工件坐标系。用试切法对刀，确定 X、Y 向的工件零偏值，并将其输入到工件坐标系 G54 中。

6）将加工所用的刀具装上主轴，再将 Z 轴设定的零偏值输入到 G54 中。

7）输入加工程序并加工。

8）调头装夹，并将工件的下表面与垫铁贴平，用手轻轻拉动，保证无松动。

9）对刀，找到调头前的工件中心并输入 G54。

10）输入加工矩形和圆环及孔的加工程序，装上相应的刀具并加工。

11）用卡尺和塞规检测，合格后取下工件，去毛刺。

12）清理加工现场。

【任务考核】

加工完后进行自检，按图 3-43 所示方法测量同轴度误差，进行自我评价并填写表 3-11。

图 3-43　同轴度误差的简易测量法

表 3-11　考核评价表

班级_____　组号_____　　总分_____

检测项目	检测内容	检测工具	配分	扣分标准	自评	教师评价	最终得分
编程及工艺的确定	选用的刀具正确		4	不完全正确相应减分			
	工艺方案制订正确		4	不完全正确相应减分			
	加工路线安排正确		4	不完全正确相应减分			
	切削用量选择正确		4	不完全正确相应减分			
	程序编制正确，简明规范		5	不完全正确相应减分			
加工尺寸	$\phi 32^{+0.02}_{0}$ mm	游标卡尺	8	超差 0.01mm 扣 2 分			
	$\phi 30^{+0.02}_{0}$ mm	游标卡尺	8	超差 0.01mm 扣 2 分			
	$10^{0}_{-0.02}$ mm	游标卡尺	8	超差 0.1mm 扣 5 分			
	$\phi 12H7$ ($^{+0.02}_{0}$ mm)	塞规	10	未达要求扣 8 分			
	同轴度公差 $\phi 0.02$mm	百分表	10	超差 0.1mm 扣 5 分			

(续)

检测项目	检测内容	检测工具	配分	扣分标准	自评	教师评价	最终得分
加工尺寸	表面粗糙度值 $Ra6.3\mu m$	粗糙度对照块	5	一处未达要求扣2分			
	去毛刺	目测	5	一处未倒棱扣1分			
操作情况	工件无明显接痕	目测	10	视情况酌情扣分			
	设备维护保养方法得当		5	视情况酌情扣分			
	安全文明操作		10	视情况酌情扣分			

【任务小结】

1）掌握整圆加工的编程格式。

2）掌握保证薄壁环不变形的方法。

3）正确使用游标卡尺测量工件同轴度。

【任务练习】

1. 怎样保证壁厚均匀?

2. 若工件同轴度误差不合格，会产生什么结果?

任务八 凹槽与孔的加工

【任务目标】

1）本任务重点是凹槽的加工。

2）掌握凹槽加工的编程及加工参数。

3）掌握整孔的加工编程格式。

4）保证加工凹槽时刀具断。

5）正确使用游标卡尺测量工件尺寸。

【任务引入】

根据图3-44所示零件图加工出合格零件，保证精度要求。

【相关知识】

一、攻螺纹指令

丝锥加工的编程较为简单，因为现在的加工中心一般都固化了攻螺纹子程序，只需将各个参数赋值即可。但要注意，数控系统不同，子程序的格式不同，一些参数表示的意义也是不同的。例如，SIEMEN802s控制系统的编程格式为：

G84 X_ Y_ R2_ R3_ R4_ R5_ R6_ R7_ R8_ R9_ R10_ R13_ ，编程时只需将这12个参数赋值即可。

FANUC数控系统编程格式为：G84 X_ Y_ Z_ R_ P_ F_

二、找坐标点

利用绘图CAD软件找出图形坐标点，如图3-45所示。

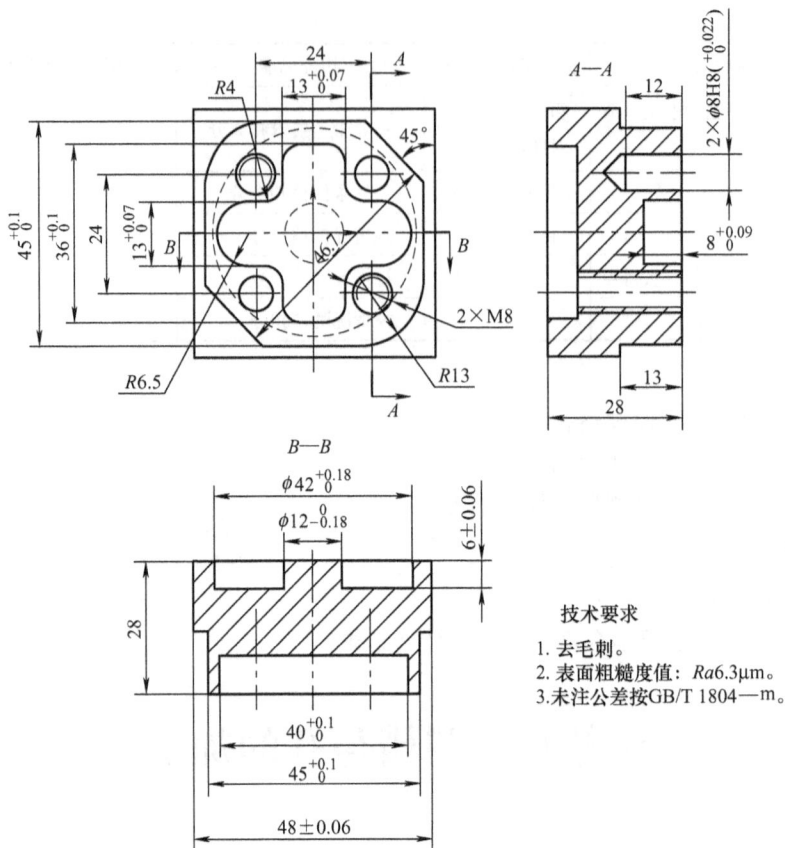

图 3-44　凹槽与孔的加工

【任务实施】

一、工艺分析

1）加工 R13mm 圆角深 13mm 凸台外形，选用 φ16mm 高速钢刀具，转速为 600r/min，进给速度为 200 mm/min。

2）加工十字凹槽。选用 φ6mm 高速钢立铣刀，转速为 1600r/min，进给速度为 200 mm/min。

3）钻 2×φ8H8 底孔，钻孔 φ7.8mm，转速为 450r/min，进给速度为 60 mm/min。

4）铰孔 φ8H8。选用铰刀，转速为 80r/min，进给速度为 30 mm/min。

5）加工 2×M8 螺纹孔，钻底孔 φ6.7mm，转速为 450r/min，进给速度为 60mm/min。

6）攻螺纹 M8。选用机用丝锥，转速为 100r/min，螺距为 1.25 mm。

调头，进行以下加工。

7）加工 48mm×48mm 矩形。选用 φ16mm 高速钢立铣刀，转速为 600r/min，进给速度为 200 mm/min。

8）粗加工 φ12mm×φ42mm 深 6mm 的环形槽，选用 φ6mm 高速钢立铣刀，转速为 1000r/min，进给速度为 200 mm/min。

9）精加工 φ12mm×φ42mm 深 6mm 的环形槽，选用 φ6mm 高速钢立铣刀，转速为

凹槽各点坐标

	X	Y	ϕ
1	10.5	−6.5	
2	13.5	−6.5	
3	13.5	6.5	13
4	10.5	6.5	
5	6.5	10.5	8
6	6.5	14	
7	2.5	18	8
8	−2.5	18	
9	−6.5	14	ϕ
10	−6.5	10.5	
11	−10.5	6.5	8
12	−13.5	6.5	
13	−13.5	−6.5	13
14	−10.5	−6.5	
15	−6.5	−10.5	8
16	−6.5	−14	
17	−2.5	−18	8
18	2.5	−18	
19	6.5	−14	8
20	6.5	−10.5	

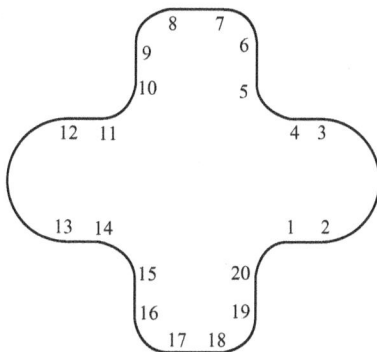

图 3-45 坐标点

1500r/min，进给速度为 100 mm/min。

二、刀具、工具、量具及材料的准备

1）工具：表杆，对应铣刀大小的弹簧夹头套，锤子，垫铁，锉刀和扳手等。

2）刀具：ϕ8mm 钻头，ϕ6mm 高速钢立铣刀，ϕ16mm 高速钢立铣刀。

3）量具：0～10mm 百分表，0～150mm 游标卡尺。

4）毛坯：材料为 45 钢，尺寸为 50mm×50mm×30mm。

三、编制程序（参考程序）

1. R13mm 圆角深 13mm 凸台外形的加工参考程序

%8

G54　G90　G00　X−50　Y−50　Z50

M3　S600

Z5

G1　Z0　F300

M98　P2　L13 （调用加工 R13mm 圆角深 13mm 凸台外形加工的子程序）

G90　G00　Z50

M30

%2（加工 R13mm 圆角深 13mm 凸台外形加工的子程序）

G91　G1　Z−1

G90　G41　D1　X−22.5　Y−40　F200

Y9.5

G2　X−9.5　Y22.5　R13

G1　X10.522

X22.5　Y10.522

Y－10.522

G2　X9.5　Y－23　R13

G1　X－10.522

X－29.21　Y3.812

G40　G01　X－50　Y－50

M99

2. 凹槽的加工参考程序

%3

G54　G90　G00　X0　Y0　Z50

M3　S1600

Z5

G1　Z0　F200

M98　P6　L8（调用凹槽的子程序）

G90　G00　Z50

M30

%6（凹槽的子程序）

G91　G1　Y－3　Z－1　F60

G90　G41　X2　Y－6.5　D1　F200

X13.5（坐标2）

G3　Y6.5　R6.5（坐标3）

G1　X10.5（坐标4）

G2　X6.5　Y10.5　R4（坐标5）

G1　Y14（坐标6）

G3　X2.5　Y18　R4（坐标7）

G1　X－2.5（坐标8）

G3　X－6.5　Y14　R4（坐标9）

G1　Y10.5（坐标10）

G2　X－10.5　Y6.5　R4（坐标11）

G1　X－13.5（坐标12）

G3　Y－6.5　R6.5（坐标13）

G1　X－10.5（坐标14）

G2　X－6.5　Y－10.5　R4（坐标15）

G1　Y－14（坐标16）

G03　X－2.5　Y－18　R4（坐标17）

G1　X2.5（坐标18）

G3　X6.5　Y－14　R4（坐标19）

G1　Y－10.5（坐标20）

G2　X6.5　Y－14　R4（坐标1）

G1　X8

G40　G1　X0　Y0

M99

3. 钻底孔 ϕ7.8mm 的参考程序

%10

G54　G90　G00　X12　Y12　Z50

M3　S450

Z5

G83　X12　Y12　Z－17　R3　Q－5　K3　P3　F60

Y－12　X－12

G80　G00　Z50

M30

4. 铰孔 ϕ8H8 的参考程序

%11

G54　G90　G00　X12　Y12　Z50

M3　S80

Z5

G81　X12　Y12　Z－13　R3　P3　F30

Y－12　X－12

G80　G00　Z50

M30

5. 钻底孔 ϕ6.7mm 的参考程序

%13

G54　G90　G00　X－12　Y12　Z50

M3　S450

Z5

G83　X－12　Y12　Z－32　R3　Q－5　K3　P3　F60

Y－12　X12

G80　G00　Z50

M30

6. 加工 2×M8 螺纹孔的参考程序（华中数控系统）

%14

G54　G90　G00　X－12　Y12　Z50

M3　S100

Z8

M29

G84　X－12　Y12　Z－35　R8　P3　F1.25

Y－12　X12

G80　G00　Z50

M30

7. 加工 2 ×M8 螺纹孔的参考程序（FANUC 数控系统）

%14

G54　G90　G95　G00　X – 12　Y12　Z50

M3　S100

Z8

G84　X – 12　Y12　Z – 35　R8　P3　F1. 25

Y – 12　X12

G80　G94　G00　Z50

M30

调头加工的参考程序如下：

8. 48mm ×48mm 矩形加工的参考程序

%1

G54　G90　G0　X40　Y40　Z50

M3　S800

Z5

G1　Z0　F300

M98　P2　L16

G90　G0　Z100

M30

%2（子程序）

G91　G1　Z – 1

G90　G42　X26　Y24　D1　F200

X – 24

Y – 24

X24

Y24

X30

G40　G01　X40　Y40

M99

9. ϕ12mm ×ϕ42mm 深 6mm 的环形槽粗加工参考程序

%18

G54　G90　G0　X10. 1　Y6. 5　Z50

M3　S1000

Z5

G1　Z0　F300

M98　P2　L12

G90　G0　Z100

M30

%2（子程序）

G91　G1　X0　Y－6.5　Z－0.5　F200

G90　G02　X10.1　Y0　I－10.1　J0

G03　X16.9　Y0　I3.4　J0

G03　X16.9　Y0　I－16.9　J0

G01　X10.1　Y6.5

M99

10. ϕ12mm ×ϕ42mm 深 6mm 的环形槽精加工

%19

G54　G90　G0　X10　Y6.5　Z50

M3　S1500

Z5

G1　Z0　F300

M98　P2　L1

G90　G0　Z100

M30

%2（子程序）

G91　G1　X0　Y－6.5　Z0　F100

G90　G02　X10　Y0　I－10　J0

G03　X17　Y0　I3.5　J0

G03　X17　Y0　I－17　J0

G03　X12　Y0　I2.5　J0

M99

四、加工操作

1）开机，回零，预热机床。

2）安装刀具。根据加工要求安装 ϕ16mm 高速钢铣刀。

3）清洁工作台和钳口，找正钳口，安装工件。通过百分表找正、找平钳口，再将工件安装在机用平口钳上。

4）手动铣外圆的夹持平面并装夹好工件。

5）对刀设定工件坐标系。用试切法对刀，确定 X、Y 向的工件零偏值，并将其输入到工件坐标系 G54 中。

6）将加工所用的刀具装上主轴，用手摇方式铣平工件表面，不要急于抬高 Z 轴，将此平面作为 Z 轴零偏值输入到 G54 中。

7）输入加工程序。

8）调试校验加工程序。

9）自动加工。

10）用卡尺和塞规检测，合格后取下工件。

11）清理加工现场。

【考核评价】

加工完成后进行自评和教师评价，并填写表3-12。

表3-12　考核评价表

班级＿＿＿＿＿　组号＿＿＿＿＿　　　　　总分＿＿＿＿＿

检测项目	检测内容	检测工具	配分	扣分标准	自评	教师评价	最终得分
编程及工艺的确定	选用的刀具正确		2	不完全正确相应减分			
	工艺方案制订正确		2	不完全正确相应减分			
	加工路线安排正确		2	不完全正确相应减分			
	切削用量选择正确		2	不完全正确相应减分			
	程序编制正确，简明规范		3	不完全正确相应减分			
加工尺寸	$R13$mm	游标卡尺	3	超差 0.01mm 扣 2 分			
	46.7mm	游标卡尺	2	超差 0.01mm 扣 2 分			
	$13^{+0.07}_{0}$mm（两处）	游标卡尺	2	超差 0.01mm 扣 2 分			
	$36^{+0.1}_{0}$mm	游标卡尺	2	超差 0.01mm 扣 2 分			
	$40^{+0.1}_{0}$mm	游标卡尺	2	超差 0.01mm 扣 2 分			
	$45^{+0.1}_{0}$mm（两处）	游标卡尺	2	超差 0.01mm 扣 2 分			
	$R4$mm	游标卡尺	2	超差 0.01mm 扣 2 分			
	$R6.5$mm	游标卡尺	3	超差 0.01mm 扣 2 分			
	24mm（两处）	游标卡尺	3	超差 0.01mm 扣 2 分			
	$2 \times \phi8H8$（$^{+0.02}_{0}$mm）	光滑塞规	6	未达要求扣 8 分			
	$2 \times M8$	螺纹塞规	4				
	12mm	游标卡尺	4	超差 0.01mm 扣 2 分			
	$8^{+0.09}_{0}$mm	游标卡尺	4	超差 0.01mm 扣 2 分			
	13mm	游标卡尺	4	超差 0.01mm 扣 2 分			
	48 ± 0.06mm（两处）	游标卡尺	4	超差 0.01mm 扣 2 分			
	6 ± 0.06mm	游标卡尺	4	超差 0.01mm 扣 2 分			
	$\phi42^{+0.18}_{0}$mm	游标卡尺	4	超差 0.01mm 扣 2 分			
	$\phi12^{0}_{-0.018}$mm	游标卡尺	4	超差 0.01mm 扣 2 分			
	28mm	游标卡尺	5	超差 0.01mm 扣 2 分			
操作情况	工件无明显接痕	目测	3	视情况酌情扣分			
	设备维护保养方法得当		11	视情况酌情扣分			
	安全文明操作		11	视情况酌情扣分			

【任务小结】

1）掌握凹槽加工的编程方法及加工参数。

2）掌握保证加工凹槽时刀具不易断的方法。

3）正确使用游标卡尺测量工件尺寸。

【任务练习】

根据本任务知识点，加工如图 3-46 所示零件。毛坯材料为 45 钢，尺寸为 $50\text{mm}\times50\text{mm}\times27\text{mm}$。

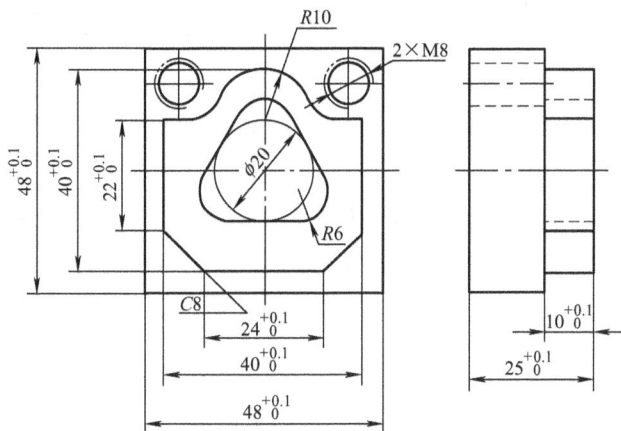

图 3-46　练习题

任务九　攻螺纹和铣螺纹

【任务目标】

1）掌握确定螺纹底孔的方法。

2）根据不同系统，正确使用不同的代码编制不同的攻螺纹程序。

3）掌握用不同的螺纹铣刀编制铣螺纹程序的方法。

【任务引入】

使用 G84 指令编制如图 3-47 所示的螺纹加工程序：设刀具起点距工作表面 30mm，螺纹深度为 10mm，螺距 1.5mm。

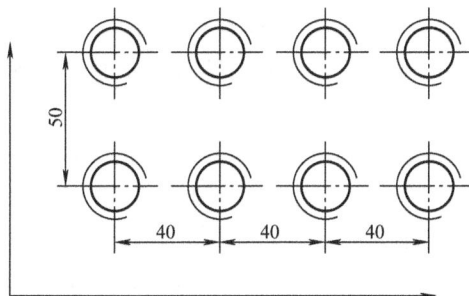

图 3-47　螺纹加工

【相关知识】

一、攻螺纹前螺纹底孔的确定

螺纹底孔的加工对于丝锥的寿命和螺纹的加工质量等方面有较大影响。通常，加工螺纹底孔的钻头直径依据下式选择

$$钻头直径 = 公称直径 - 螺距$$

钻头直径接近螺纹底孔直径的上限，例如，M8 螺纹孔的底孔直径为 $\phi6.7\text{mm}$，选择钻头直径为 $\phi6.7\text{mm}$。这样选择可减少加工余量，降低丝锥的负荷，提高丝锥的使用寿命。

二、丝锥的选择

首先，选择丝锥时必须按照所加工的材料选择相应的丝锥。刀具公司是根据加工材料的不同来生产不同型号的丝锥的，选择时要特别注意。因为丝锥相比于铣刀、镗刀来说，对被加工材料非常敏感。例如，用加工铸铁的丝锥来加工铝件，容易造成螺纹掉牙、乱牙甚至丝锥折断，导致工件报废。

其次，应注意通孔丝锥与不通孔丝锥的区别。通孔丝锥前端引导较长，排屑为前排屑；不通孔丝锥前端引导较短，排屑为后排屑。用通孔丝锥加工不通孔，不能保证螺纹的加工深度。

再者，若采用柔性攻螺纹夹头，还应注意丝锥柄部直径及四方的宽度，应与攻螺纹夹头相同；刚性攻螺纹用丝锥柄部直径应与弹簧夹套直径相同。总之，只有合理地选择丝锥，才能保证加工的顺利进行。

三、丝锥加工的数控编程

丝锥加工的编程较为简单。现在加工中心一般都固化了攻螺纹子程序，只需将各个参数赋值即可。但要注意，数控系统不同，子程序的格式不同，一些参数表示的意义也是不同的。

四、螺纹铣削法

1. 螺纹铣削的特点

螺纹铣削是采用螺纹铣削刀具，加工中心三轴联动，即 X、Y 轴圆弧插补，Z 轴直线进给的铣削方式加工螺纹。螺纹铣削主要用于大孔螺纹及难加工材料的螺纹孔的加工。它主要有以下特点。

1）加工速度快、效率高、加工精度高，刀具材料一般为硬质合金材料，走刀速度快。因为铣螺纹刀具的制造精度高，因此铣削的螺纹精度高。

2）铣削刀具适用范围大。只要螺距相同的螺纹，不管是左旋螺纹还是右旋螺纹，均可使用一把刀具加工，有利于降低刀具成本。

3）铣削加工易于排屑、冷却，相对丝锥来讲切削情况较好，特别适用于铝、铜和不锈钢等难加工材料的螺纹加工，尤其适合大型零部件及贵重材料的零部件的螺纹加工，能够保证螺纹的加工质量和工件的安全。

4）因没有刀具前端引导，适用于加工螺纹底孔较短的不通孔及没有退刀槽的孔。

2. 螺纹铣削刀具的分类

螺纹铣削刀具可分为两种，一种是机夹式硬质合金刀片铣刀，另一种是整体式硬质合金铣刀。机夹式刀具适用范围广，既可加工螺纹深度小于刀片长度的孔，也可加工螺纹深度大

于刀片长度的孔。整体式硬质合金铣刀一般用于加工螺纹深度小于刀具长度的孔。

3. 螺纹铣削的数控编程

螺纹铣削刀具的编程与其他刀具的编程不同，如果加工程序编制错误，易造成刀具损坏或螺纹加工错误。编制程序时应注意以下几点。

1）首先应将螺纹底孔加工好，对小直径孔用钻头加工，对较大的孔应采用镗削加工，以保证螺纹底孔的精度。

2）刀具切入切出时应采用圆弧轨迹，通常为 1/2 圈进行切入或切出，同时 Z 轴方向应行进 1/2 螺距，以保证螺纹形状。刀具半径补偿值应在此时带入。

3）X、Y 轴圆弧插补一周，主轴沿 Z 轴方向应行进一个螺距，否则会造成螺纹乱牙。

例如，用直径为 $\phi16\text{mm}$ 的螺纹铣刀加工 M48×1.5 螺纹，螺纹孔深度为 14mm。其加工程序如下（螺纹底孔程序略，该孔应采取镗削底孔）：

```
%1
G0  G90  G54  X0  Y0  M8
G0  Z10  M3  S1400
G0  Z - 14. 75                              进刀至螺纹最深处
G01  G41  X - 16  Y0  F2000                 移至进刀位置，加入半径补偿
G03  X24  Y0  Z - 14  I20  J0  F500         切入时采用 1/2 圈圆弧切入
G03  X24  Y0  Z0  I - 24  J0  F400          切削整个螺纹
G03  X - 16  Y0  Z0.75  I - 20  J0  F500    切出时采用 1/2 圈圆弧切出，G01  G40
                                            X0  Y0    回至中心，取消半径补偿
G0  Z100
M30
```

4. 车螺纹

（1）车螺纹的特点　箱体类零件上有时也能遇到大螺纹孔，在没有丝锥和螺纹铣刀的情况下，可采用类似车螺纹的方法，在镗刀杆上安装螺纹车刀，进行镗削螺纹。

例如：加工一批零件，螺纹是 M52×1.5，位置度公差是 0.1mm，因为位置度公差要求较高，螺纹孔较大，无法使用丝锥进行加工，且没有螺纹铣刀，故采用车螺纹方法，也能保证加工要求。

（2）车螺纹的注意事项

1）主轴启动后，应有延时时间，保证主轴达到额定转速。

2）退刀时，如果是手磨的螺纹刀具，由于刀具不能刃磨对称，不能采用反转退刀，必须采用主轴定向，刀具径向移动，然后退刀。

3）刀杆的制造必须精确，尤其是刀槽位置必须保持一致。如不一致，不能采用多刀杆加工，否则就会造成乱牙。

4）即使是很细的螺纹，车螺纹时也不能一刀车成，否则会造成掉牙，且表面质量差，至少应分两刀或三刀车成。

5）车螺纹加工效率低，只适用于单件小批、特殊螺距螺纹和没有相应刀具的情况。

（3）应用程序举例

```
%1
```

N5　G90　G54　G0　X0　Y0

N10　Z15

N15　S100　M3　M8

N20　G04　X5　　　　　　　　延时，使主轴达到额定转速

N25　G33　Z－50　K1.5　　　车螺纹

N30　M19　　　　　　　　　　主轴定向

N35　G0　X－2　　　　　　　让刀

N40　G0　Z15　　　　　　　　退刀

【任务实施】

此任务的参考程序如下：

1. 用 G81 指令钻孔的参考程序（华中系统）

%1000

G54　G00　G90　X0　Y0　Z30

M03　S500

G81　X40　Y40　R5　Z－15　F100

G91　X40　L3

Y50

X－40　L3

G90　G80　X0　Y0　Z0　M05

M30

2. 用 G84 指令攻螺纹的参考程序（华中系统）

%2000

G54　G00　G90　X0　Y0　Z30

M03　S400

M29

G84　X40　Y40　G90　R5　Z－10　F1.5

G91　X40　L3

Y50

X－40　L3

G90　G80　X0　Y0　Z0　M05

M30

3. 用 G84 指令攻螺纹的参考程序（FANUC 系统）

%2000

M03　S100

G54　G95　G0　X0　Y0　Z30

G84　X40　Y40　G90　R8　Z－10　F1.5

G91　X40　L3

Y50

X – 40　L3
G90　G94　G80　X0　Y0　Z0　M05
M30

【考核评价】

加工完成后进行自评和教师评价，并填写表3-13。

表3-13　考核评价表

班级＿＿＿＿　组号＿＿＿＿＿＿　　　总分＿＿＿＿＿

检测项目	检测内容	检测工具	配分	扣分标准	自评	教师评价	最终得分
编程及工艺的确定	选用的刀具正确		2	不完全正确相应减分			
	工艺方案制订正确		2	不完全正确相应减分			
	加工路线安排正确		2	不完全正确相应减分			
	切削用量选择正确		2	不完全正确相应减分			
	程序编制正确、简明规范		3	不完全正确相应减分			
加工尺寸	$8 \times M10$	螺纹塞规	64	一处不合格扣8分			
操作情况	工件无明显缺陷	目测	5	视情况酌情扣分			
	设备维护保养方法得当		10	视情况酌情扣分			
	安全文明操作		10	视情况酌情扣分			

【任务小结】

综上所述，加工中心加工螺纹的方法主要有丝锥加工、铣削加工和车螺纹法，以丝锥加工和铣削加工为主要加工方法，车螺纹法只是临时应急采用的一种方法。只有正确选择螺纹的加工方法和加工刀具，才能有效提高螺纹加工的效率和质量，提高加工中心的使用效率，降低加工成本。

【任务练习】

根据本任务知识点，加工图3-48所示零件。毛坯材料为45钢，尺寸为50mm×50mm×27mm。

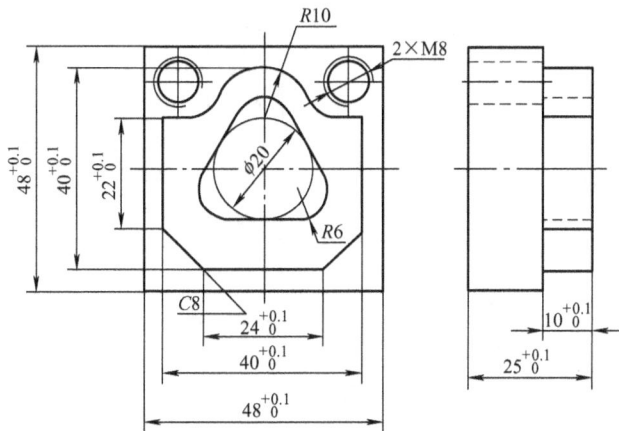

图3-48　练习题

任务十 配合件的加工

【任务目标】

1）配合件加工中应考虑凸模和凹模的加工先后顺序。
2）掌握复杂零件的编程及加工参数。
3）掌握精度的控制方法，保证配合精度。
4）正确使用游标卡尺测量工件尺寸。

【任务引入】

加工如图 3-49 所示装配零件，并完成装配，满足间隙配合要求。装配完成后，使用塞尺检查，配合间隙不能超过 0.15mm。毛坯尺寸为 50mm×50mm×23mm。

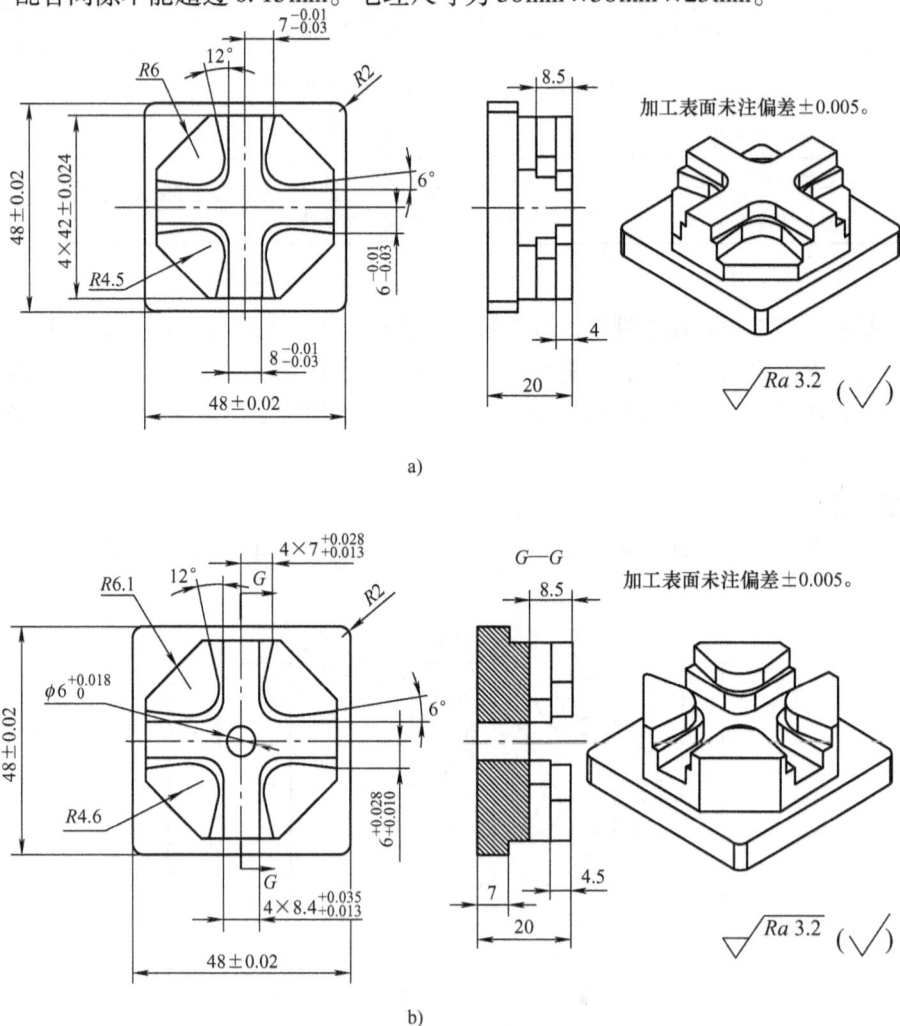

a)

b)

图 3-49 配合件（凸模与凹模）

a）配合件一　b）配合件二

【任务实施】

一、工艺分析

1. 先加工凸模

1）铣平面。铣出平面后，加工 48mm × 48mm 的外轮廓夹持部分。

2）调头装夹，铣工件上平面，保证工件的总高度，并将此表面作为 Z 向零点铣 48mm × 48mm 的外轮廓，粗、精加工出外轮廓的尺寸。

3）铣八边形，粗、精加工八边形的尺寸。

4）铣 R6mm 的台阶，采用 φ8mm 立铣刀。

5）铣 R4.5mm 的台阶，同样用 φ8mm 立铣刀进行粗、精加工，保证加工精度。

6）加工后尺寸精度满足图样要求后，去毛刺。

2. 再加工凹模

1）铣平面及四方。调头装夹，保证总高度。

2）铣 48mm × 48mm 的外轮廓。

3）钻孔。钻 φ5.8mm 孔。

4）用 φ6H8 铰刀铰孔。

5）铣八边形。

6）铣槽宽为 8.4mm 的槽，保证加工精度。

7）铣圆弧槽。分层加工，铣出圆弧槽。

8）去毛刺。

二、刀具、工具、量具及材料的准备

1）工具：表杆，对应铣刀大小的弹簧夹头套，锤子，垫铁，锉刀和扳手等。

2）刀具：φ5.8mm 钻头，φ6H8 铰刀，φ8mm 高速钢立铣刀和 φ16mm 高速钢立铣刀。

3）量具：0～10mm 百分表，0～150mm 游标卡尺，0～25mm 外径千分尺，5～30mm 内径千分尺。

4）毛坯：材料为 45 钢，尺寸为 50mm × 50mm × 23mm。

三、参考程序

1. 配合件一的加工参考程序

%1（48mm × 48mm 外形加工）

G54 G90 G0 X40 Y40 Z50

M3 S600

Z5

G1 Z0 F300

M98 P2 L13

G90 G0 Z100

M30

%2

G91 G1 Z－1

G90　G41　X24　Y24　D1　F200

Y－24　R2

X－24　R2

Y24　R2

X24　R2

Y20

G40　G01　X40　Y40

M99

%4（八边形加工，华中系统可采用 G01 加 *C* 的倒角方式）

M3　S600

Z5

G1　Z0　F300

M98　P3　L28

G90　G0　Z100

M30

%3

G91　G1　Z－0.5

G90　G42　X8.6985　Y21　D1　F200

X－8.6985

X－21　Y8.6985

Y－8.6985

X－8.6985　Y－21

X8.6985

X21　Y－8.6985

Y8.6985

X1.3413　Y28.3572

G40　G0　X40　Y40

M99

%6（*R*4.5mm 圆角槽的加工）

G54　G90　G0　X10　Y40　Z50

M3　S800

Z5

G1　Z0　F300

M98　P7　L8

G90　G0　Z100

M30

%7

G91　G1　Z-0.5

G90　G41　X2.4　Y23　D1　F200

X4.2　Y4.2　R4.5

X21

Y-4.2

X4.2　Y-4.2　R4.5

Y-21

X-4.2

X-4.2　Y-4.2　R4.5

X-21

Y4.2

X-4.2　Y4.2　R4.5

Y21

X6

G40　G01　X10　Y40

M99

%9（R6mm 圆角槽的加工）

G54　G90　G00　X-10　Y-30　Z50

M3　S1200

Z5

G1　Z0　F300

M98　P10　L17

G90　G0　Z50

M30

%10

G91　G1　Z-0.5

G90　G41　X-8.6687　Y-28.8506　D1　F300

X-5.5727　Y-14.2851

G3　X-10.8144　Y-7.0705　R6

G1　X-21　Y-6

Y6

X-10.8144　Y-7.0705

G3　X-5.5727　Y14.2851　R6

G1　X-7　Y21

X7

X5.5727　Y14.2851

G3　X10.8144　Y7.0705　R6

G1　X21　Y6

Y - 6

X10. 8144   Y - 7. 0705

G3   X5. 5727   Y - 14. 2851   R6

G1   X7   Y - 21

X - 10

G40   G01   X - 10   Y - 30

M99

2. 配合件二的加工参考程序

%33 （48mm×48mm×13mm 倒 *R*2mm 圆角矩形加工）

M3   S600

Z5

G1   Z0   F300

M98   P54   L13

G90   G0   Z50

M30

%54

G91   G1   Z - 1   F100

G90   G41   X24   Y24   D1   F100

Y - 24   R2

X - 24   R2

Y24   R2

X24   R2

Y20

G40   G0   X40   Y40

M99

%22 （八边形的加工）

G54   G90   G0   X40   Y40   Z50

M3   S600

Z5

G1   Z0   F300

M98   P2   L28

G90   G0   Z100

M30

%2

G91   G1   Z - 0. 5   F100

G90   G42   X8. 6985   Y21   D1   F100

X - 8. 6985

X－21　　Y8.6985

Y－8.6985

X－8.6985　　Y－21

X8.6985

X21　　Y－8.6985

Y8.6985

X1.3413　　Y28.3572

G40　　G1　　X40　　Y40

M99

％15

G54　　G90　　G00　　X－30　　Y－40　　Z50

M3　　S1200

Z5

G1　　Z0　　F300

M98　　P33　　L17

G90　　G00　　Z50

M30

％33（R4.6mm 十字槽的加工）

G91　　G1　　Z－0.5

G90　　G42　　D1　　X－4.2　　Y30　　F200

Y－8.8

G3　　X－8.8　　Y－4.2　　R4.6

G1　　X－26

Y4.2

X－8.8

G3　　X－4.2　　Y8.8　　R4.6

G1　　Y26

X4.2

Y8.8

G3　　X8.8　　Y4.2　　R4.6

G1　　X26

Y－4.2

X8.8

G3　　X4.2　　Y－8.8　　R4.6

Y－30

G01　　G40　　X－30　　Y－40

M99

%11（R6.1mm 十字槽的加工）

G54 G90 G00 X－20 Y－40 Z50

M3 S1200

Z5

G1 Z0 F300

M98 P22 L8

G90 G00 Z50

M30

%22

G91 G1 Z－0.5

G90 G42 X－9.2314 Y－31.4981 D1 F200

X－5.5958 Y－14.3938

G3 X－10.9249 Y－7.0589 R6.1

G1 X－26 Y－5.4745

Y5.4745

X－10.9249 Y7.0589

G3 X－5.5958 Y14.3938 R6.1

G1 X－8.0628 Y26

X8.0628

X5.5958 Y14.3938

G3 X10.9249 Y7.0589 R6.1

G1 X26 Y5.4745

Y－5.4745

X10.9249 Y－7.0589

G3 X5.5958 Y－14.3938 R6.1

G1 X8.0628 Y－26

X－10

G40 G01 X－20 Y－40

M99

四、加工操作

1）开机，回零，转动主轴预热机床。

2）安装刀具。根据加工要求安装 φ16mm 高速立铣钢刀。

3）清洁工作台和钳口，找正钳口，安装工件。通过百分表找正、找平钳口，再将工件安装在机用平口钳上。

4）手动铣出外圆的两夹持面，用试切法对刀设定工件坐标系装夹后，铣出上表面及四方，深度为13mm。

5）调头装夹，手摇铣出总高度，刀具不抬起，输入此时的 Z 向零点到 G54 中。用百分表对刀，确定 X、Y 向的工件零偏值，并将其输入到工件坐标系 G54 中。

6）输入加工程序。

7）调试校验加工程序并自动加工。

8）用塞规和游标卡尺检测，取下工件。

9）清理加工现场。

【考核评价】

完成任务后进行自评和教师评价，并填写表3-14。

表 3-14 考核评价表

班级_____ 组号_____ 总分_____

检测项目	检测内容	检测工具	配分	扣分标准	自评	教师评价	最终得分
编程及工艺的确定	选用的刀具正确		4	不完全正确相应减分			
	工艺方案制订正确		4	不完全正确相应减分			
	加工路线安排正确		4	不完全正确相应减分			
	切削用量选择正确		4	不完全正确相应减分			
	程序编制正确，简明规范		12	不完全正确相应减分			
凸模加工尺寸	48 ± 0.02mm	游标卡尺	8	一处超差 0.02mm 扣 2 分			
	$4 \times 42 \pm 0.024$mm	游标卡尺	12	一处超差 0.02mm 扣 4 分			
	$8_{-0.03}^{-0.01}$mm	千分尺	4	超差 0.02mm 扣 2 分			
	$7_{-0.03}^{-0.01}$mm	千分尺	4	超差 0.02mm 扣 2 分			
	$6_{-0.03}^{-0.01}$mm	千分尺	4	超差 0.02mm 扣 2 分			
凹模加工尺寸	48 ± 0.02mm	深度游标卡尺	8	超差 0.02mm 扣 2 分			
	$8.4_{+0.013}^{+0.035}$mm	千分尺	4	超差 0.02mm 扣 2 分			
	$7_{+0.013}^{+0.028}$mm	千分尺	4	超差 0.02mm 扣 2 分			
	$6_{+0.010}^{+0.028}$mm	千分尺	4	超差 0.02mm 扣 2 分			
装配	两件配合	塞尺	10	配合间隙不能超过 0.15mm，一处不合格扣 2 分			
操作情况	操作正确		5	视情况酌情扣分			
	设备维护保养方法得当		5	视情况酌情扣分			

【任务小结】

1）配合件加工中应考虑凸模与凹模的加工先后顺序，一般先加工凸模，后加工凹模。

2）配合件的加工工艺安排。

3）配合件的检测。

【任务练习】

根据如图 3-50 所示加工出合格的装配零件，并能够完成装配。毛坯尺寸为 50mm ×

50mm ×33mm。

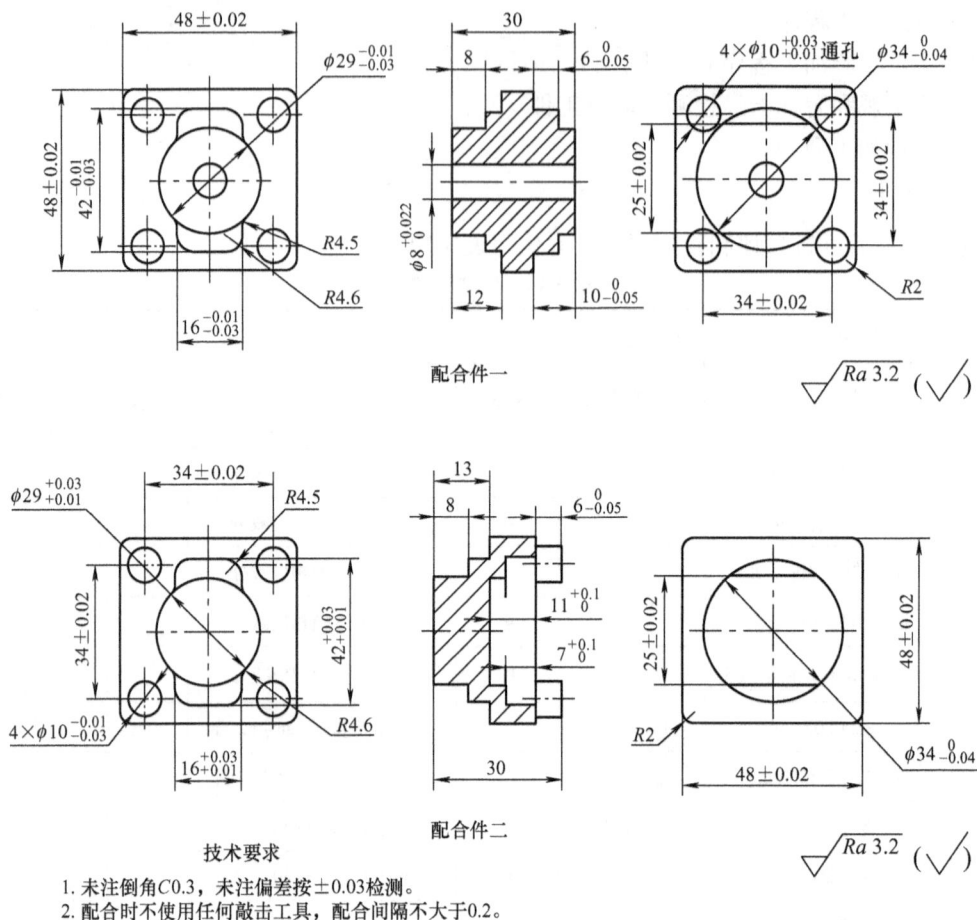

配合件一

配合件二

技术要求

1. 未注倒角C0.3，未注偏差按±0.03检测。
2. 配合时不使用任何敲击工具，配合间隔不大于0.2。

图 3-50　配合件的加工

课题四 CAM 软件编程实训

数控自动编程是利用计算机和相应的编程软件编制数控加工程序的过程。

随着现代加工业的发展，在实际生产过程中，比较复杂的二维零件、具有曲线轮廓和三维复杂零件越来越多，手工编程已满足不了在较短的时间内编制出高效、快速、合格的加工程序的实际需求，在这种需求的推动下，数控自动编程得到了很快的发展。

数控自动编程的初期是利用通用微机或专用的编程器，在专用编程软件（例如 APT 系统）的支持下，以人机对话的方式来确定加工对象和加工条件，然后编程器自动进行运算和生成加工指令。这种自动编程方式对于形状简单（轮廓由直线和圆弧组成）的零件，可以快速完成编程工作。目前，在安装有高版本数控系统的机床上，这种自动编程方式已经完全集成在机床的内部（如西门子 810 系统、海德汉 430 系统）。但是如果零件的轮廓是由曲线样条或是三维曲面组成的，这种自动编程是无法生成加工程序的。

随着微电子技术和 CAD 技术的发展，自动编程系统已逐渐过渡到以图形交互为基础，与 CAD 相集成的 CAD/CAM 一体化的编程方法。与以前的 APT 等语言型的自动编程系统相比，CAD/CAM 集成系统可以提供单一准确的产品几何模型。几何模型的产生和处理手段灵活、多样、方便，可以实现设计、制造一体化。采用 CAD/CAM 系统进行自动编程已经成为数控编程的主要方式。

本课题主要对 CAXA 制造工程师软件的操作使用进行讲解，并加强自动编程的训练，通过各个任务自动生成程序，使同学们掌握自动编程的基本方法和技巧。

CAD/CAM 系统的工作流程如图 4-1 所示。

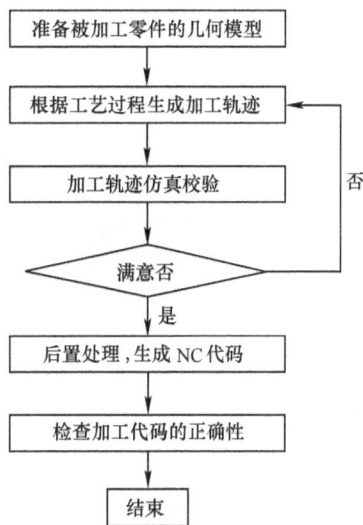

图 4-1 CAD/CAM 系统的工作流程

任务一 内、外轮廓的加工

【任务目标】

1）能进行图样工艺分析。

2）掌握两种加工方式：平面区域粗加工和平面轮廓精加工的参数设置、仿真和程序生成方法。

3）灵活应用两种加工方式针对不同零件进行相应参数设置。

4）进行仿真验证加工方式是否合理。

5）对加工方式进行后处理，生成 G 代码。

6）能合理进行零件加工。

7）能熟练掌握各尺寸的正确测量方法。

【任务引入】

加工图 4-2 所示工件的内轮廓和外轮廓。

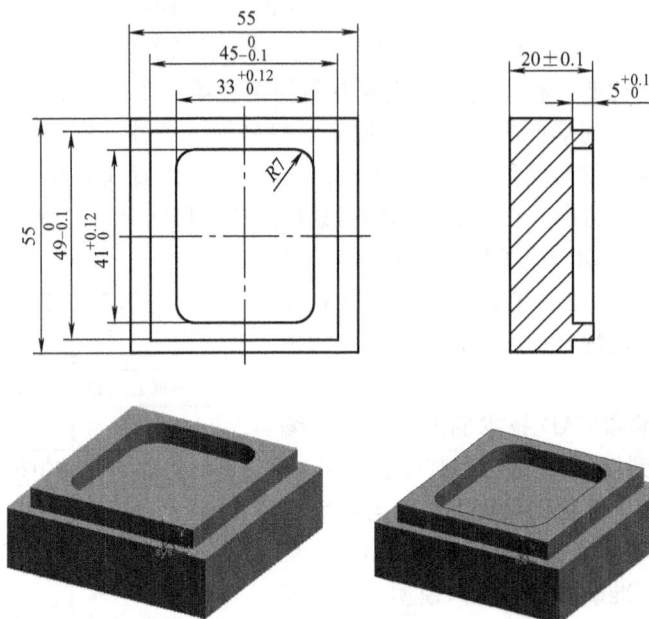

图 4-2　工件图

【相关知识】

一、平面区域式粗加工

功能：生成具有多个岛的平面区域的刀具轨迹，适合 2/2.5 轴粗加工，与区域式粗加工类似，所不同的是该功能支持轮廓和岛屿的分别清根设置，可以单独设置各自的余量、补偿及上下刀信息，最明显的就是该功能的轨迹生成速度较快。

1. 加工参数

平面区域粗加工参数表的内容包括加工参数、清根参数、接近返回、下刀方式、切削用量、坐标系、刀具参数和几何八项，如图 4-3 所示。加工参数又包括走刀方式、拐角过渡方式、拔模基准、加工参数、轮廓参数、岛参数和标识钻孔点等项，每项中又有其各自的参数。各种参数的含义如下：

（1）走刀方式

平行加工：刀具以平行走刀方式切削工件（图 4-4a），可改变生成的刀位行与 X 轴的夹角，可选择单向和往复方式。单向方式刀具以单一的顺铣或逆铣方式加工工件；往复方式刀具以顺逆混合的方式加工工件。

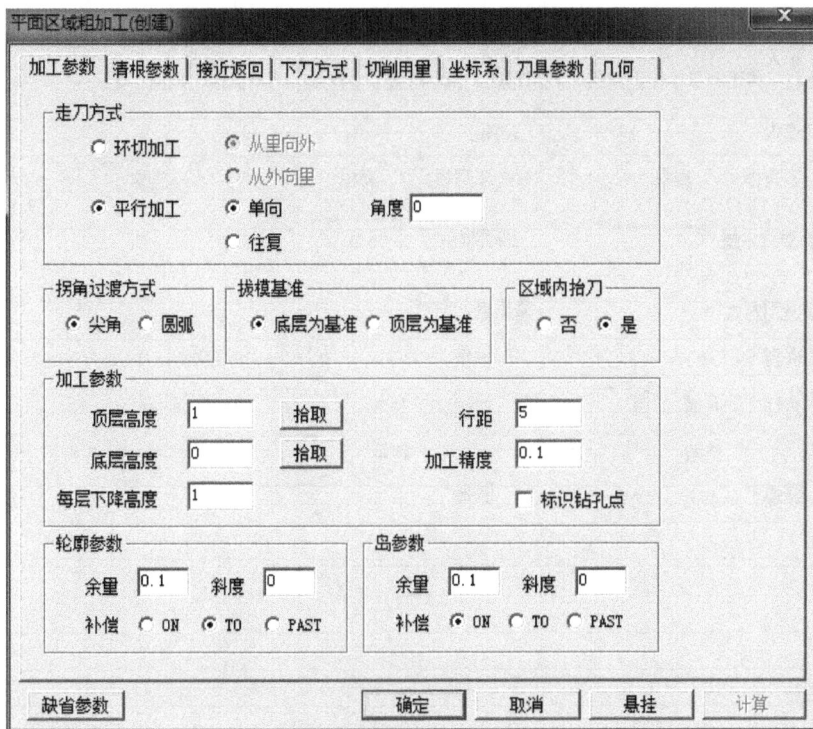

图 4-3　平面区域粗加工

环切加工：刀具以环状走刀方式切削工件，可选择从里向外和从外向里的方式（图 4-4b）。

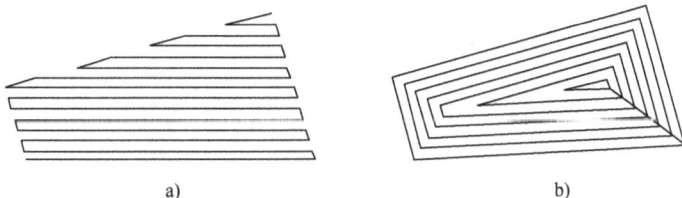

a)　　　　　　　　　　　　　　b)

图 4-4　走刀方式

a）平行加工示意图　b）环切加工示意图（从外向里）

（2）标识钻孔点　选择该项后自动显示出下刀打孔的点。

2. 清根参数

清根参数包括轮廓清根、岛清根和清根进退刀方式等项，如图 4-5 所示。

（1）轮廓清根　沿轮廓线清根。轮廓清根余量指清根之前所剩的量。

（2）岛清根　沿岛曲线清根。岛清根余量指清根之前所剩的量。

（3）清根进退刀方式　分为垂直、直线和圆弧三种方式。

3. 接近返回参数

接近返回参数包括接近方式和返回方式，如图 4-6 所示。

（1）接近方式　分为不设定、直线方式、圆弧方式和强制在某一点的方式。

（2）返回方式　也分为不设定、直线方式、圆弧方式和强制在某一点的方式。

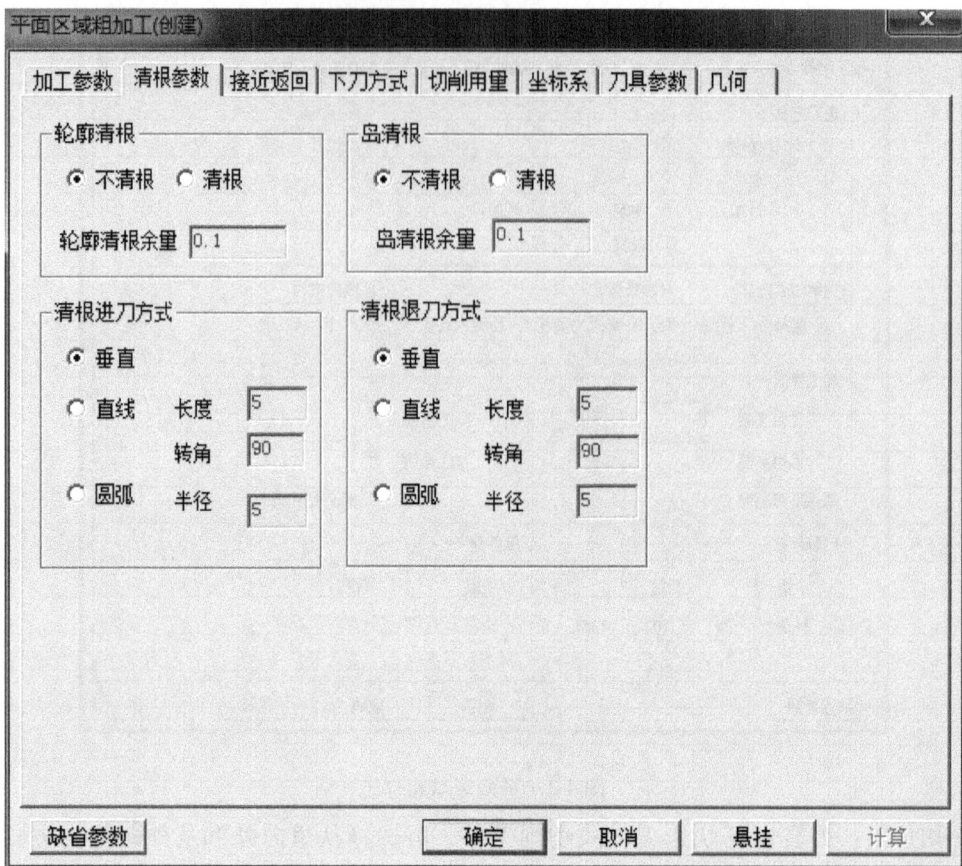

图 4-5　清根参数

4. 下刀方式参数

下刀方式参数包括安全高度、慢速下刀距离、退刀距离和切入方式等项，如图 4-7 所示。

（1）安全高度　刀具快速移动而不会与毛坯或模型发生干涉的高度称为安全高度，有相对与绝对两种模式，单击"相对"或"绝对"按钮，可以实现两者的转换。

相对方式：以切入或切出或切削开始或切削结束位置的刀位点为参考点。

绝对方式：以当前加工坐标系的 XOY 平面为参考平面。

拾取方式：单击后可以从工作区选择安全高度的绝对位置高度点。

（2）慢速下刀距离　在切入或切削开始前的一段刀位轨迹的位置长度称为慢速下刀距离。这段轨迹以慢速下刀速度垂直向下进给，有相对与绝对两种模式，单击"相对"或"绝对"按钮，可以实现两者的转换。

相对方式：以切入或切削开始位置的刀位点为参考点。

绝对方式：以当前加工坐标系的 XOY 平面为参考平面。

拾取方式：单击后可以从工作区选择慢速下刀距离的绝对位置高度点。

（3）退刀距离　在切出或切削结束后的一段刀位轨迹的位置长度称为退刀距离。这段轨迹以退刀速度垂直向上进给，有相对与绝对两种模式，单击"相对"或"绝对"按钮，

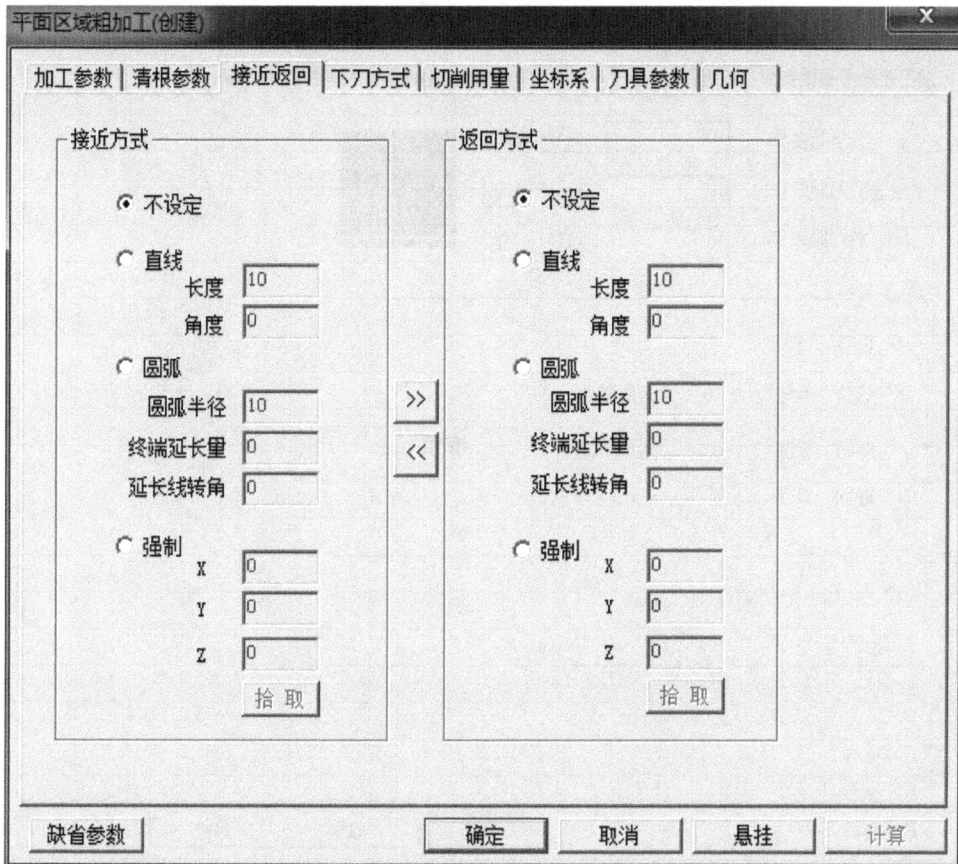

图 4-6 接近返回

可以实现两者的转换。

相对方式：以切出或切削结束位置的刀位点为参考点。

绝对方式：以当前加工坐标系的 XOY 平面为参考平面。

拾取方式：单击后可以从工作区选择退刀距离的绝对位置高度点。

（4）切入方式 此处提供了四种通用的切入方式，几乎适用于所有的铣削加工策略，其中的一些切削加工策略有其特殊的切入切出方式（在切入切出属性页面中可以设定）。在切入切出属性页面里设定了特殊的切入切出方式后，此处通用的切入方式将不会起作用。

垂直方式：刀具沿垂直方向切入。

螺旋方式：刀具以螺旋方式切入。

倾斜方式：刀具以与切削方向相反的倾斜线方向切入。

渐切方式：刀具沿加工切削轨迹切入。

长度：切入轨迹段的长度，以切削开始位置的刀位点为参考点。

近似节距：以螺旋和倾斜方式切入时走刀的高度。

角度：渐切和倾斜线走刀方向与 XOY 平面的夹角。

二、平面轮廓精加工

功能：属于二轴加工方式，由于它可以指定拔模斜度，所以也可以进行二轴半加工，主

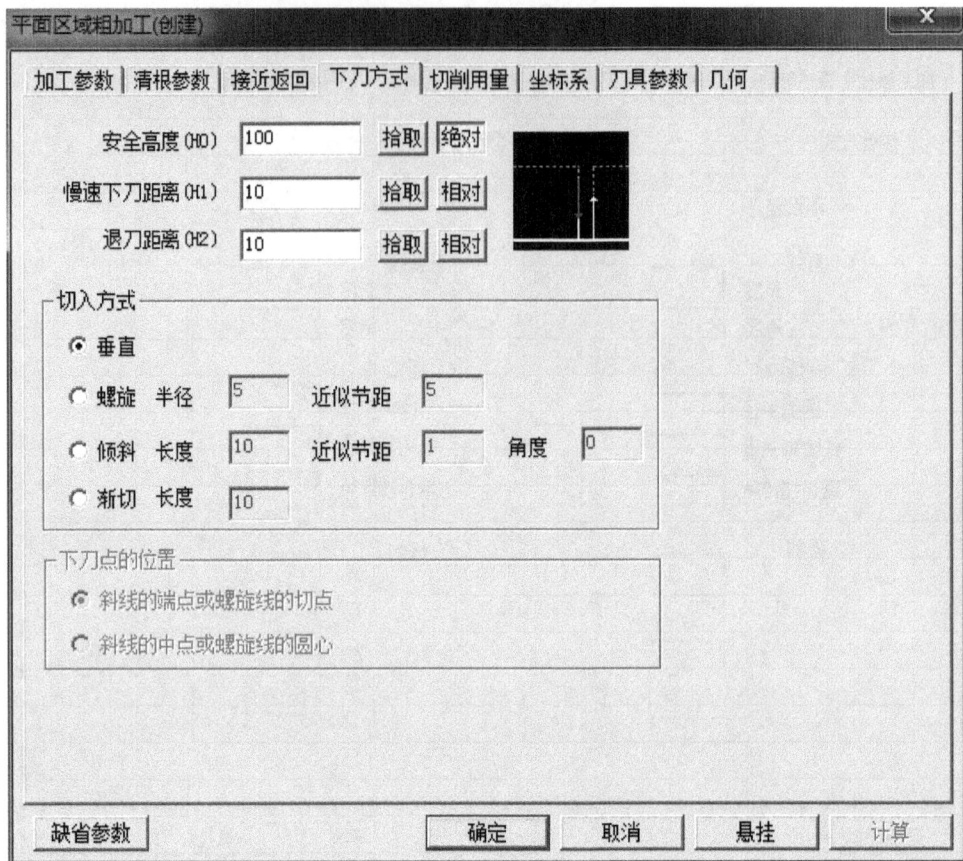

图4-7 下刀方式

要用于加工封闭的和不封闭的轮廓，适合2/2.5轴精加工，支持具有一定拔模斜度的轮廓轨迹生成，可以为生成的每一层轨迹定义不同的余量，生成轨迹的速度较快。

平面轮廓精加工参数表的内容包括加工参数、接近返回、下刀方式、切削用量、坐标系、刀具参数和几何项，如图4-8所示。其中，加工参数包括加工参数、拐角过渡方式、走刀方式、偏移方向、行距定义方式、拔模基准、层间走刀和抬刀等10项，每一项中又有其各自的参数。各种参数的含义如下：

1. 走刀方式

走刀方式是指刀具轨迹行与行之间的连接方式，本系统提供单向和往复两种方式。

单向方式：抬连接。刀具加工到一行刀位的终点后，抬到安全高度，再沿直线快速走刀到下一行首点所在位置的安全高度，垂直进刀，然后沿着相同的方向进行加工。如图4-9a所示。

往复方式：直线连接。与单向方式不同的是在进给完一个行距后刀具沿着相反的方向进行加工，行间不抬刀，如图4-9b所示。

2. 拐角过渡方式

拐角过渡就是在切削过程遇到拐角时的处理方式，本系统提供尖角和圆弧两种过渡方法，如图4-10所示。

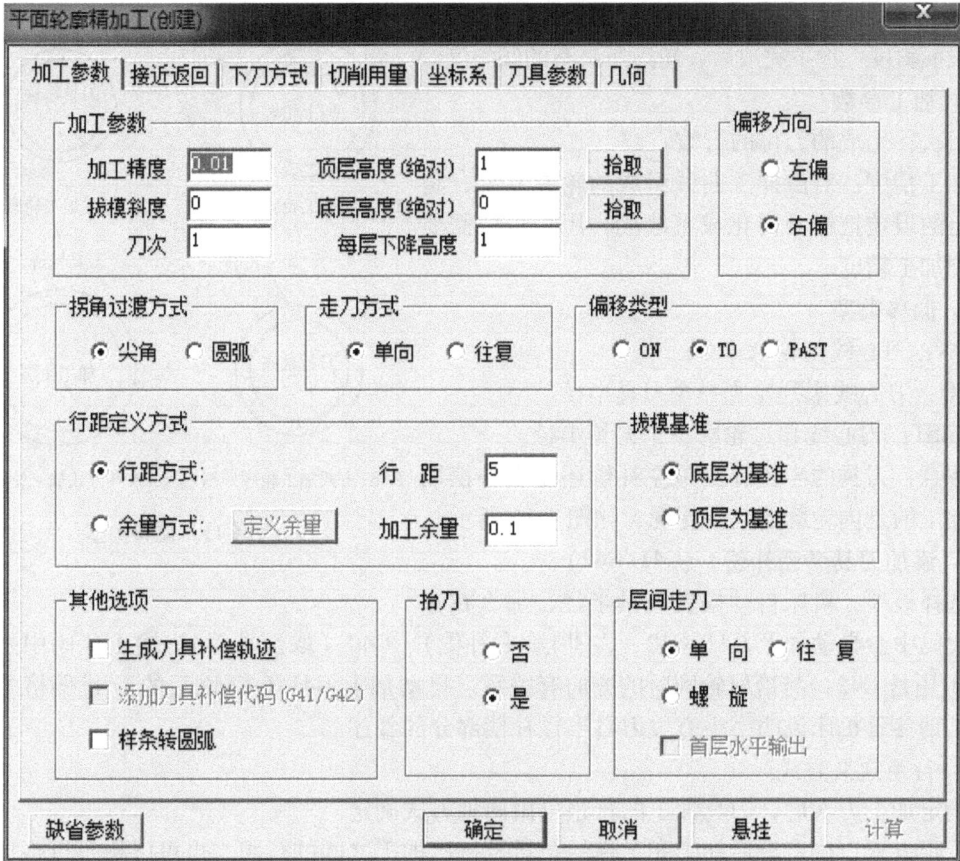

图 4-8 平面轮廓精加工

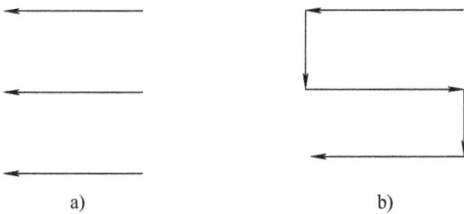

| a) | b) |

图 4-9 走刀方式
a) 单向 b) 往复

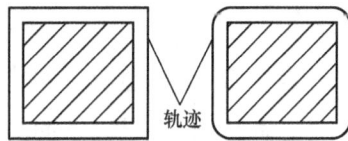

图 4-10 拐角过渡方式

尖角过渡：刀具从轮廓的一边到另一边的过程中，以两条边延长后相交的方式连接。

圆弧过渡：刀具从轮廓的一边到另一边的过程中，以圆弧的方式过渡，过渡半径 = 刀具半径 + 余量。

3. 切削用量

切削用量包括一些参考平面的高度参数（高度指 Z 向的坐标值），当需要进行一定的锥度加工时，还需要给定拔模角度和每层下降高度。

当前高度：被加工工件的最高高度。切削第一层时，下降一个每层下降高度。

底面高度：加工的最后一层所在高度。

每层下降高度：每层之间的间隔高度。

拔模斜度：加工完成后，轮廓所具有的倾斜度。

4. 加工参数

刀次：生成的刀位的行数。

加工精度：对由样条曲线组成的轮廓系统，将按给定的误差把样条转化成直线段，用户可按需要来控制加工精度。

5. 偏移类型

ON：刀心线与轮廓重合。

TO：刀心线未到轮廓一个刀具半径。

PAST：刀心线超过轮廓一个刀具半径。

注意：刀具的半径补偿是左补偿还是右补偿取决于加工的是内轮廓还是外轮廓，如图 4-11 所示。

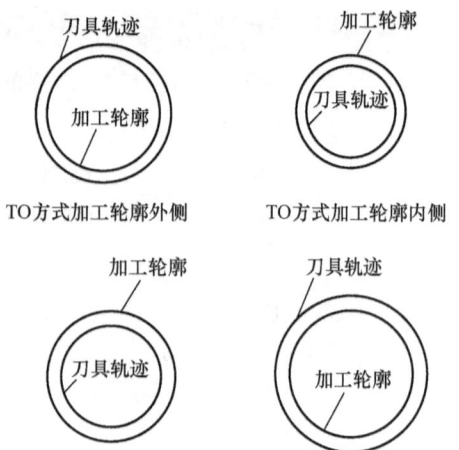

TO方式加工轮廓外侧　　TO方式加工轮廓内侧

PAST方式加工轮廓外侧　　PAST方式加工轮廓内侧

图 4-11　偏移类型

6. 添加刀具半径补偿（G41/G42）

选择该项，机床自动偏置刀具半径，那么在输出的代码中会自动加上 G41/G42（左补偿/右补偿）、G40（取消补偿）。输出代码中是自动加 G41 还是 G42，与拾取轮廓时的方向有关系。自动加上 G41/G42 以后的 G 代码格式是否正确，请参看机床说明书中有关刀具半径补偿部分的叙述。

7. 行距定义方式

确定加工刀次后，刀具加工的行距可由两种方式确定。

行距方式：确定最后加工完工件的余量及每次加工之间的行距，也可以称等行距加工。

余量方式：定义每次加工完所留的余量，也可以称不等行距加工。余量的次数在刀次中定义，最多可定义 10 次加工的余量。余量方式下，按"定义余量"按钮，可弹出"余量定义"对话框。

【任务实施】

一、刀具、工具、量具及材料的准备

1）刀具：高速钢立铣刀 $\phi20$ mm 和 $\phi12$ mm。

2）工具：对应铣刀大小的弹簧夹头套，锤子，垫铁，锉刀和扳手等。

3）量具：0 ~ 150mm 游标卡尺。

4）材料：45 钢，尺寸为 55mm × 55mm × 22mm。

二、内轮廓粗加工

1）按照图样进行造型，结果如图 4-2 所示。

2）依次单击"相关线"图标 ⬚ 和"实体边界"，拾取内外轮廓的边界。

3）在加工管理栏双击"毛坯"项，弹出"定义毛坯"对话框，采用"参照模型"方式定义毛坯。

4）在加工管理栏依次右击"刀具轨迹"→"加工"→"粗加工"→"平面区域粗加工"，弹出"平面区域粗加工"对话框。

5）设置"加工参数"，如图 4-12 所示。

6）设置"切削用量"，如图 4-13 所示。

7）设置"刀具参数"，如图 4-14 所示。

8）设置"下刀方式"，如图 4-15 所示。采用倾斜下刀的方式减少对刀具的损害，或采用螺旋方式下刀。

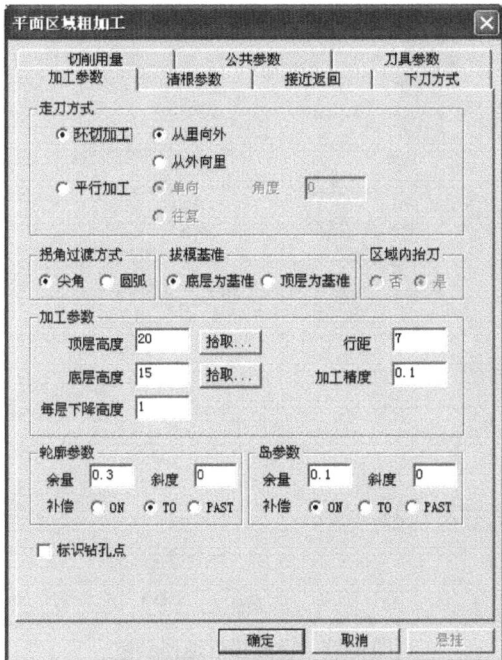

图 4-12　设置粗加工参数

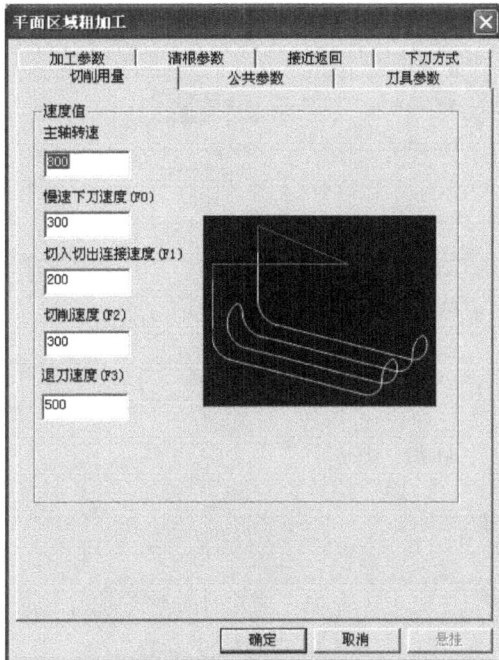

图 4-13　设置粗加工切削用量

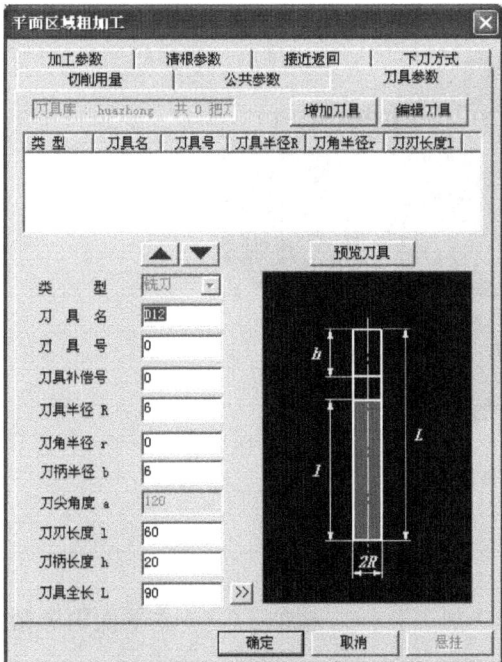

图 4-14　设置刀具参数

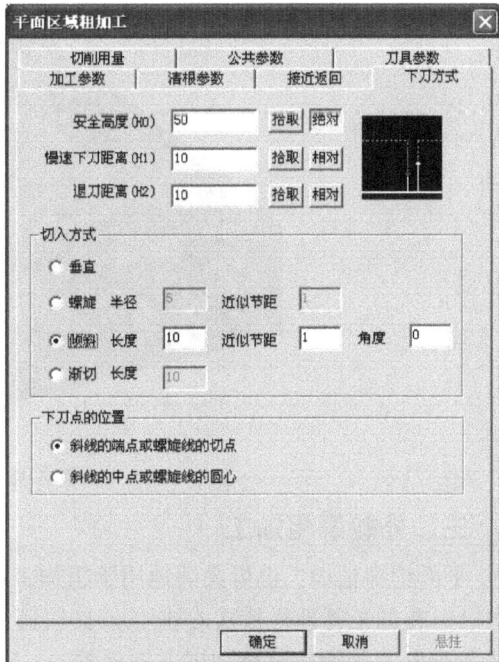

图 4-15　设置下刀方式

9）设置"公共参数"和"接近返回"参数，如图 4-16 和图 4-17 所示，修改起始高度为 50。

10）单击"确定"按钮，拾取区域轮廓线，拾取走刀方向箭头，右击"表示没有岛屿存在"项，生成的刀具轨迹如图 4-18 所示。

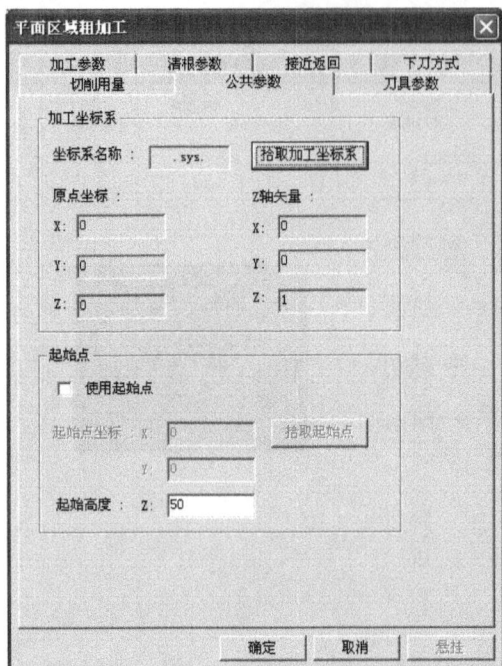
图 4-16　设置公共参数

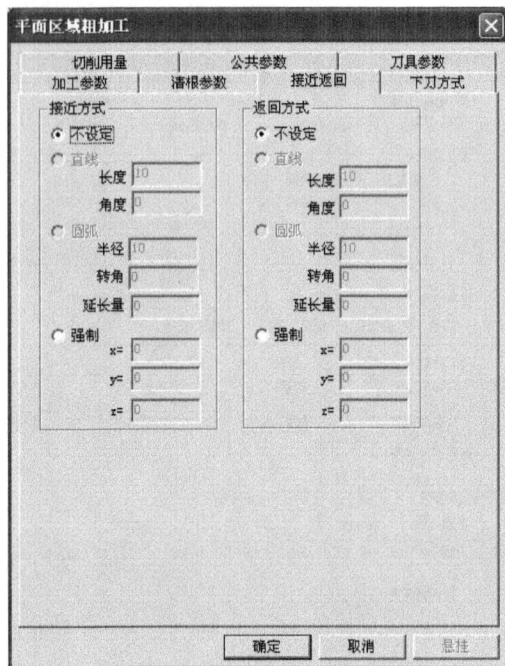
图 4-17　设置接近返回参数

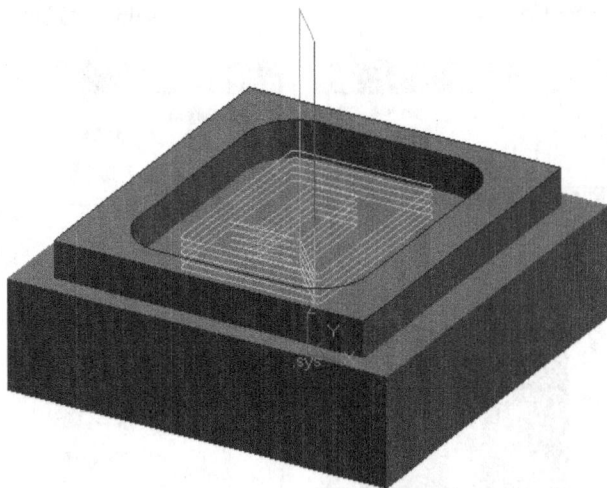
图 4-18　刀具轨迹

三、外轮廓粗加工

平面轮廓精加工也可灵活地用于粗加工。

1）在加工管理栏依次右击"刀具轨迹"→"加工"→"精加工"→"平面轮廓精加工"，弹出"平面轮廓精加工"对话框。

2）设置"加工参数"，如图 4-19 所示。

3）设置"切削用量"，如图 4-20 所示。

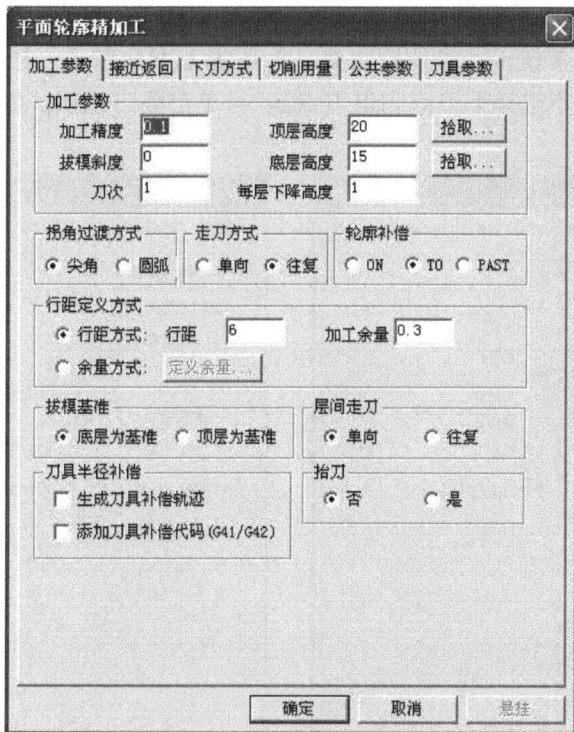

图 4-19　设置加工参数

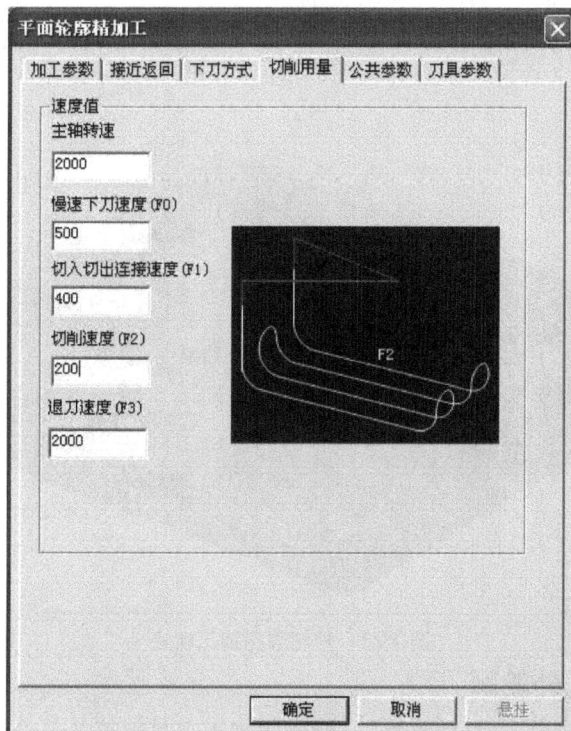

图 4-20　设置切削用量

4）设置"接近返回"参数，如图 4-21 所示。

5）设置"下刀方式"，如图 4-22 所示。

6）单击"确定"按钮，拾取外轮廓线，拾取走刀方向箭头，拾取轨迹偏置方向（向外），右击两次（表示不选择下刀点和退刀点），再单击确定按钮，生成的外轮廓粗加工刀具轨迹如图 4-23 所示。

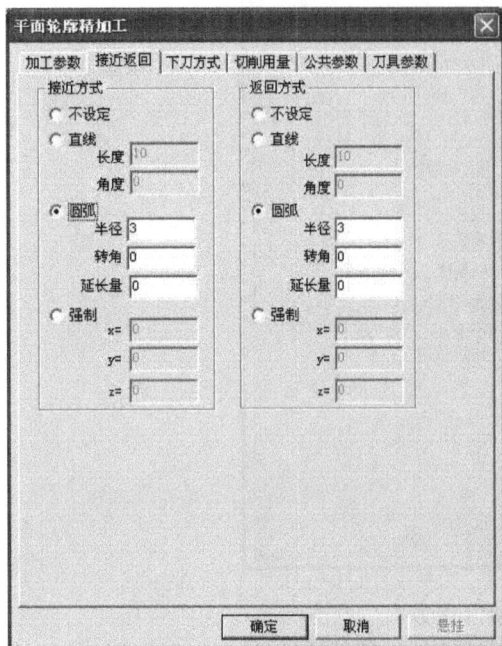

图 4-21　设置接近返回参数

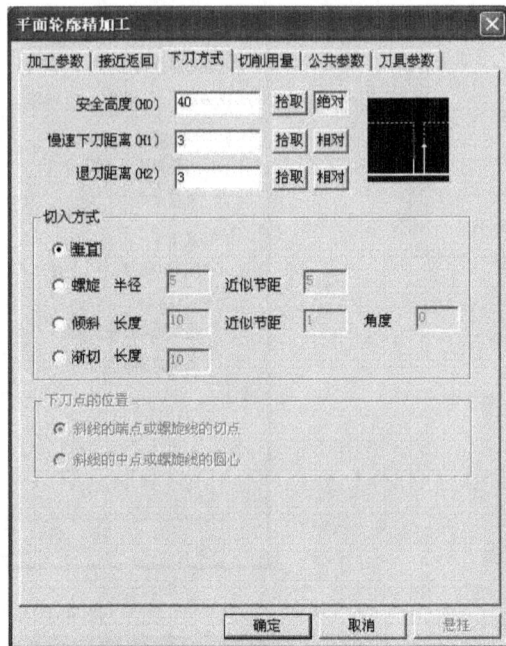

图 4-22　设置下刀方式

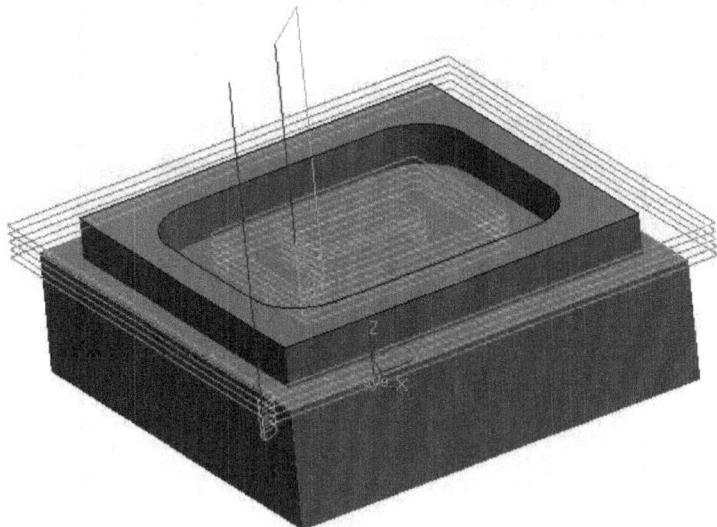

图 4-23　外轮廓粗加工轨迹

四、精加工内、外轮廓

1）在加工管理栏右击"刀具轨迹"，隐藏粗加工刀具轨迹。

2）在加工管理栏依次右击"刀具轨迹"→"加工"→"精加工"→"平面轮廓精加

工"项，弹出"平面轮廓精加工"对话框。

3）设置"加工参数"，如图 4-24 所示。根据图样上的尺寸公差和实际测量尺寸设置精加工余量，其值为 - 0.01。

4）设置"切削用量"，如图 4-25 所示。

5）单击"确定"按钮，拾取外轮廓线，拾取走刀方向箭头，拾取轨迹偏置方向（向内），右击两次（表示不选择下刀点和退刀点），右击"确定"生成内轮廓精加工刀具轨迹。

6）外轮廓精加工的参数设置方法与上述相同，此处不再赘述。内、外轮廓精加工的轨迹如图 4-26 所示。

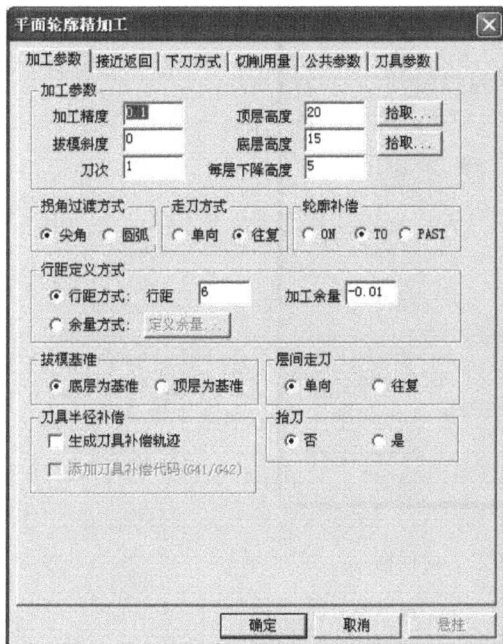

图 4-24 设置精加工参数

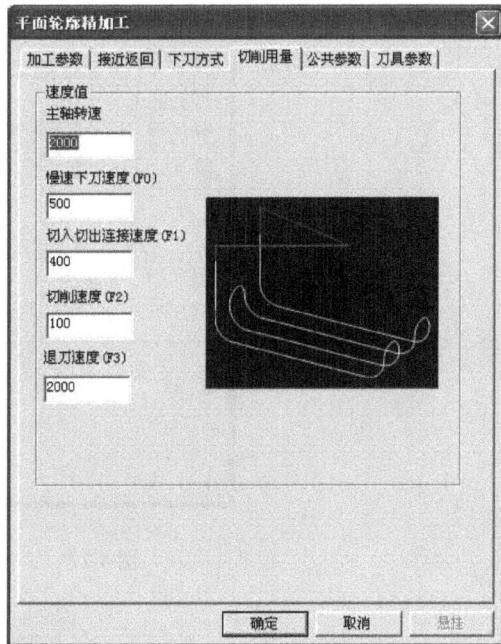

图 4-25 设置切削用量

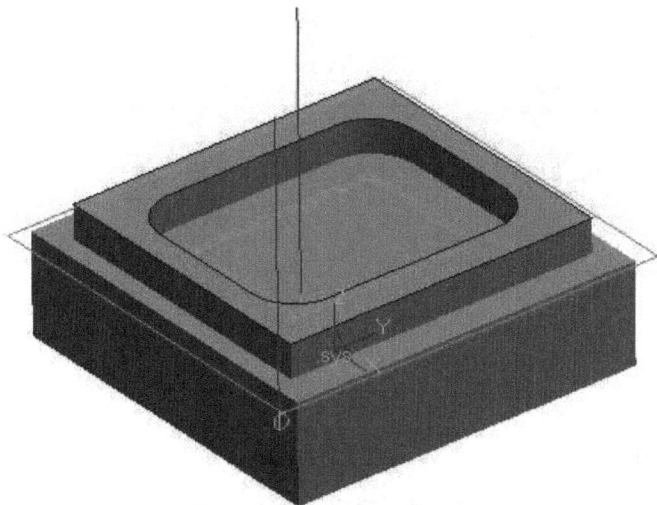

图 4-26 内、外轮廓精加工的轨迹

五、实体仿真

1）在加工管理栏右击"刀具轨迹"，单击"全部显示"，轨迹全部显示。

2）在加工管理栏单击"刀具轨迹"，全部选中轨迹，再右击"实体仿真"，在"仿真轨迹"窗口单击█，进入仿真状态，弹出"仿真加工"对话框，如图 4-27 所示。

3）单击开始按钮 ▶ ，进行加工仿真演示，结果如图 4-28 所示。

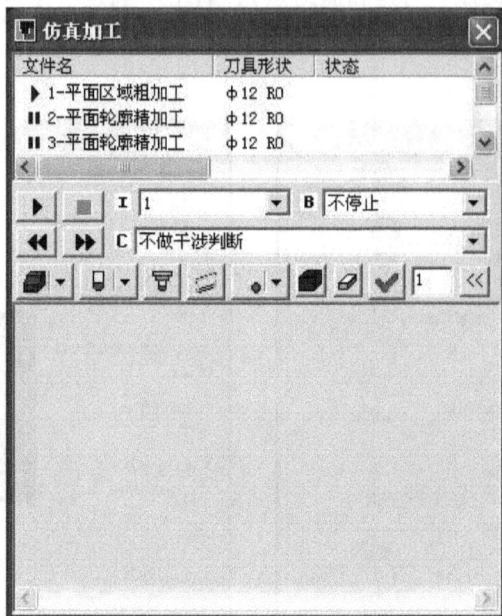

图 4-27 "仿真加工"对话框

图 4-28 仿真演示结果

六、生成 G 代码

单击加工管理栏的"机床后置"项，弹出"机床后置"对话框，可对"机床信息"进行设置，如图 4-29 所示。

在加工管理栏单击"刀具轨迹"项，全部选中轨迹，然后右击"后置处理"和"生成G 代码"项，弹出"生成后置代码"对话框，可选择代码存放目录，如图 4-30 所示。

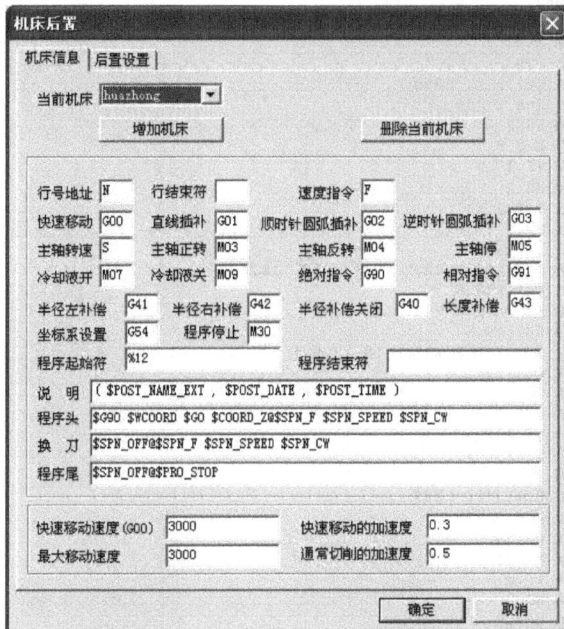

图 4-29　"机床后置"对话框

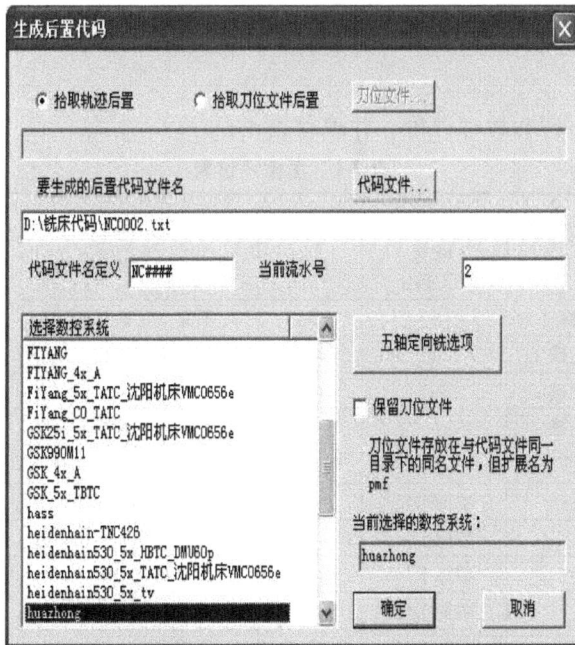

图 4-30　"生成后置代码"对话框

设置好后单击"确定"按钮，再右击（选中已有代码）生成 G 代码，部分 G 代码如图4-31 所示。

```
NC0004 - 记事本
文件(F) 编辑(E) 格式(O) 查看(V) 帮助(H)
%0004
N10 G90 G54 G0 X3.2 Y-7.2 S800 M03
N12 Z50.
N14 Z30.
N16 G01 Z20. F300
N18 X-6.8 Z19.
N20 X3.2
N22 X-3.2
N24 Y7.2
N26 X3.2
N28 Y-7.2
N30 X9.5 Y-14.2
N32 X-9.5
N34 G17 G02 X-10.2 Y-13.5 I0. J0.7
N36 G01 Y13.5
N38 G02 X-9.5 Y14.2 I0.7 J0.
N40 G01 X9.5
N42 G02 X10.2 Y13.5 I0. J-0.7
N44 G01 Y-13.5
N46 G02 X9.5 Y-14.2 I-0.7 J0.
N48 G01 Z29. F500
N50 G0 Z50.
N52 X3.2 Y-7.2
N54 Z29.
N56 G01 Z19. F300
N58 X-6.8 Z18.
N60 X3.2
N62 X-3.2
N64 Y7.2
N66 X3.2
N68 Y-7.2
N70 X9.5 Y-14.2
N72 X-9.5
```

图 4-31　G 代码

【考核评价】

完成任务后进行自评和教师评价，并填写表 4-1。

表 4-1　考核评价表

班级＿＿＿＿＿＿组号＿＿＿＿＿＿　　　　　　　　总分＿＿＿＿＿＿

检测项目	检测内容	检测工具	配分	扣分标准	自评	教师评价	最终得分
编程及工艺的确定	选用的刀具正确		5	不完全正确相应减分			
	工艺方案制订正确		7	不完全正确相应减分			
	加工路线安排正确		5	不完全正确相应减分			
	切削用量选择正确		10	不完全正确相应减分			
	程序编制正确，简明规范		10	不完全正确相应减分			
加工尺寸	$45_{-0.1}^{0}$ mm	游标卡尺	8	超差 0.01mm 扣 2 分			
	$49_{-0.1}^{0}$ mm	游标卡尺	9	超差 0.01mm 扣 2 分			
	$33_{0}^{+0.12}$ mm	游标卡尺	8	超差 0.01mm 扣 2 分			
	$41_{0}^{+0.12}$ mm	游标卡尺	8	超差 0.01mm 扣 2 分			
	$5_{0}^{+0.1}$ mm	游标卡尺	7	超差 0.01mm 扣 2 分			
	去毛刺	目测	5	一处未倒棱扣 1 分			
操作情况	工件无明显接痕	目测	6	视情况酌情扣分			
	设备维护保养方法得当		6	视情况酌情扣分			
	安全文明操作		6	视情况酌情扣分			

【任务小结】

1）掌握内、外轮廓加工的两种加工方式：区域式粗加工和平面轮廓精加工。

2）掌握两种加工方式加工参数的设置方法。

3）对加工方式进行后处理并生成 G 代码。

4）加工零件尺寸精度的保证。

【任务练习】

1. 在采用区域或者型腔加工的时候下刀方式采用什么方式？为什么？

2. 怎样通过修改加工参数来保证加工精度？

3. 外轮廓需要加工区域大，选用什么加工方式？

4. 选用直径为 $\phi16mm$ 的立铣刀，刀具材料为高速钢，加工 45 钢工件，采用区域式粗加工。

1）主轴转速在什么范围内合理？

2）进给量在什么范围内合理？

3）切削深度在什么范围内合理？

4）切削行距为多少？

任务二　曲面加工

【任务目标】

1）掌握曲面的三种加工方式：等高线粗加工、等高线精加工和扫描线精加工。

2）掌握制订正确的加工工艺方案、选择合理的刀具与切削工艺参数的方法。

3）熟练应用 CAM 软件进行仿真和后处理设置，生成 G 代码。

4）能合理进行零件加工。

5）保证零件的尺寸精度。

【任务引入】

完成图 4-32 所示零件的加工。图 4-33 所示为其实体模型。

【相关知识】

一、等高线粗加工

功能：生成分层等高式粗加工轨迹，常用于曲面、凸模或者型腔的粗加工，其参数如图 4-34 所示。

1. 加工参数

（1）加工方向　加工方向设定有两种选择，顺铣和逆铣。

（2）行进策略　行进策略设定有两种选择，区域优先和层优先。

（3）层高和行距

层高和行距包括以下几个选项。

层高：Z 向每加工层的切削深度。

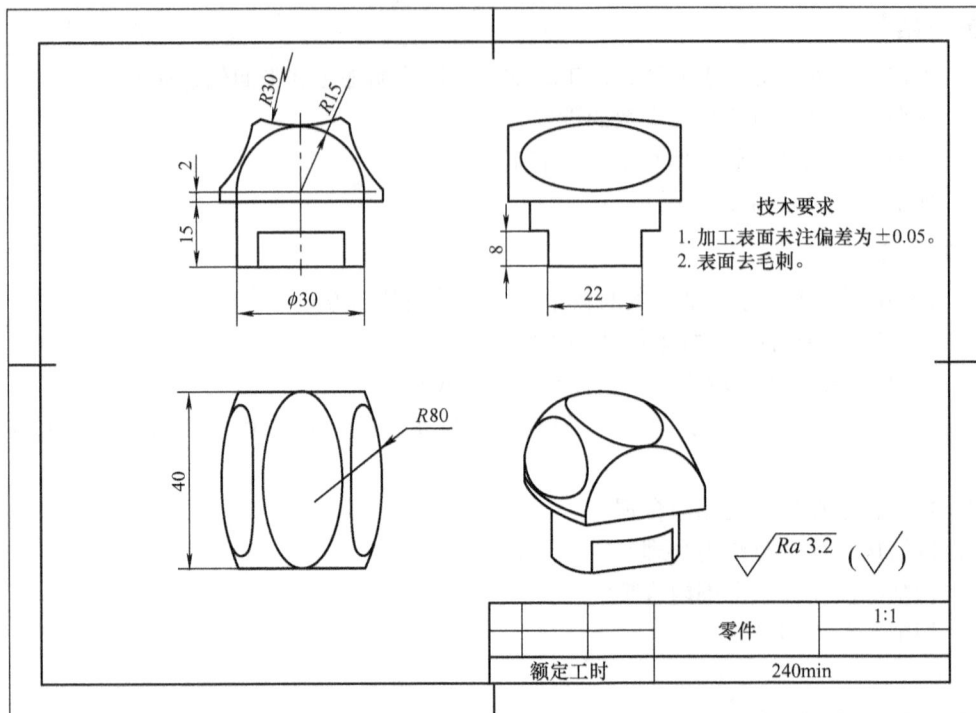

技术要求

1. 加工表面未注偏差为±0.05。
2. 表面去毛刺。

			1:1
		零件	
额定工时		240min	

图 4-32　零件图

行距：输入 XY 方向的切入量。

插入层数：两层之间插入轨迹。

拔模角度：加工轨迹会出现角度。

切削宽度自适应：内部自动计算切削宽度。

（4）余量和精度

余量和精度参数包括加工精度和加工余量两个选项。

加工精度：输入模型的加工精度，计算模型的加工轨迹的误差小于此值。加工精度数值越大，模型形状的误差越大，模型表面越粗糙；加工精度数值越小，模型形状的误差越小，模型表面越光滑，

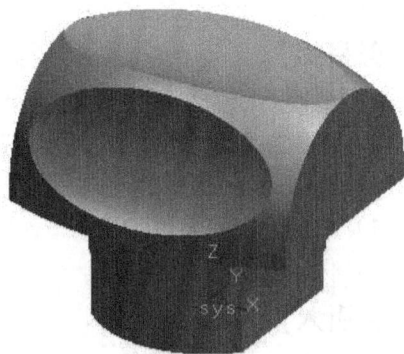

图 4-33　实体模型

但是轨迹段的数目增多，轨迹数据量变大。加工精度示意图如图 4-35 所示。

加工余量：输入相对加工区域的残余量，也可以输入负值。加工余量的含义如图 4-36 所示。

2. 加工边界参数

选择加工边界参数可以拾取已有的边界曲线，如图 4-37 所示。

在刀具中心位于加工边界情况下，有重合、内侧和外侧三种选择。

重合：刀具位于边界上，如图 4-38a 所示。

内侧：刀具位于边界的内侧，如图 4-38b 所示。

外侧：刀具位于边界的外侧，如图 4-38c 所示。

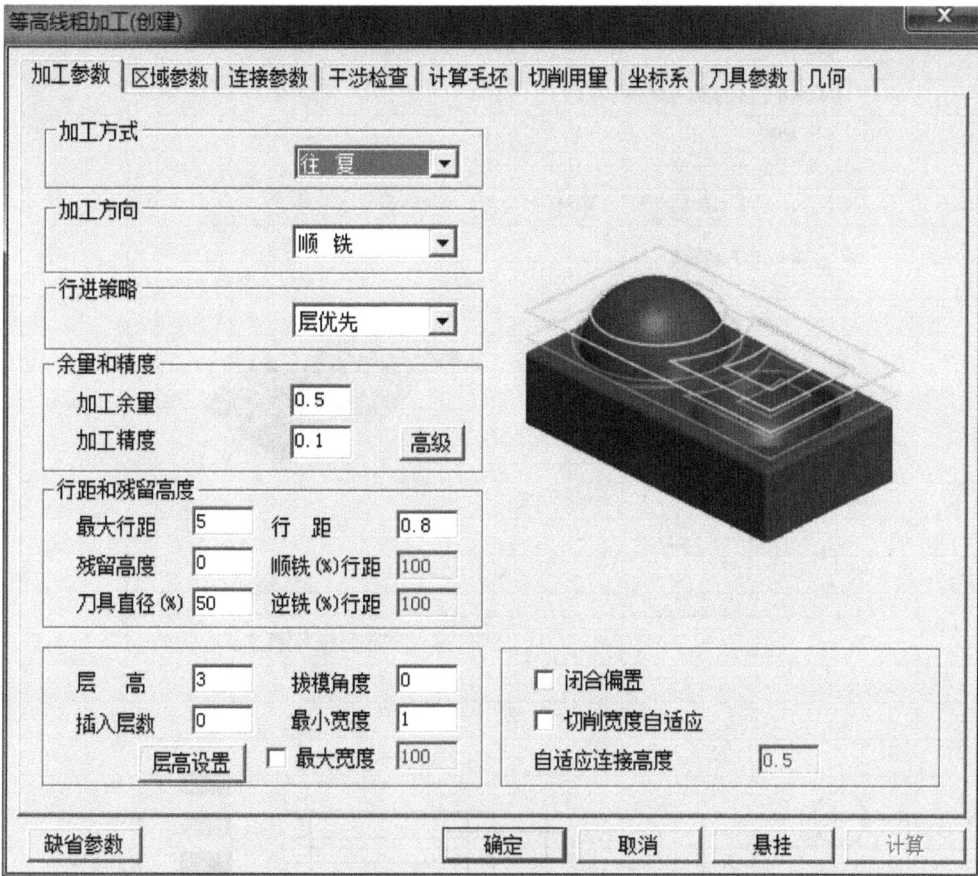

图 4-34 等高线粗加工

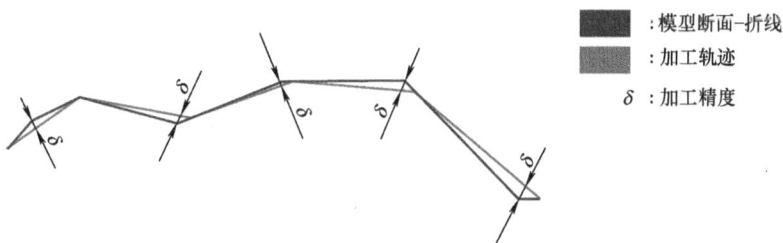

图 4-35 加工精度示意图

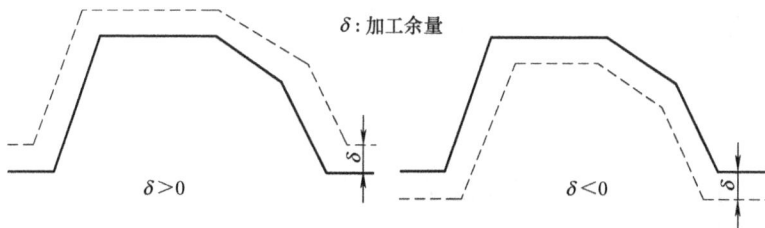

图 4-36 加工余量的含义

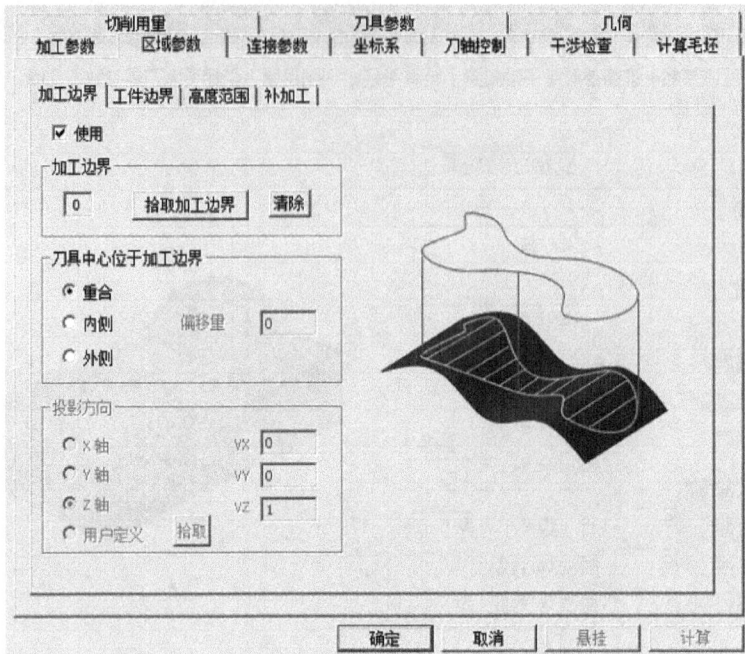

图 4-37 加工边界参数

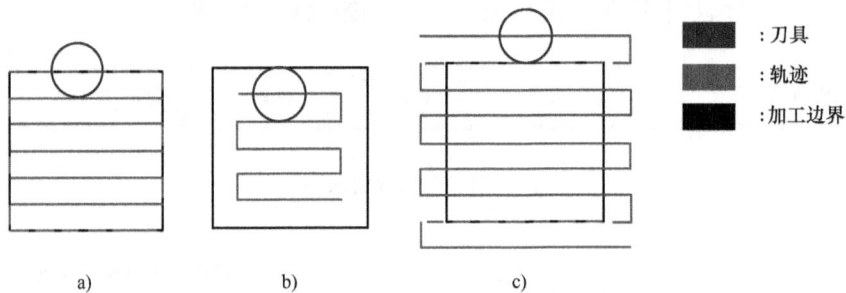

图 4-38 刀具中心位于加工边界

a) 边界上 b) 边界内侧 c) 边界外侧

3. 工件边界

选择此项后以工件本身为边界。

工件的轮廓：刀心位于工件轮廓上。

工件底端的轮廓：刀尖位于工件底端轮廓上。

刀触点和工件确定的轮廓：刀接触点位于轮廓上。

4. 高度范围参数

高度范围参数包括以下两项。

自动设定：以给定毛坯高度自动设定 Z 的范围。

用户设定：用户自定义 Z 的起始高度和终止高度。

5. 补加工参数

选择补加工参数可以自动计算前一把刀加工后的剩余量并进行补加工，操作方法如下：

1）填写前一把刀的直径。

2）填写前一把刀的刀角半径。

3）填写粗加工的余量。

6. 连接方式参数

连接方式参数界面如图4-39所示，它包括以下几项参数。

（1）接近/返回　从设定的高度接近工件和从工件返回到设定高度。选择"加下刀"方式后，可以加入所选定的下刀方式。

（2）行间连接　每行轨迹间的连接。选择"加下刀"方式后，可以加入所选定的下刀方式。

（3）层间连接　每层轨迹间的连接。选择"加下刀"方式后，可以加入所选定的下刀方式。

（4）区域间连接　两个区域间的轨迹连接。选择"加下刀"方式后，可以加入所选定的下刀方式。

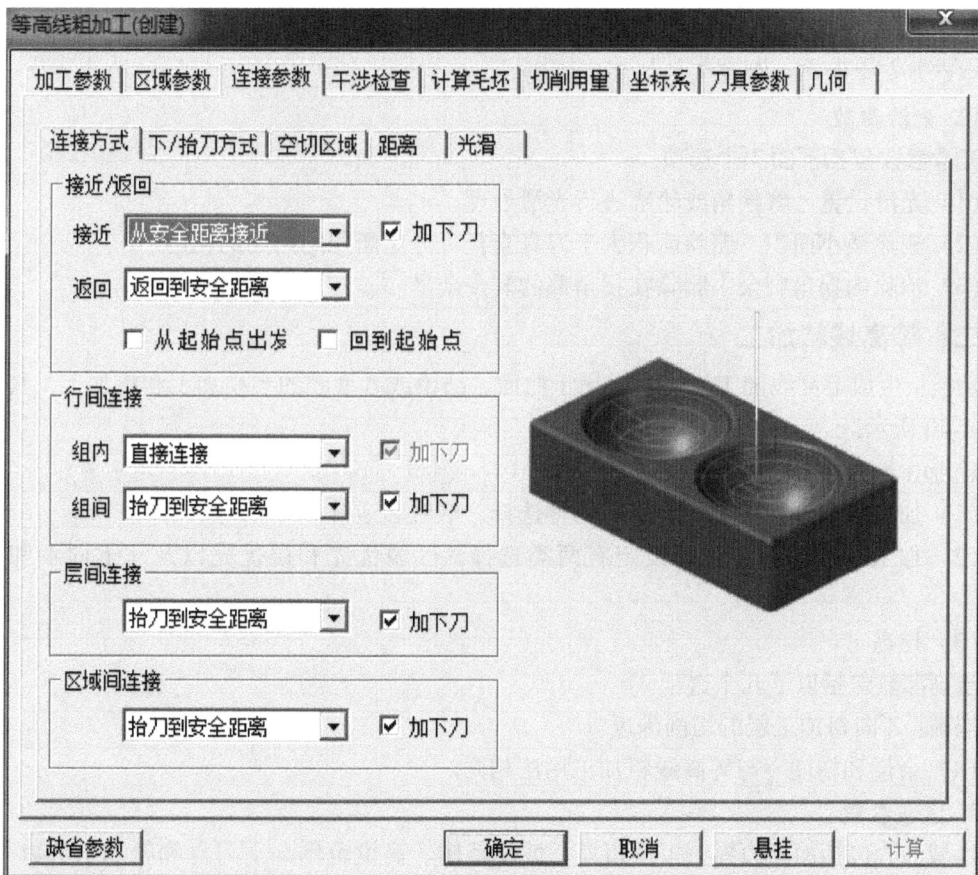

图4-39　连接方式参数

7. 下/抬刀方式参数

下/抬刀方式参数包括以下两项内容。

（1）中心可切削刀具　可选择自动、直线、螺旋、往复、沿轮廓物种下刀方式。

（2）预钻孔点 标示需要钻孔的点。

8. 空切区域参数

空切区域参数包括以下选项。

安全高度：刀具快速移动而不会与毛坯或模型发生干涉的高度。

平面法矢量平行与：目前只有主轴方向。

平面法矢量：目前只有 Z 轴正向。

圆弧光滑连接：抬刀后加入圆角半径。

保持刀轴方向直到距离：保持刀轴的方向达到所设定的距离。

9. 距离参数

距离参数有下面 3 个选项。

快速移动距离：在切入或切削开始前的一段刀位轨迹的位置长度，这段轨迹以快速移动方式进给。

慢速移动距离：在切入或切削开始前的一段刀位轨迹的位置长度，这段轨迹以慢速下刀速度进给。

空走刀安全距离：距离工件的高度距离。

10. 光滑参数

光滑参数包括下面 3 个选项。

（1）光滑设置 将拐角或轮廓进行光滑处理。

（2）删除微小面积 删除面积大于刀具直径百分比面积的曲面的轨迹。

（3）消除内拐角剩余 删除在拐角部的剩余余量。

二、等高线精加工

功能：生成等高线加工轨迹，常用于曲面、凸模或者型腔的半精加工和精加工，其参数如图 4-40 所示。

1. 加工参数

（1）加工方向 加工方向设定有两种选择，顺铣和逆铣。

（2）加工顺序 加工顺序设定有两类选择，区域优先和层优先以及从上向下和从下向上。

（3）层高

层高参数包括以下几个选项。

层高：Z 向每加工层的切削深度。

（4）余量和精度 与等高线粗加工用法相同。

2. 区域参数

区域参数包括加工边界、工件边界、坡度范围、高度范围、下刀点和补加工参数等项，如图 4-41 所示。其中加工边界参数、工件边界参数、高度范围参数和补加工参数前面已有介绍。

选择坡度范围参数后能够设定倾斜面角度和加工区域。

（1）倾斜面角度范围 在斜面的起始和终止角度内填写数值来完成坡度的设定。

（2）加工区域 选择所要加工的部位是在加工角度以内还是在加工角度以外。

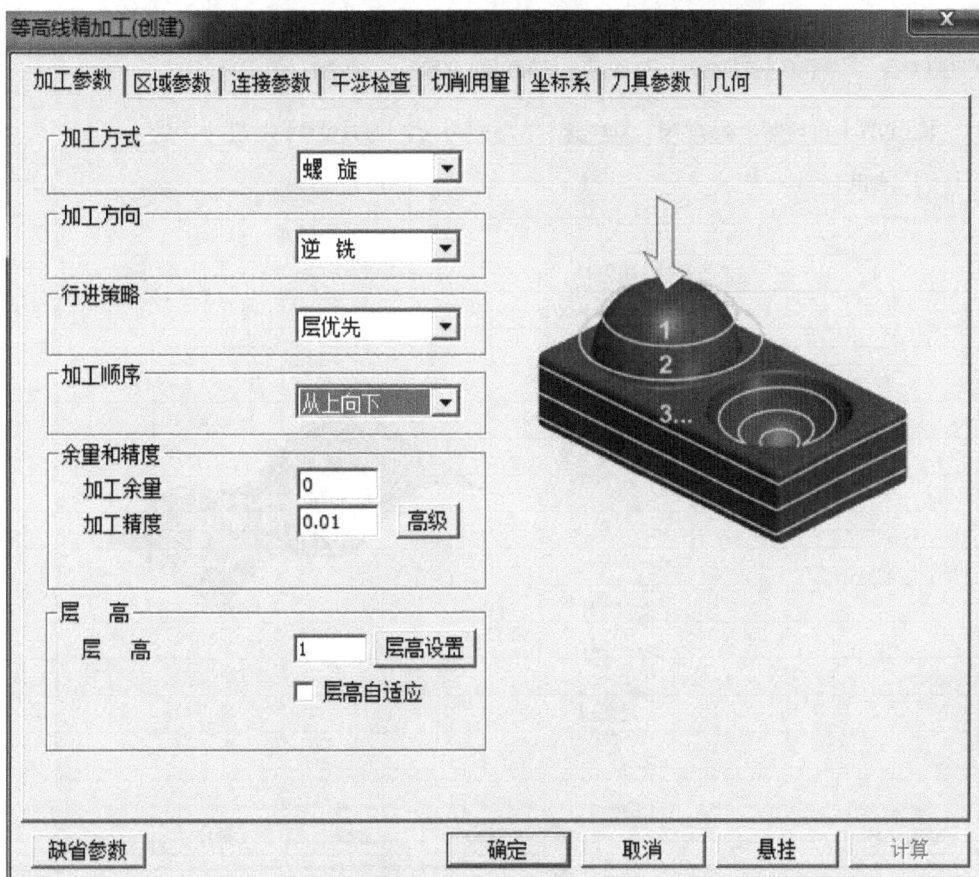

图 4-40　等高线精加工

选择下刀点参数能够拾取开始点和在后续层开始点选择的方式。

（1）开始点　加工时加工的起始点

（2）在后续层开始点选择的方式　在移动给定的距离后的点下刀。

三、扫描线精加工

功能：生成沿参数线的加工轨迹，常用于曲面的精加工，其参数如图 4-42 所示。

1. 加工参数

（1）加工方式

在加工方式下设定有以下几种选择。

单向：生成单向的轨迹。

往复：生成往复的轨迹。

向上：生成向上的扫描线精加工轨迹。

向下：生成向下的扫描线精加工轨迹。

（2）加工方向　加工方向设定有以下选择。

顺铣：生成顺铣的轨迹。

逆铣：生成逆铣的轨迹。

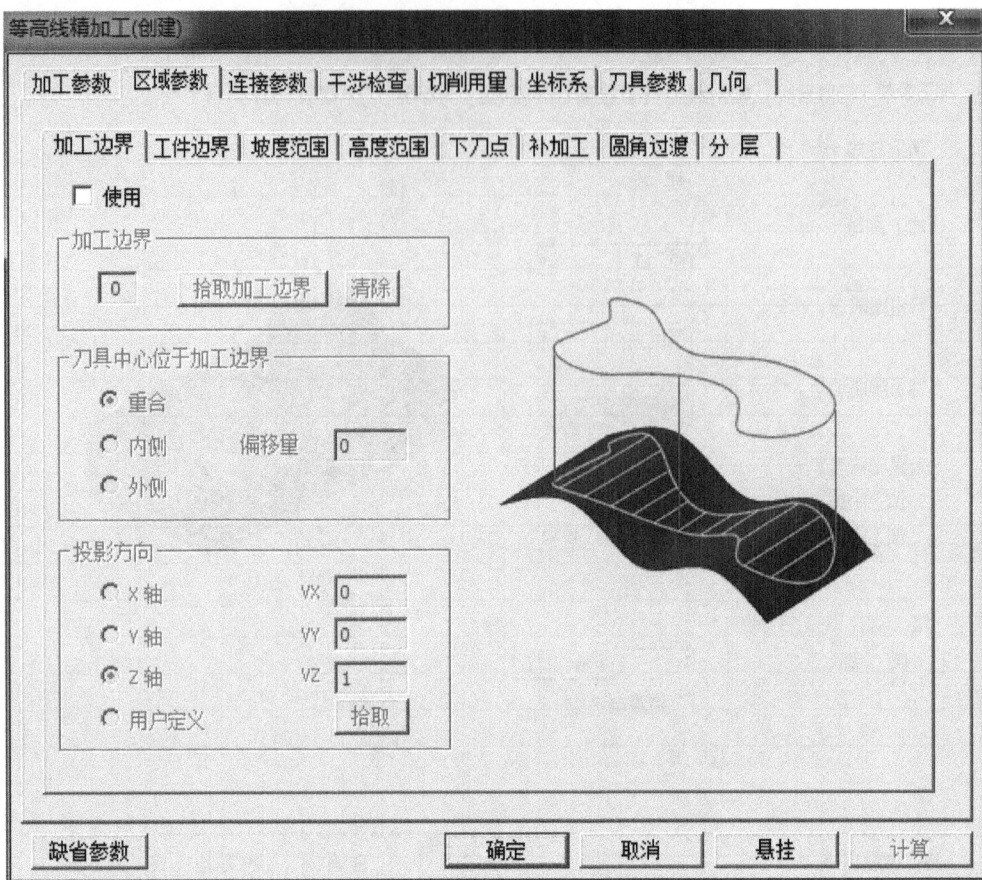

图 4-41 区域参数

（3）加工开始角位置 设置在加工开始时从哪个角开始加工。

（4）与 Y 轴夹角 XOY 平面内的加工角度，扫描线轨迹的进行角度。

（5）余量和精度 与前文介绍的相同。

2. 区域参数

与前面介绍的相同，不再赘述。

【任务实施】

一、刀具、工具、量具及材料的准备

1）刀具：高速钢立铣刀 $\phi 16mm$，硬质合金球头铣刀 $R5mm$。

2）工具：对应铣刀大小的弹簧夹头套，锤子，垫铁和扳手等。

3）量具：0～150mm 游标卡尺。

4）材料：硬铝，尺寸为 $\phi 60mm \times 38mm$。

二、$\phi 30mm$ 的圆柱以及 22mm 台阶的加工

步骤 1：绘图，绘出 $\phi 30mm$ 的圆。

步骤 2：$\phi 30mm$ 圆的粗、精加工以及参数设定。选择"平面轮廓精加工"功能完成外轮廓的粗加工，预留 0.2～0.5mm 的加工余量给精加工，再选用"平面轮廓精加工"功能进

行精加工。

1）外圆粗加工。依次选择"加工"→"常用加工"→"平面轮廓精加工"选项，弹出"平面轮廓精加工"对话框，如图 4-43 所示，在此对话框中设置各种加工参数如下。

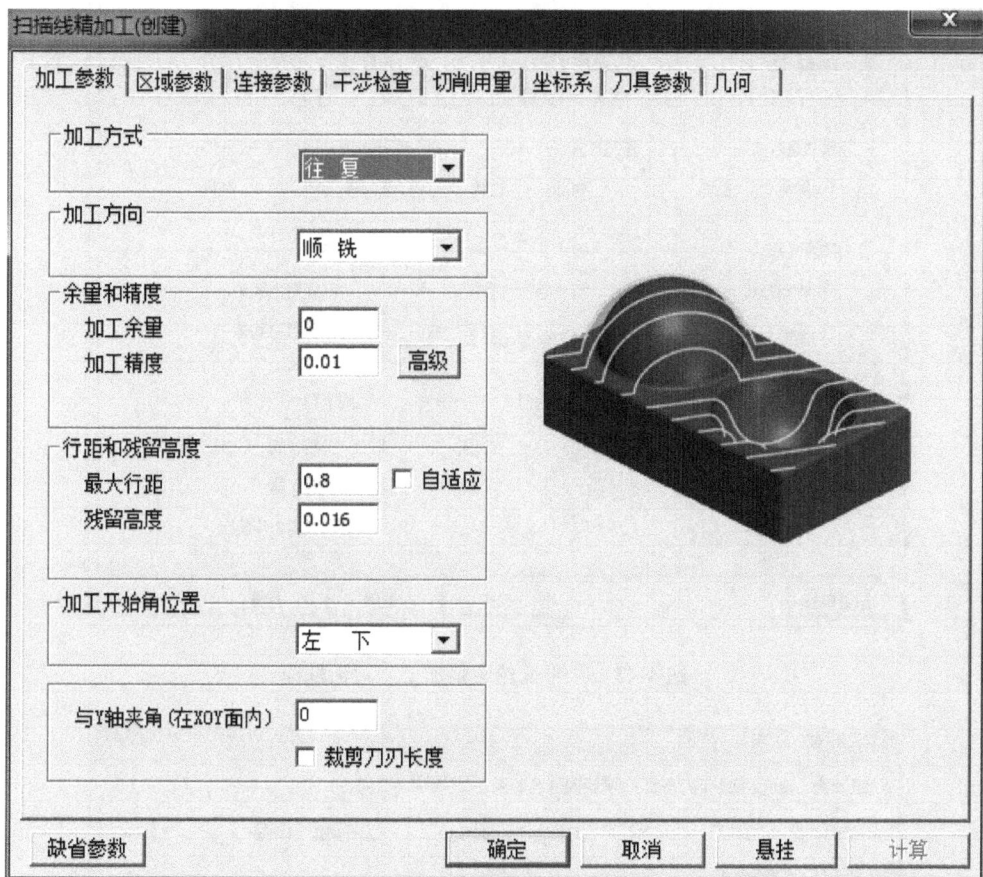

图 4-42　扫描线精加工

点选"加工参数"选项，由于层高是 2mm，为防止切削开始受力过大，设置"顶层高度"为 1，"底层高度"为 -15，具体参数设置如图 4-43 所示。

点选"刀具参数"选项，选择 $\phi16mm$ 的立铣刀，设置刀具参数，如图 4-44 所示。

点选"切削用量"选项，设定相应的切削用量参数，如图 4-45 所示。

点选"接近返回"选项，设定刀具的接近和退出的方式。为了防止切削产生切痕，采用圆弧进入和圆弧退出，具体参数如图 4-46 所示。

点选"下刀方式"选项，设置的具体参数如图 4-47 所示。设定下刀高度时，应注意高度不能设置得太大，否则会影响加工时间。完成所有选项的参数设定后，生成刀具轨迹，如图 4-48 所示。

2）外圆精加工。同样选择"平面轮廓精加工"方式，只要修改余量大小、切削用量和每层下降高度即可，具体参数设置如下：

点选"加工参数"选项，设置"顶层高度"为 0，"底层高度"为 -15，具体参数设置如图 4-49 所示。

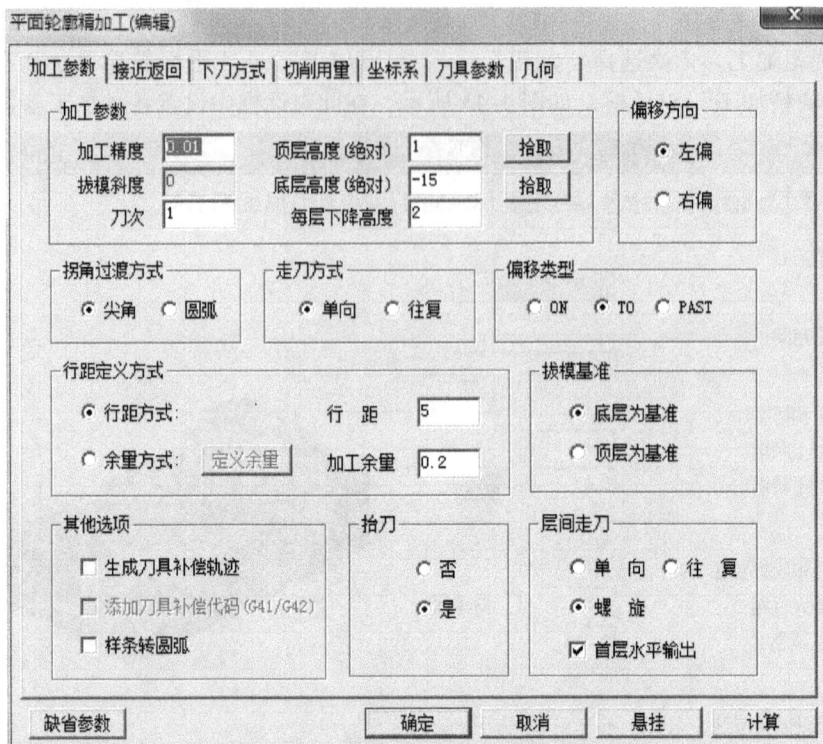

图 4-43 "平面轮廓精加工"对话框

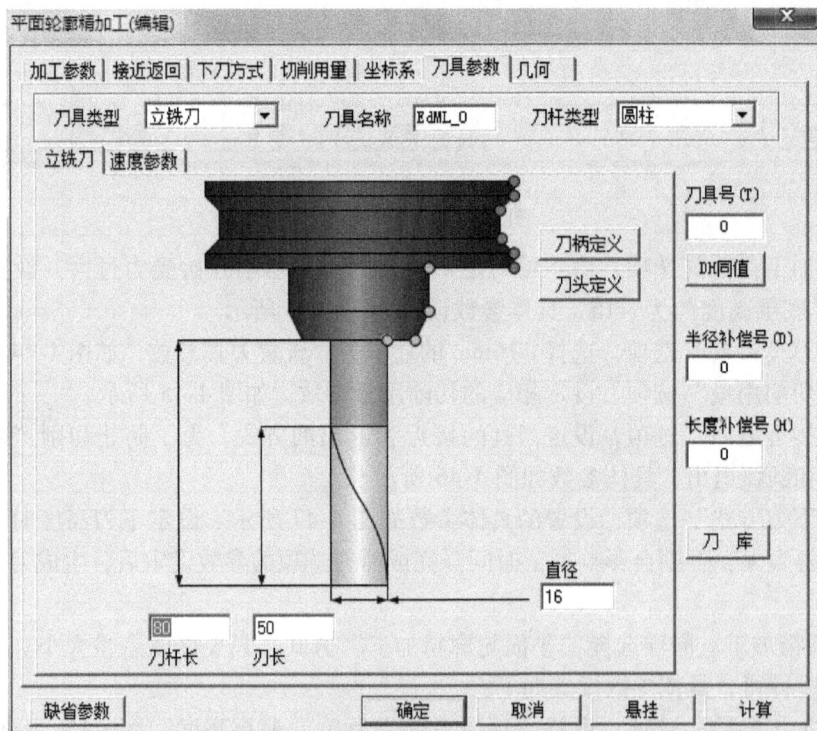

图 4-44 设置刀具参数

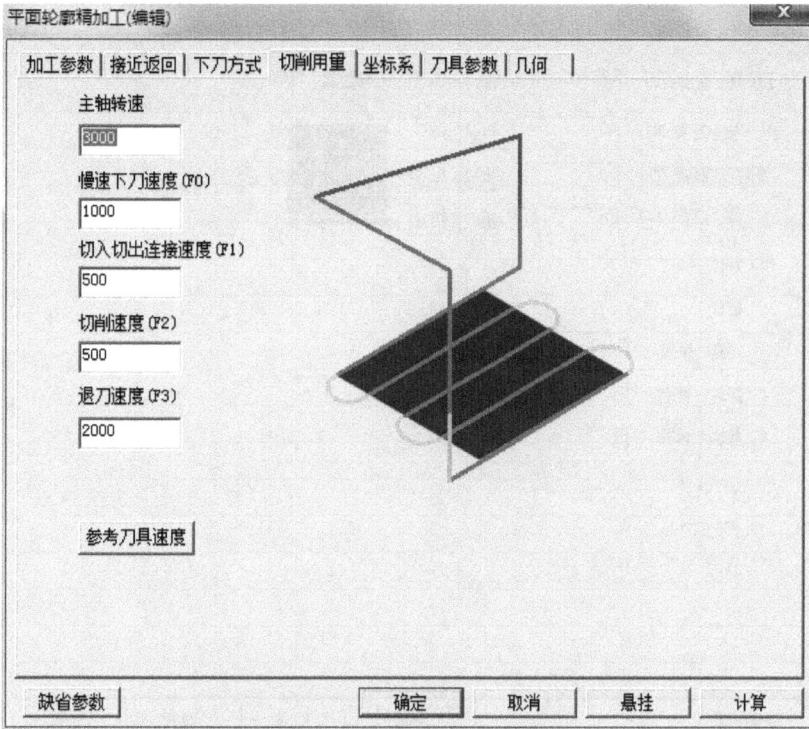

图 4-45　设置切削用量参数

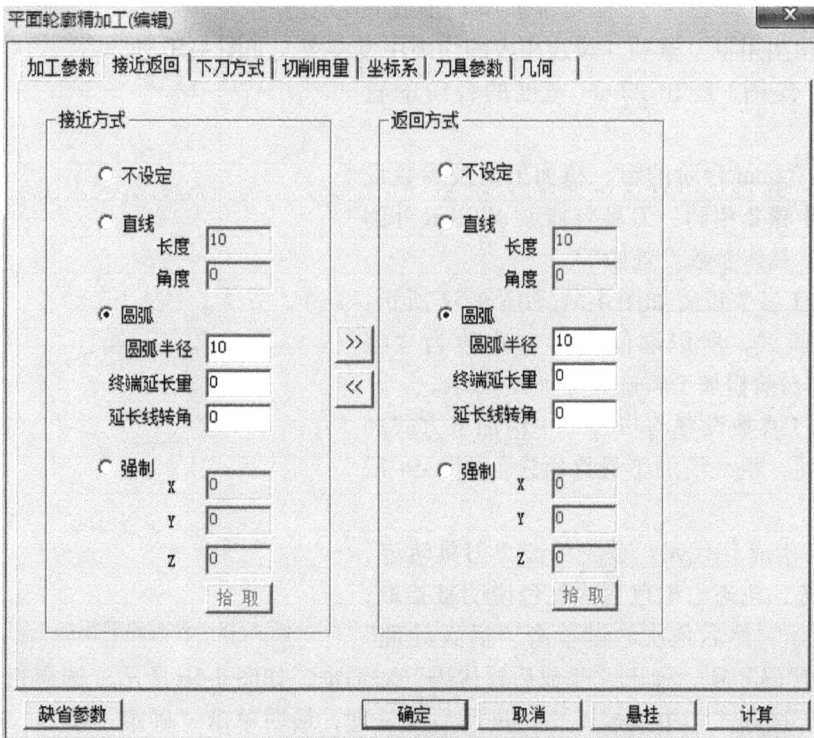

图 4-46　设置接近返回参数

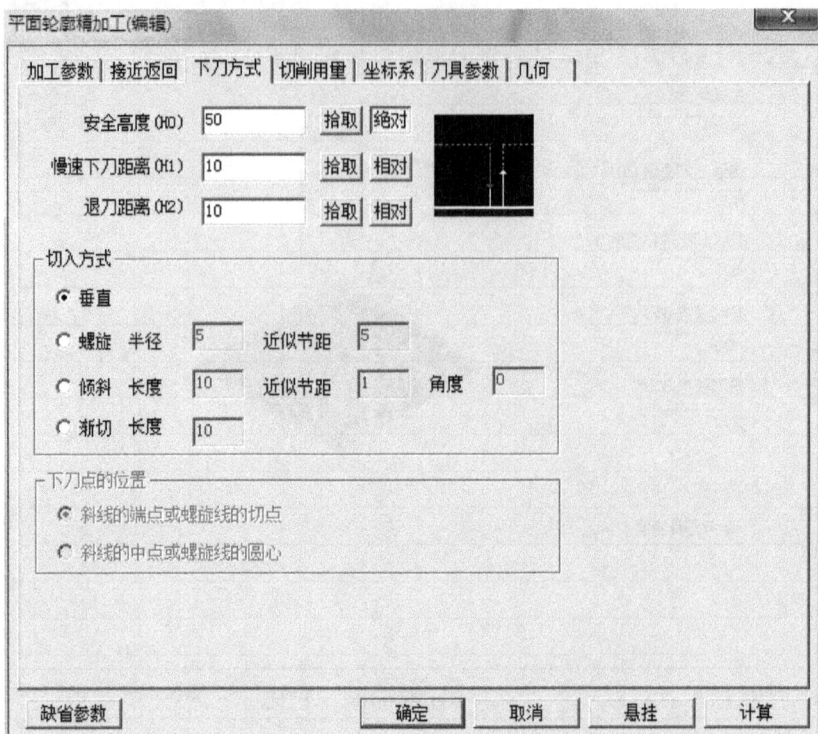

图 4-47　设置下刀方式

点选"切削用量"选项，设定相应的切削用量参数，如图 4-50 所示。

步骤 3：绘图，绘出 22mm 宽度的台阶的直线。

步骤 4：22mm 台阶的粗、精加工以及参数设定。方式和步骤 2 相同，刀具与加工 ϕ30mm 外圆的刀具相同，具体参数设置如下。

1）粗加工参数设置如图 4-51 和图 4-52 所示。因为只加工直线，所以层间走刀方式改为"往复"，生成的台阶粗加工轨迹如图 4-53 所示。

2）精加工参数设置与步骤 2 中精加工方式的参数设置相同，粗、精加工最终轨迹如图 4-54 所示。

步骤 5：生成 G 代码。首先单击"刀具轨迹"拾取所有轨迹，轨迹由绿色变为红色说明被拾取，如图 4-55 所示；然后依次右键单击"后置处理"

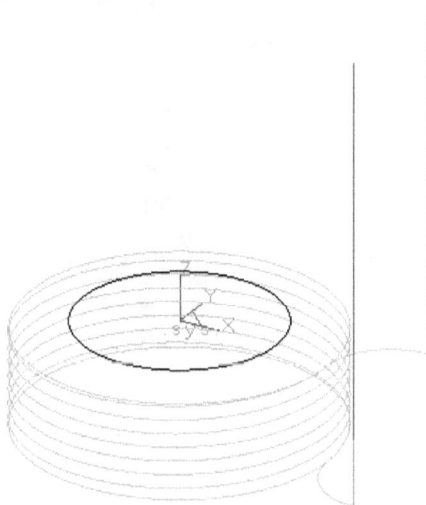

图 4-48　外圆轮廓粗加工刀具轨迹

→"生成 G 代码"项，弹出"生成后置代码"对话框，如图 4-56 所示，选择相应的数控系统，本次加工选取"华中数控系统"进行后置处理；最后单击"确定"按钮，再单击右键就可以生成 G 代码程序，如图 4-57 所示。

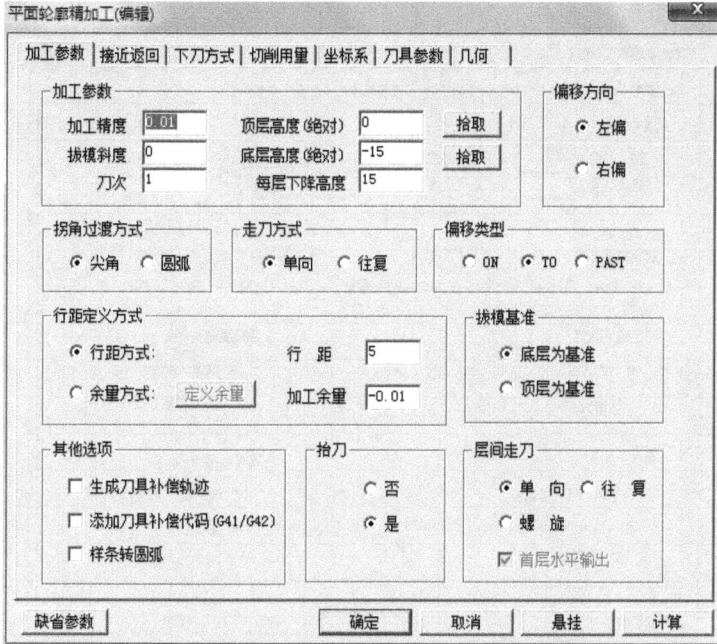

图 4-49 外圆精加工参数的设置

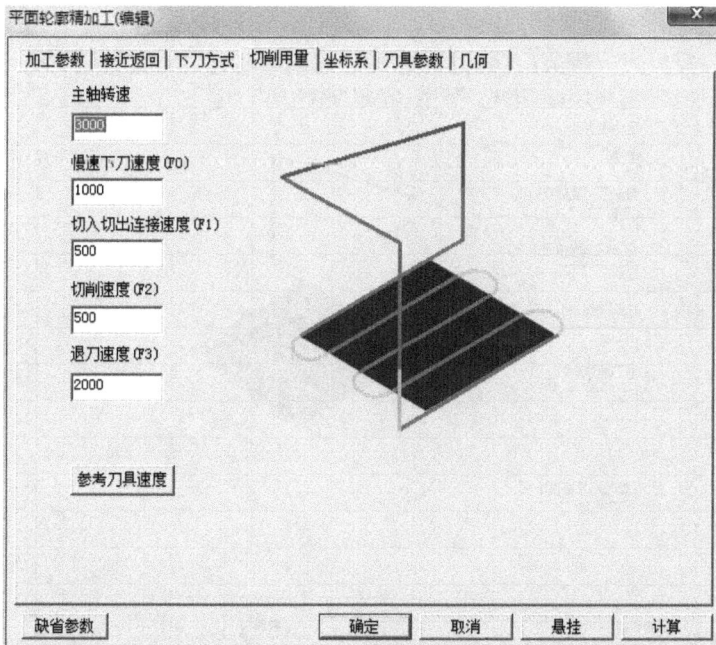

图 4-50 设置切削用量参数

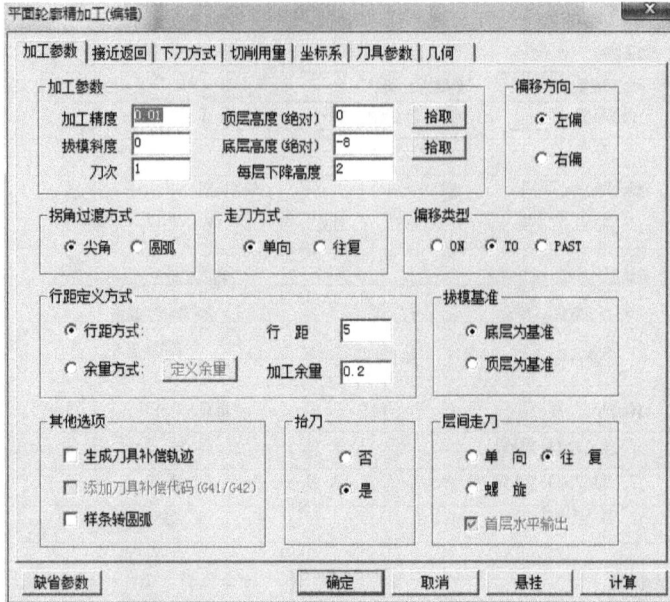

图 4-51 台阶粗加工参数设置

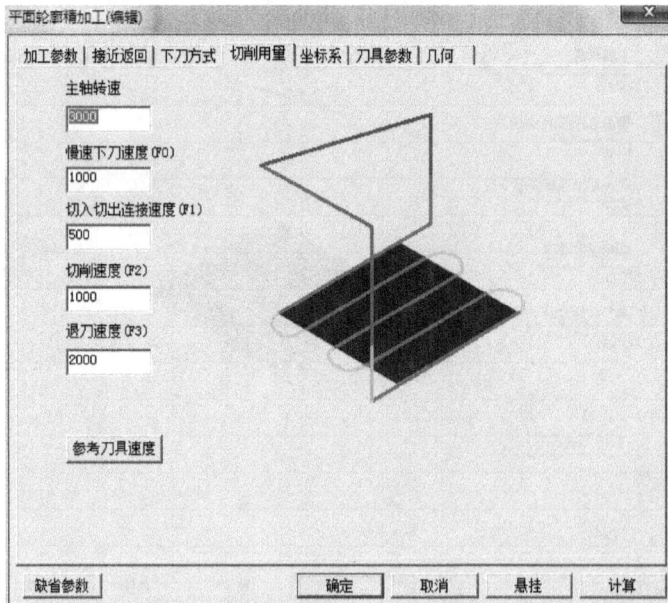

图 4-52 设置切削用量

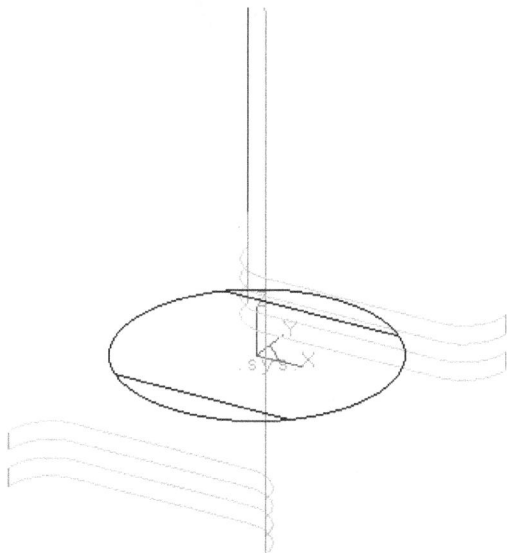

<table>
<tr><td>图 4-53　台阶粗加工轨迹</td><td>图 4-54　粗、精加工最终轨迹</td></tr>
</table>

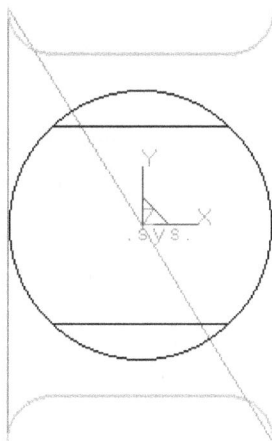

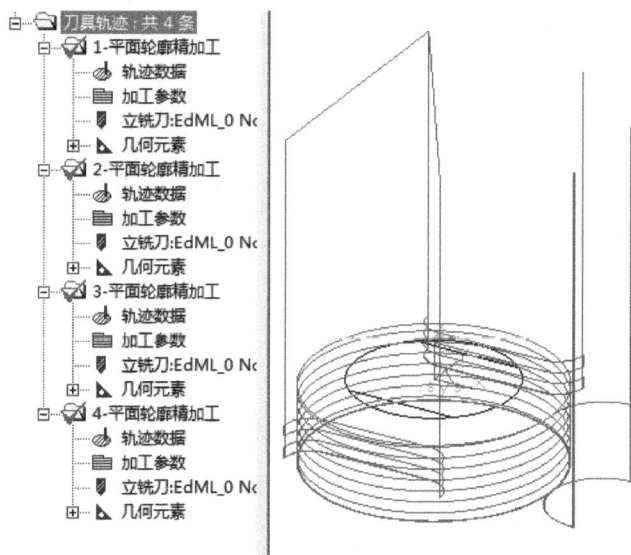

图 4-55　拾取所有轨迹

三、顶面外形轮廓的粗、精加工

步骤 1：毛坯设定。在原点绘制直径为 ϕ60mm 的圆。单击 🔲 毛坯按钮，弹出"毛坯定义"对话框，可在对话框中设置参数，如图 4-58 所示。接着拾取圆平面轮廓，按"确定"按钮，弹出如图 4-59 所示的毛坯和零件模型效果图。

步骤 2：拾取边界，由实体模型生成轮廓的线条。单击相关线按钮 🔲，选取"实体边界"项，拾取实体的外轮廓，如图 4-60 所示，黑色线条为外轮廓。

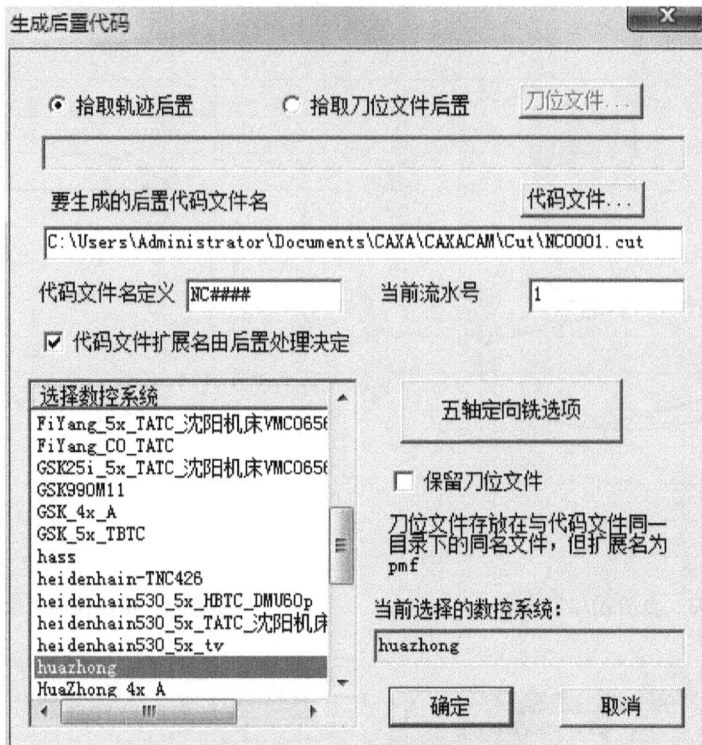

图 4-56 "生成后置代码"对话框

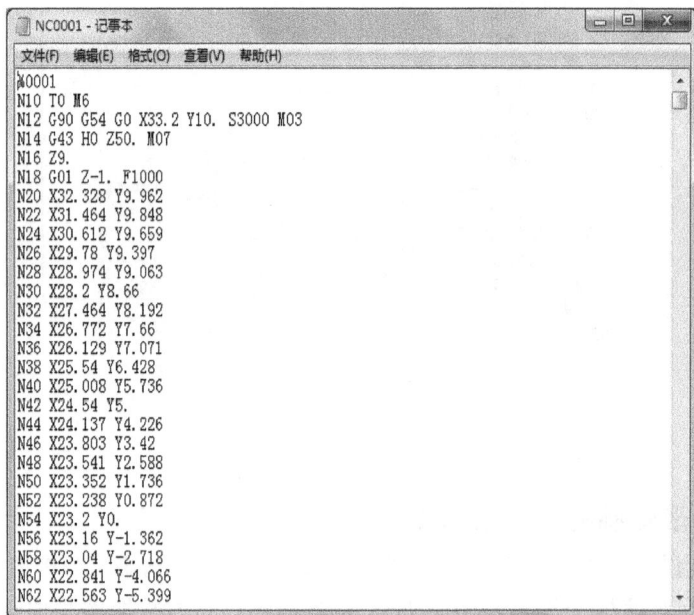

图 4-57 生成 G 代码程序

步骤 3：轮廓的粗加工和精加工，加工方式与加工 $\phi30mm$ 的外圆相同，不再赘述。具体参数设置如下。

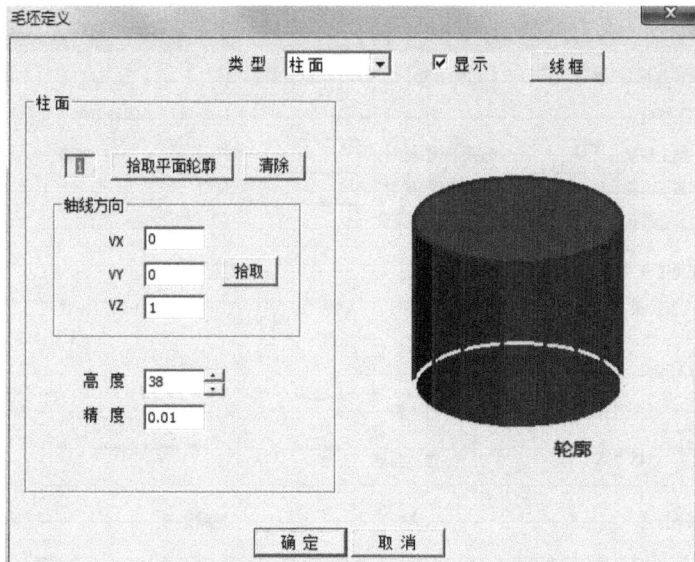

图 4-58　"毛坯定义"对话框

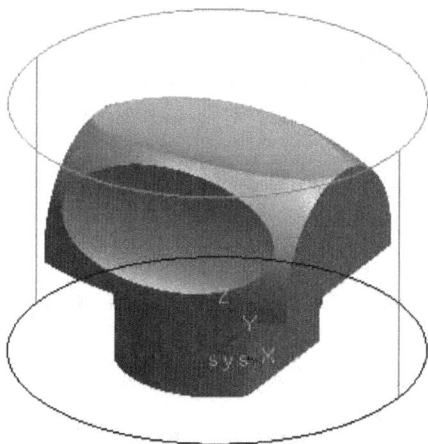

图 4-59　毛坯和零件模型效果图

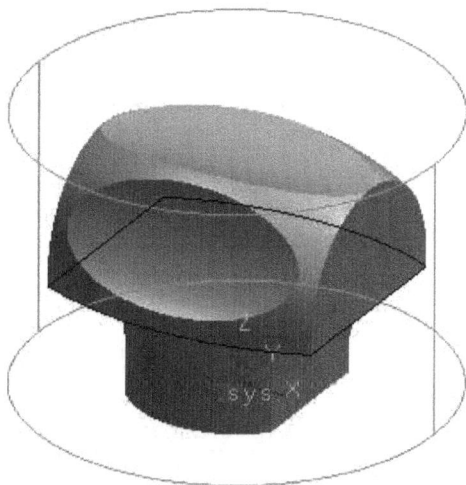

图 4-60　拾取实体边界外轮廓

1）粗加工。粗加工选用刀具不变，参数按图 4-61 和图 4-62 所示进行设置，生成的粗加工轨迹如图 4-63 所示。

2）精加工。设置精加工的主要参数，如图 4-64 所示，生成的精加工轨迹如图 4-65 所示。

四、曲面粗加工

步骤 1：曲面粗加工。曲面粗加工是为了除掉大部分余量，所以选取的刀具还是不变，采用 φ16mm 的立铣刀，选择常用的曲面粗加工方式"等高线粗加工"，给后面的加工留有 0.5mm 余量。依次单击"加工"→"常用加工"→"等高线粗加工"或者单击等高线粗加工按钮，弹出"等高线粗加工"对话框，如图 4-66 所示，设置具体参数如下。

点选"加工参数"，设定"行距"和"层高"。"层高"设定为 1，最大行距为 12，行距为 6。

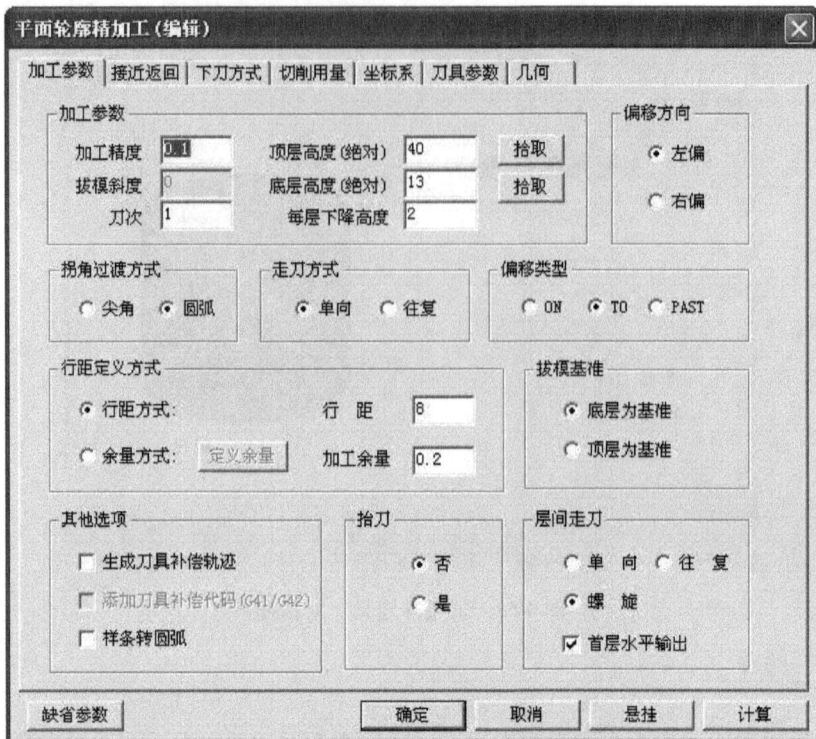

图 4-61　轮廓粗加工参数

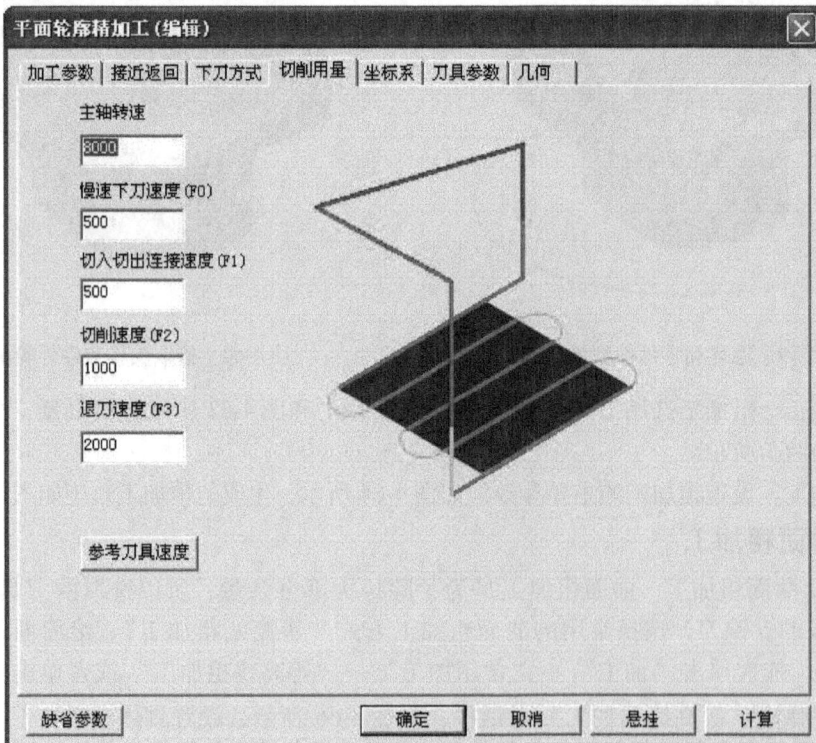

图 4-62　切削用量

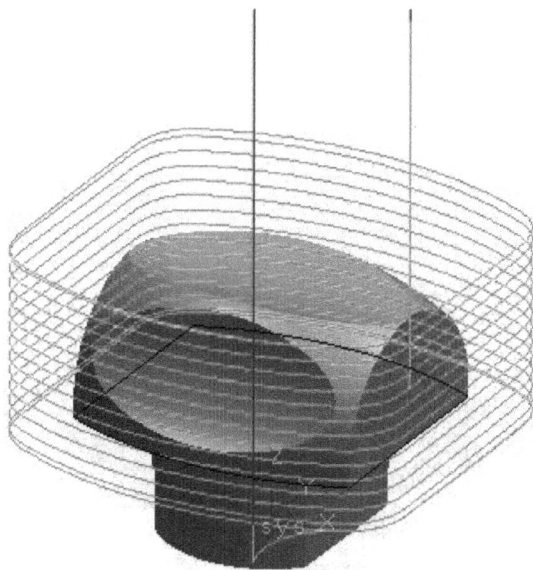

图 4-63　粗加工轨迹

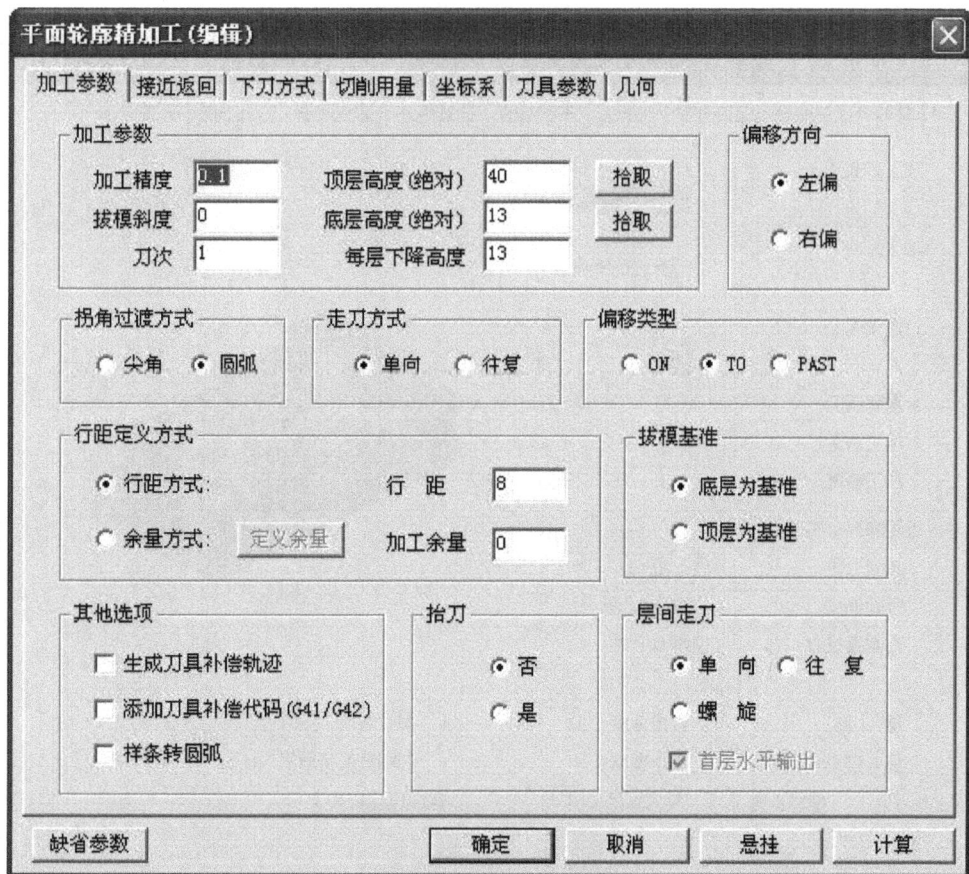

图 4-64　精加工参数

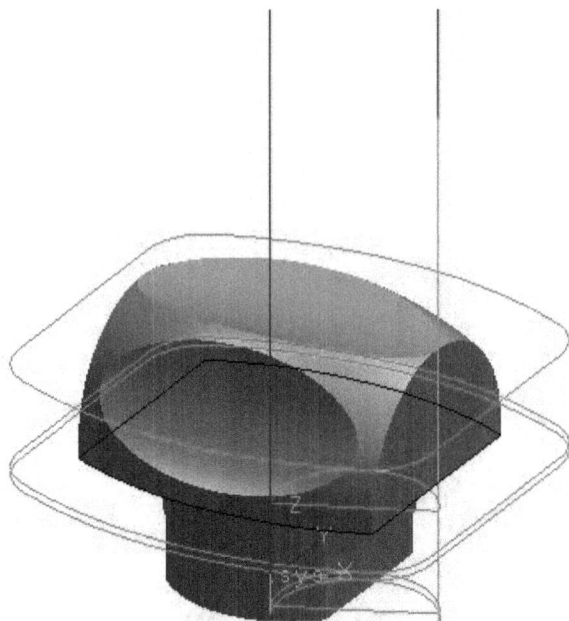

图 4-65　精加工轨迹

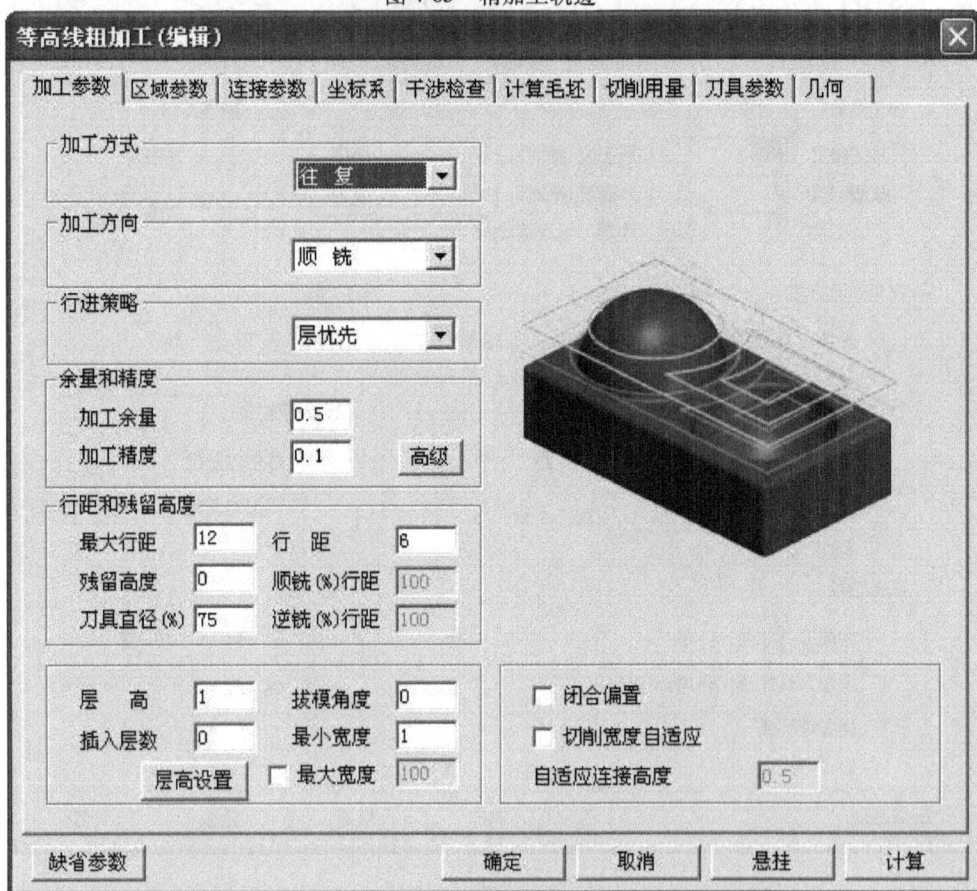

图 4-66　设置等高线粗加工参数

　　点选"区域参数"，如果是粗加工的轨迹优化，采用设置"加工边界"方式来加工，边界选取外轮廓。刀具中心位于加工边界"外侧"，如图 4-67 所示。因只粗加工曲面部分，所以要设定"高度范围"。起始高度应从毛坯表面开始算，为 38，终止高度为 17。具体参数设置如图 4-68 所示。

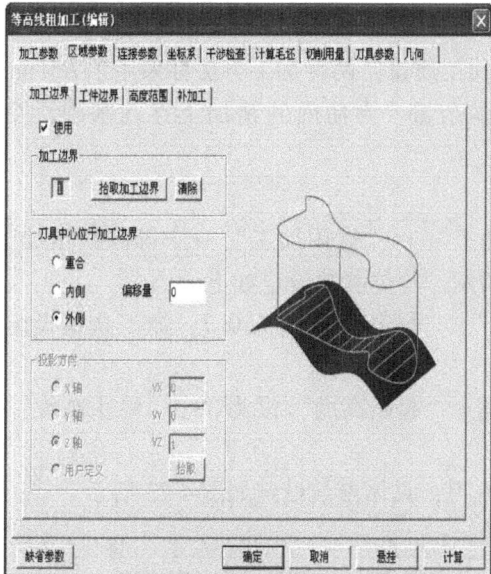

图 4-67　用区域参数设定加工边界参数

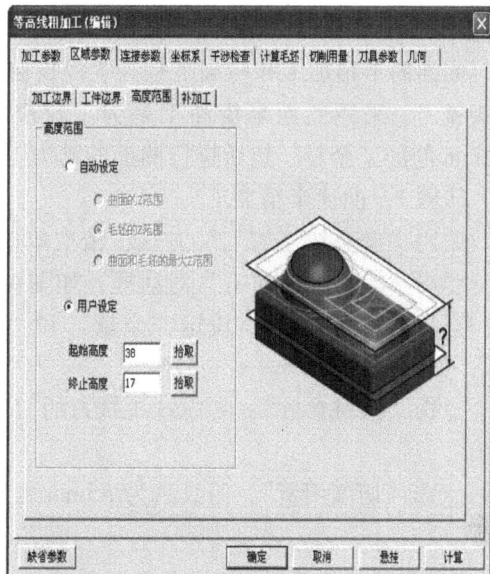

图 4-68　用区域参数设定高度范围

　　点选"切削用量"，刀具为 φ16mm 的立铣刀，具体参数设定如图 4-69 所示。

　　点选"连接参数"，为了减少下刀过程的时间，设定安全平面高度为 50，具体参数设置如图 4-70 所示。

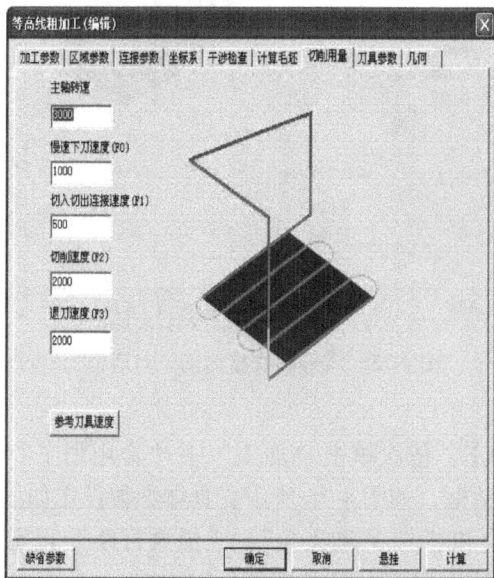

图 4-69　设置切削用量参数

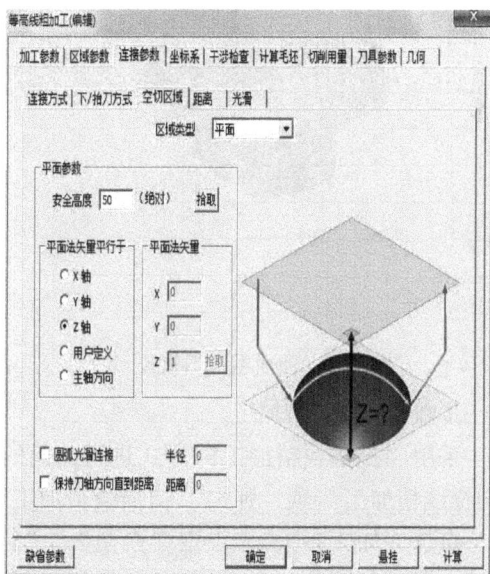

图 4-70　用连接参数设定安全高度

单击"确定"按钮，选择实体模型，再拾取加工边界，单击右键，等待计算机计算，片刻后出现如图4-71所示的曲面粗加工轨迹。

步骤2：粗加工程序生成G代码。把轮廓线粗加工、精加工和曲面粗加工的程序生成G代码，因为这些加工都是用的同一把立铣刀。

五、曲面的半精加工和精加工

曲面的半精加工和精加工是为了提高曲面的加工质量，两种加工方法都采用了R5mm的球头铣刀。采用曲面半精加工是为了较快地减少余量，为曲面的精加工打好基础，并留0.2mm的加工余量，然后进行曲面的精加工。

步骤1：曲面半精加工。

采用"等高线精加工"方式，依次单击"加工"→"常用加工"→"等高线精加工"项，弹出"等高线精加工"对话框，如图4-72所示，具体参数设定如下。

点选"加工参数"，设定"余量"和"层高"。"层高"设定为0.7，加工余量设定为0.2，如图4-72所示。

点选"区域参数"，考虑球头铣刀的刀心位置，"起始高度"设为38，"终止高度"设为12。

点选"切削用量"，刀具选为R5mm的球头铣刀，具体参数设定如图4-73所示。

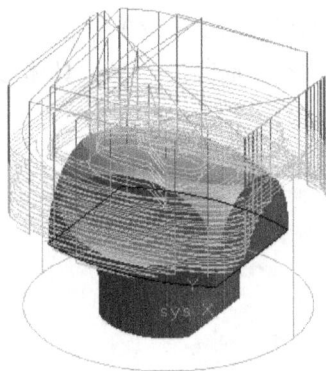

图4-71 曲面粗加工轨迹

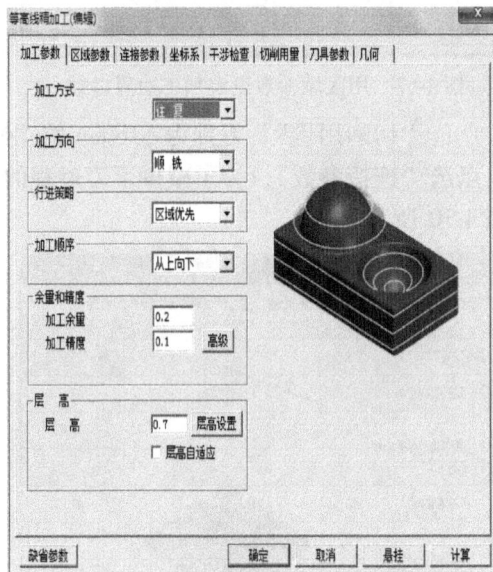

图4-72 "等高线精加工"对话框

步骤2：曲面精加工。

采用"扫描线精加工"方式进行曲面的精加工。依次单击"加工"→"常用加工"→"扫描线精加工"项，弹出"扫描线精加工"对话框，如图4-75所示，具体参数设定如下。

点选"加工参数"，设定"余量"、"行距"和"与Y轴夹角"。"最大行距"设定为0.15，加工余量设为0，具体参数设定如图4-75所示。

点选"区域参数"，选择高度范围。考虑到球头铣刀的刀心位置，"起始高度"设为38，"终止高度"设为15。

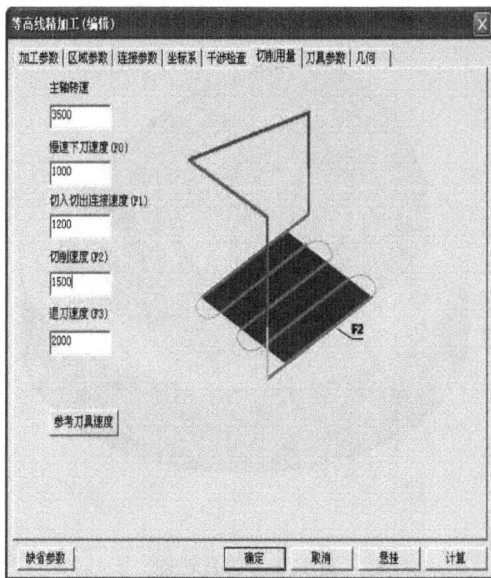

图 4-73 设置切削用量

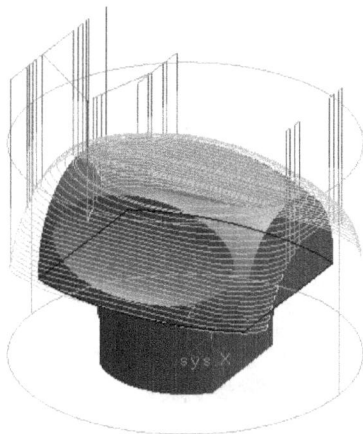

图 4-74 曲面半精加工轨迹

点选"切削用量",刀具选为 $R5$mm 的球头铣刀,具体参数设定如图 4-76 所示。

图 4-75 "扫描线精加工"对话框

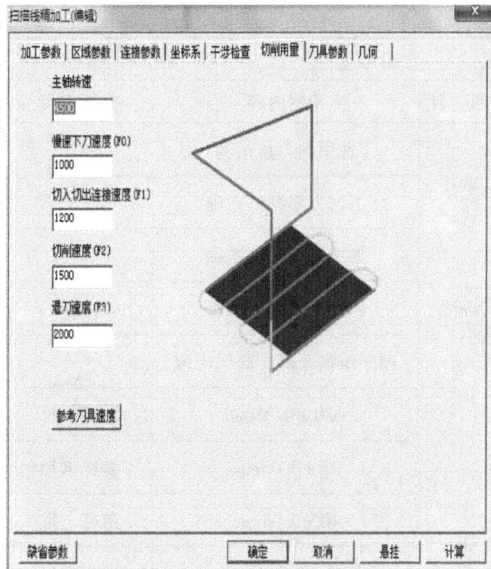

图 4-76 设置切削用量

单击"确定"按钮,选择实体模型,单击右键后生成轨迹,轨迹的抬刀比较多,可以在"轨迹编辑"中采取"清除抬刀"方法,实现如图 4-77 所示轨迹。

步骤 3:进行刀具轨迹模拟仿真。拾取全部刀具轨迹,右键单击"实体仿真",弹出仿真窗口,单击运行按钮 ▶ 进行仿真,结果如图 4-78 所示。

步骤 4:生成 G 代码。

把曲面半精加工和精加工的程序生成 G 代码。

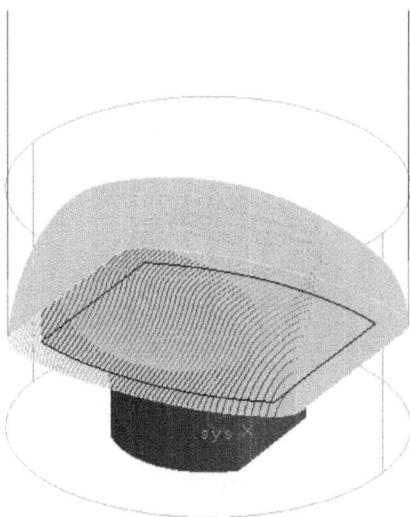

图 4-77　扫面线精加工轨迹

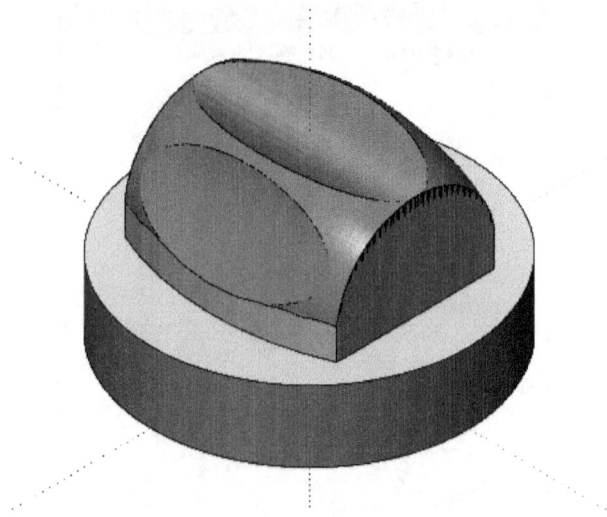

图 4-78　仿真轨迹

【考核评价】

完成任务后进行自评和教师评价，并填写表 4-2。

表 4-2　考核评价表

班级＿＿＿＿＿组号＿＿＿＿＿　　　　　　　　　　　　　　　　　　　　　　　总分＿＿＿＿＿

检测项目	检测内容	检测工具	配分	扣分标准	自评	教师评价	最终得分
编程及工艺的确定	选用的刀具正确		5	不完全正确相应减分			
	工艺方案制订正确		7	不完全正确相应减分			
	加工路线安排正确		5	不完全正确相应减分			
	切削用量选择正确		10	不完全正确相应减分			
	程序编制正确，简明规范		10	不完全正确相应减分			
加工尺寸	$\phi30\pm0.05$mm	游标卡尺	5	超差 0.01mm 扣 2 分			
	22 ± 0.05mm	游标卡尺	6	超差 0.01mm 扣 2 分			
	40 ± 0.05mm	游标卡尺	8	超差 0.01mm 扣 2 分			
	8 ± 0.05mm	游标卡尺	8	超差 0.01mm 扣 2 分			
	15 ± 0.05mm	游标卡尺	7	超差 0.01mm 扣 2 分			
	表面粗糙度值 $Ra3.2\mu$m	粗糙度对照块	6	一处未达要求扣 2 分			
	去毛刺	目测	5	一处未倒棱扣 1 分			
操作情况	工件无明显接痕	目测	6	视情况酌情扣分			
	设备维护保养方法得当	目测	6	视情况酌情扣分			
	安全文明操作		6	视情况酌情扣分			

【任务小结】

1）掌握曲面加工的三种加工方式：等高线粗加工、等高线精加工和扫描线精加工。

2）制订正确的加工工艺方案，合理选择刀具及加工参数。

3）加工零件尺寸精度的保证。

【任务练习】

1. 等高线精加工为什么不用于本任务的最后精加工？

2. 用其他加工方式完成本任务的 CAM 编程。

任务三　配合件加工

【任务目标】

1）掌握曲面的两种加工方式：等高线粗加工和参数线精加工。

2）掌握制订正确的加工工艺方案、选择合理的刀具与切削工艺参数的方法。

3）熟练应用 CAM 软件进行仿真和后处理设置，生成 G 代码。

4）能合理进行零件加工。

5）保证零件的尺寸精度，保证凸凹模的配合。

【任务引入】

根据如图 4-79 和图 4-80 所示配合件零件图，按照要求加工出凸、凹模，如图 4-81 和图 4-82 所示。

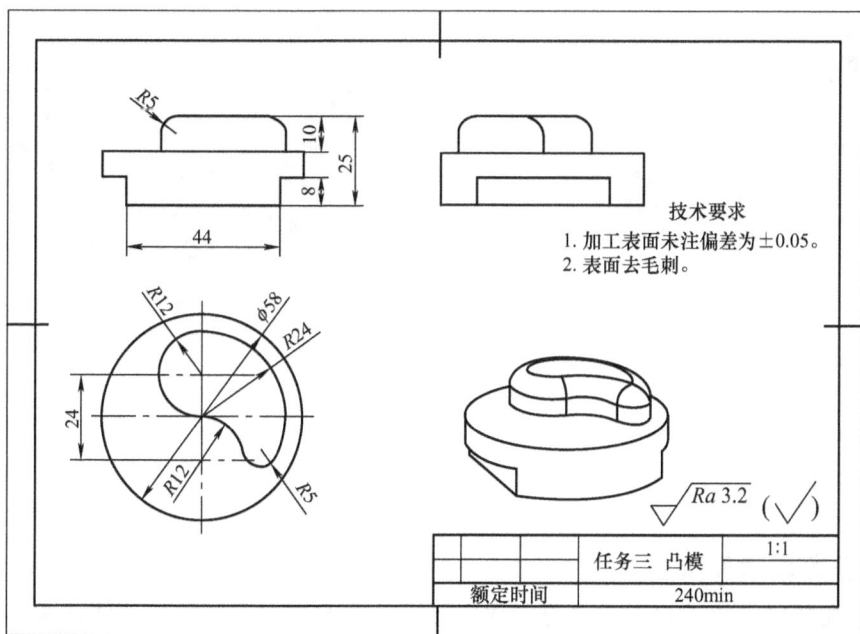

图 4-79　凸模零件图

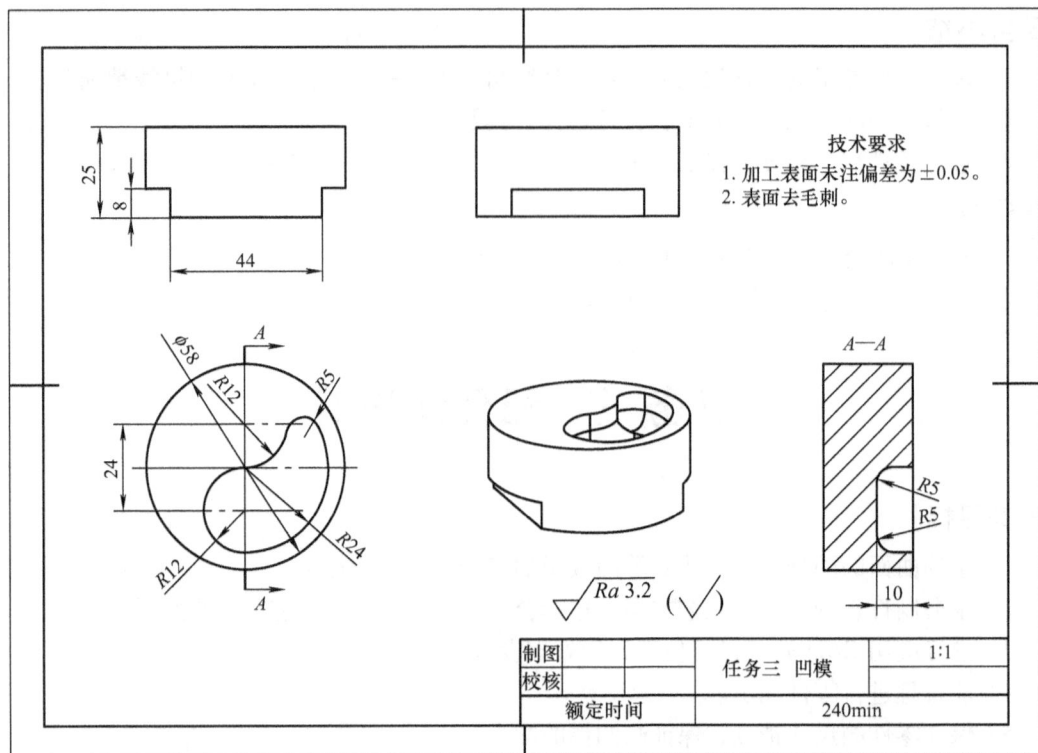

技术要求
1. 加工表面未注偏差为±0.05。
2. 表面去毛刺。

制图		任务三 凹模	1:1
校核			
额定时间		240min	

图 4-80 凹模零件图

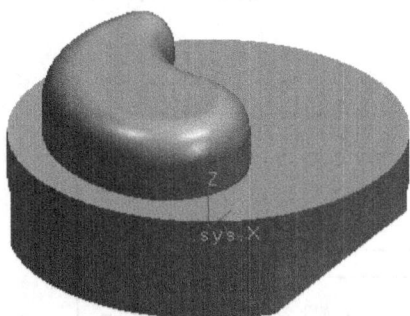

图 4-81   凸模实体模型

图 4-82   凹模实体模型

【相关知识】

一、等高线粗加工

功能：生成分层等高式粗加工轨迹，常用于曲面、凸模或者型腔的粗加工。具体操作前已介绍。

二、参数线精加工

功能：生成沿参数线的加工轨迹，常用于浅平面的精加工，生成的轨迹整齐，速度快捷。

点取"加工"下拉菜单中的"常用加工"→"参数线精加工"菜单项，弹出"参数线精加工"对话框，如图 4-83 所示，内容包括加工参数、接近返回、下刀方式、切削用量和刀具参数等项。其中切削用量、接近返回、下刀方式和刀具参数前面已有介绍。

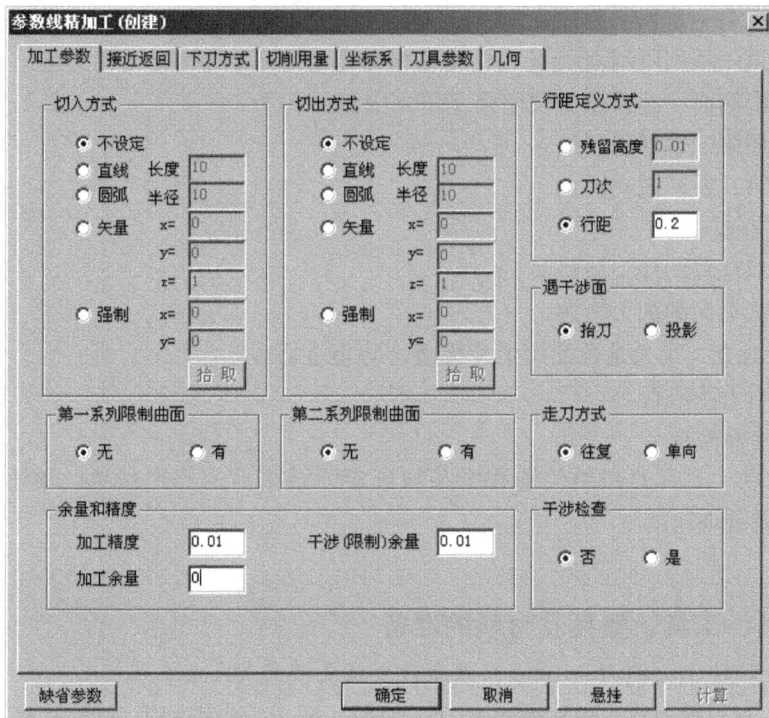

图 4-83　"参数线精加工"对话框

（1）切入切出方式

不设定：不使用切入切出。

直线：沿直线垂直切入切出。

长度：直线切入切出的长度。

圆弧：沿圆弧切入切出。

半径：圆弧切入切出的半径。

矢量：沿矢量指定的方向和长度切入切出。

x y z：矢量的三个分量。

强制：强制从指定点直线水平切入到切削点，或强制从切削点直线水平切出到指定点。

x y：在与切削点相同高度的指定点的水平位置分量。

（2）行距定义方式

残留高度：切削行间残留量距加工曲面的最大距离。

刀次：切削行的数目。

行距：相邻切削行的间隔。

（3）遇干涉面

抬刀：通过抬刀，快速移动，下刀完成相邻切削行间的连接。

投影：在需要连接的相邻切削行间生成切削轨迹，通过切削移动来完成连接。

（4）限制面　限制加工曲面范围的边界面，作用类似于加工边界，通过定义第一和第

171

二系列限制面，可以将加工轨迹限制在一定的加工区域内。

第一系列限制面：定义是否使用第一系列限制面。

无：不使用第一系列限制面。

有：使用第一系列限制面。

第二系列限制面：定义是否使用第二系列限制面。

无：不使用第二系列限制面。

有：使用第二系列限制面。

（5）走刀方式

往复：生成往复的加工轨迹。

单向：生成单向的加工轨迹。

（6）干涉检查　定义是否使用干涉检查，防止过切。

否：不使用干涉检查。

是：使用干涉检查。

（7）起始点　刀具的初始位置和沿某轨迹走刀结束后的停留位置，单击起始点按钮，可以从工作区中拾取。

【任务实施】

一、刀具、工具、量具及材料的准备

1）刀具：高速钢立铣刀 $\phi 16$ mm，硬质合金球头铣刀 $R4$ mm。

2）工具：对应铣刀大小的弹簧夹头套，刀柄，锤子，垫铁和扳手等。

3）量具：0～150mm 游标卡尺。

4）材料：毛坯为硬铝，圆料，凸模毛坯尺寸为 $\phi 60$ mm × 27mm，凹模毛坯尺寸为 $\phi 60$ mm × 30mm。

二、凸模自动编程

1. $\phi 58$ mm 圆以及 44mm 台阶的加工

步骤1：绘图，绘出 $\phi 58$ mm 的圆。

步骤2：$\phi 58$ mm 圆的粗、精加工以及参数设定。选择"平面轮廓精加工"方式完成外轮廓的粗加工，预留 0.2～0.5mm 的加工余量，再用"平面轮廓精加工"方式进行精加工。

依次选择"加工"→"常用加工"→"平面轮廓精加工"选项，弹出"平面轮廓精加工"对话框，如图4-84所示，设置各加工参数如下。

点选"加工参数"选项，由于侧面余量较小，可以将层高设定大些，为4mm。设置"顶层高度"为0，"底层高度"为-16，具体参数设置如图4-84所示。

点选"刀具参数"选项，选择 $\phi 16$ mm 的立铣刀，设置刀具参数，如图4-85所示。

点选"接近返回"选项，设定刀具的接近和退出方式。为了防止切削产生切痕，采用圆弧进入和圆弧退出，具体参数如图4-86所示。

步骤3：精加工轮廓。修改加工余量为0，同样采用"平面轮廓精加工"方式进行精加工。

步骤4：加工 44mm 的台阶，加工方式与加工 $\phi 58$ mm 外圆相同，不再赘述。

步骤5：生成 G 代码。

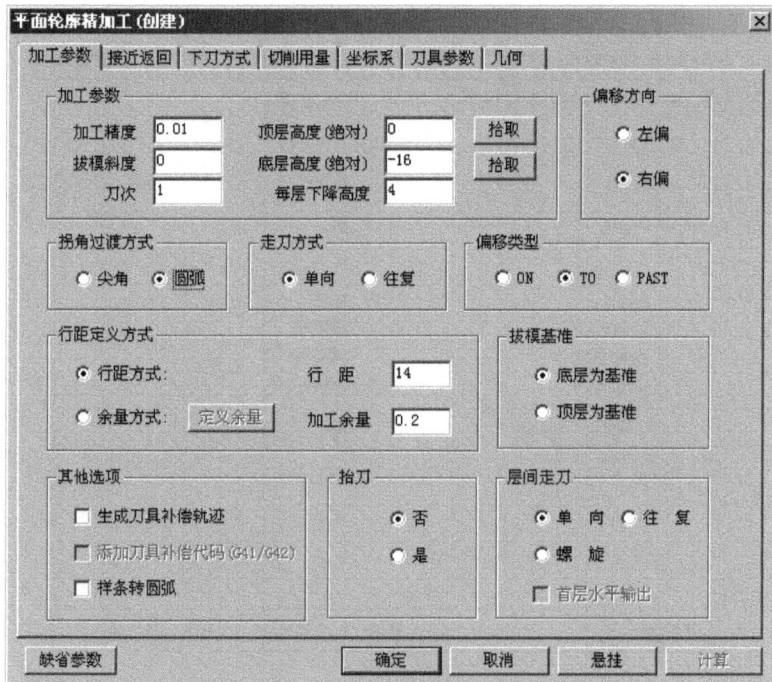

图 4-84 "平面轮廓精加工"对话框

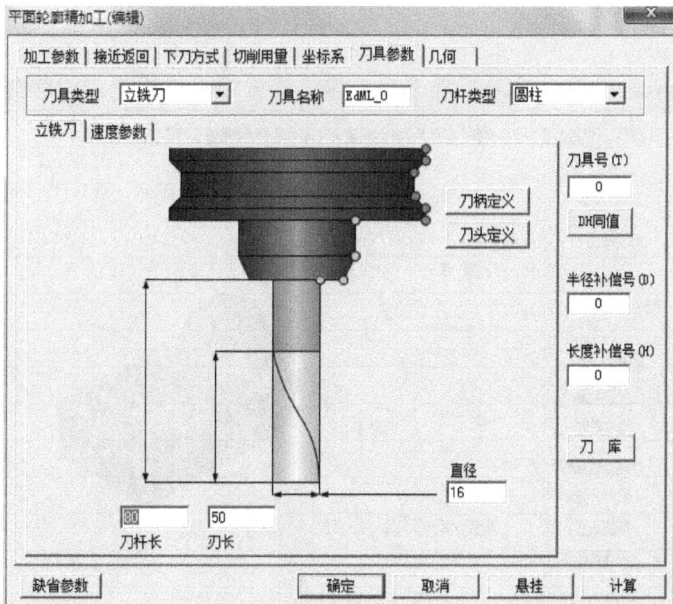

图 4-85 设置刀具参数

2. 粗加工凸模部分

步骤 1：定义毛坯高度为 26。

步骤 2：采用"等高线粗加工"方式，依次选择"加工"→"常用加工"→"等高线
粗加工"选项，弹出"等高线粗加工"对话框，如图 4-87 所示。设置各种加工参数如下。

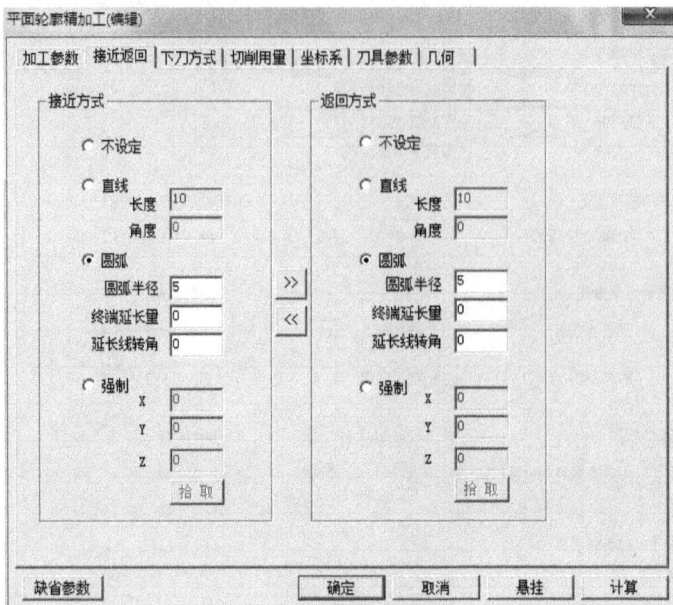

图 4-86 设置接近返回参数

点选"加工参数"选项，设定"行距"和"层高"。"层高"设定为1，行距最大为10，行距为6，如图 4-87 所示。

图 4-87 "等高线粗加工"对话框

点选"区域参数",对于粗加工的轨迹优化,采用设置"加工边界"方式来加工,边界选取外轮廓。刀具中心位于加工边界"外侧",如图4-88所示。因只粗加工曲面部分,所以要设定"高度范围"。起始高度应从毛坯表面开始算,为25,终止高度为15,具体参数设置如图4-89所示。

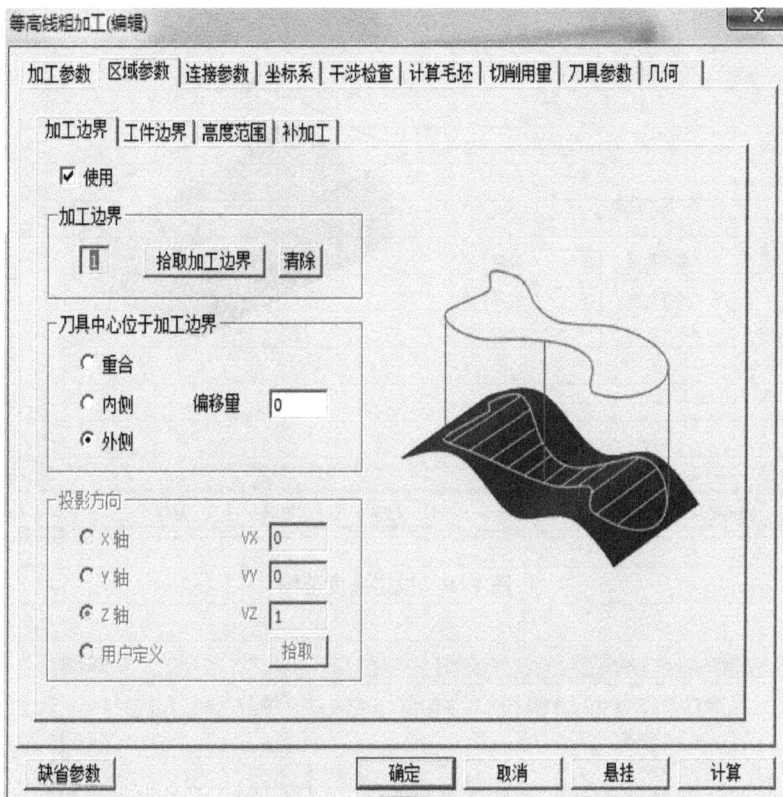

图4-88 设定边界

点选"切削用量",刀具选为 φ16mm 的立铣刀,具体参数设定如图4-90所示。

单击"确定"按钮,选择实体模型,再拾取加工边界,单击右键,等待计算机计算,片刻后出现如图4-91所示的曲面粗加工轨迹。

3. 凸模的轮廓精加工

步骤1:拾取实体边界。

步骤2:轮廓精加工。依次选择"加工"→"常用加工"→"平面轮廓精加工"项,弹出"平面轮廓精加工"对话框,如图4-92所示。设置各加工参数如下。

点选"加工参数"选项,因考虑到需全部加工完底面余量,"刀次"设定为2,行距改为14。另外,考虑到与凹模进行配合,凸模的轮廓应注意余量的调整,具体参数设置如图4-92所示。

点选"切削用量"选项,设定相应的切削用量参数,如图4-93所示。

完成所有选项参数的设定后,生成刀具轨迹,如图4-94所示。

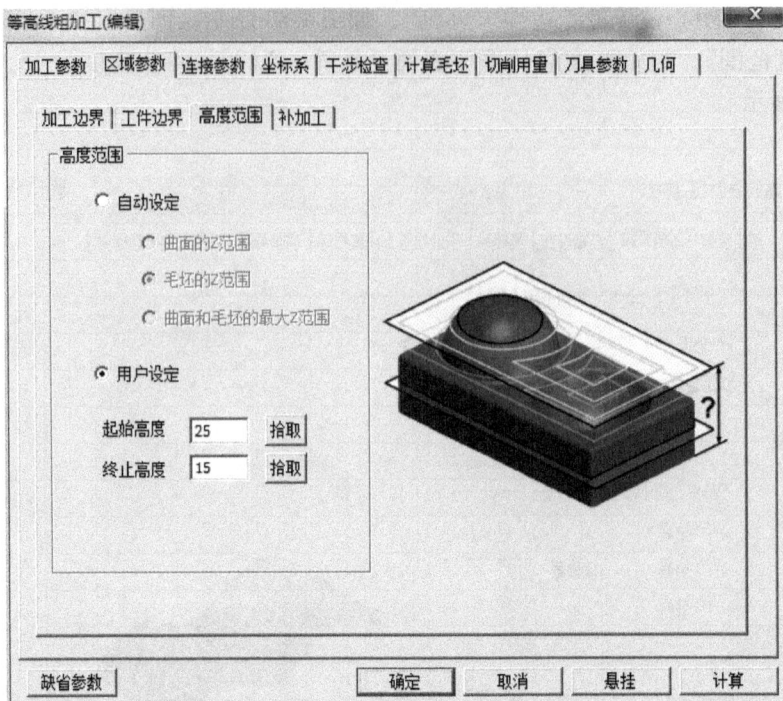

图 4-89　设定高度范围

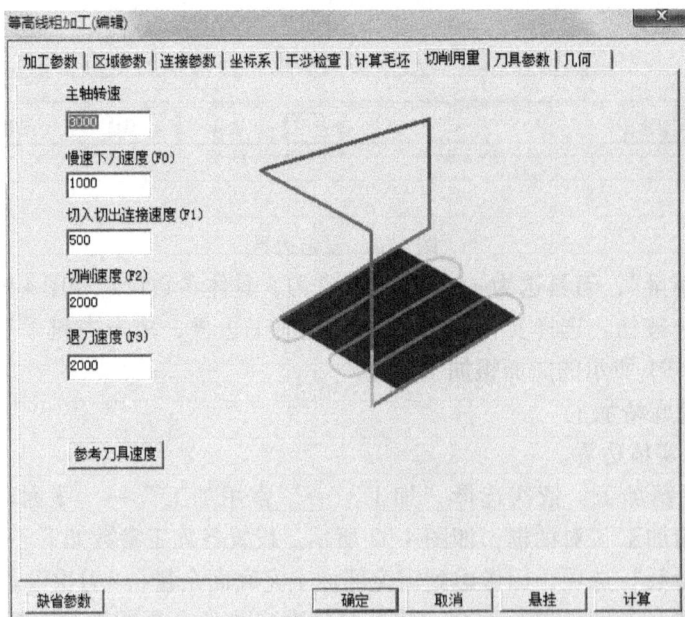

图 4-90　设置切削余量

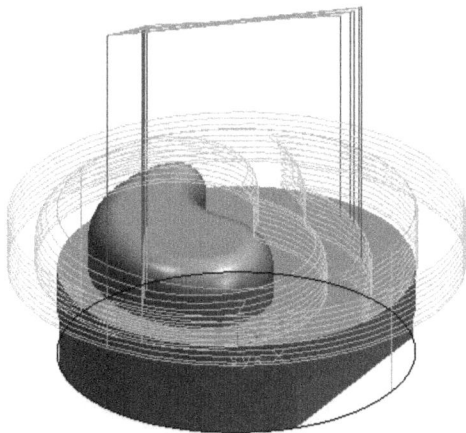

图 4-91　粗加工轨迹

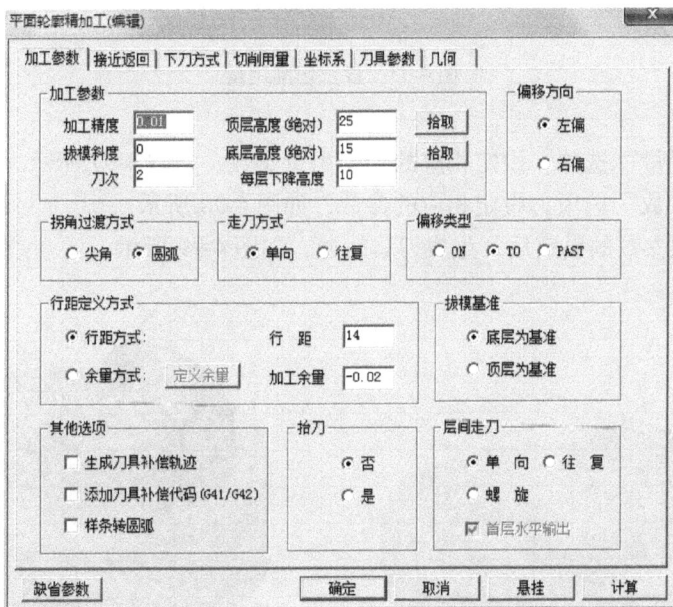

图 4-92　"平面轮廓精加工"对话框

4. R5mm 圆角精加工

采用"参数线精加工"方式，对 R5mm 的圆弧曲面进行精加工。

步骤 1：由 R5mm 实体生成曲面。单击"实体表面"按钮 🔲，选择 R5mm 的实体表面，生成如图 4-95 所示的蓝色曲面。

步骤 2：曲面精加工。依次选择"加工"→"常用加工"→"参数线精加工"项或者单击 🍌 按钮，弹出"参数线精加工"对话框，如图 4-96 所示。设置各加工参数如下。

点选"加工参数"选项，设置切入和切出方式都采用圆弧方式，这样可减少刀具进入

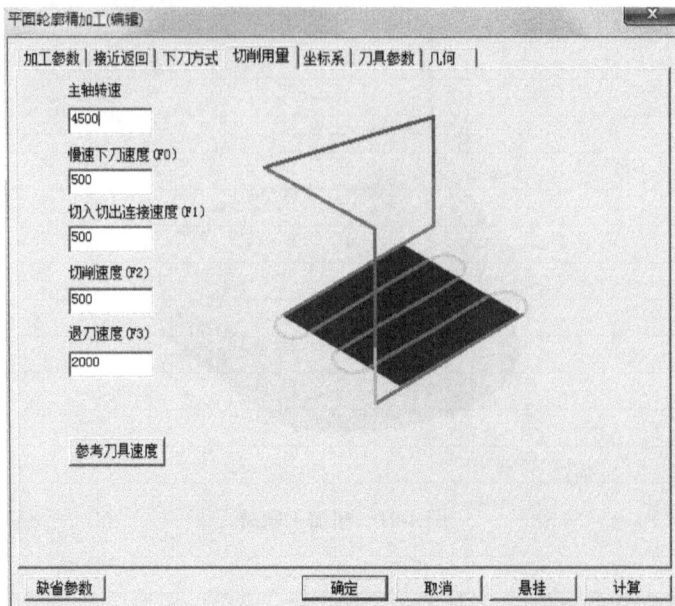

图 4-93   设置切削用量

时产生的过切现象。

点选"切削用量"选项，设定相应的切削用量参数，如图 4-97 所示。

点选"刀具参数"选项，设定相应的参数，如图 4-98 所示。

完成所有选项参数的设定后，生成刀具轨迹，如图 4-99 所示。

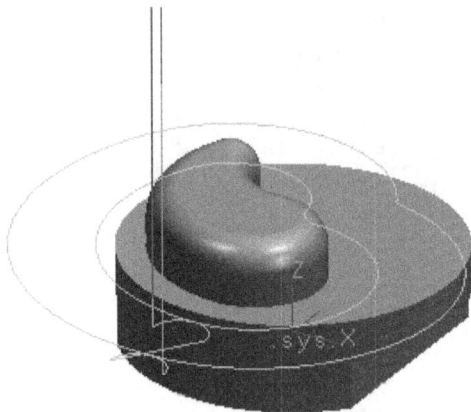

图 4-94   轮廓精加工轨迹

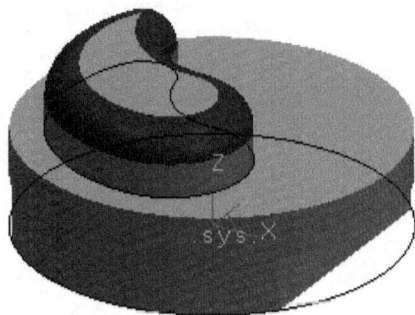

图 4-95   拾取实体表面

步骤 3：模拟仿真，结果如图 4-100 所示。

三、凹模自动编程

1. φ58mm 外圆和 44mm 台阶的加工

加工方式与凸模的加工相同，不再赘述。

2. 粗加工凹模型腔部分

步骤 1：定义毛坯高度为 26。

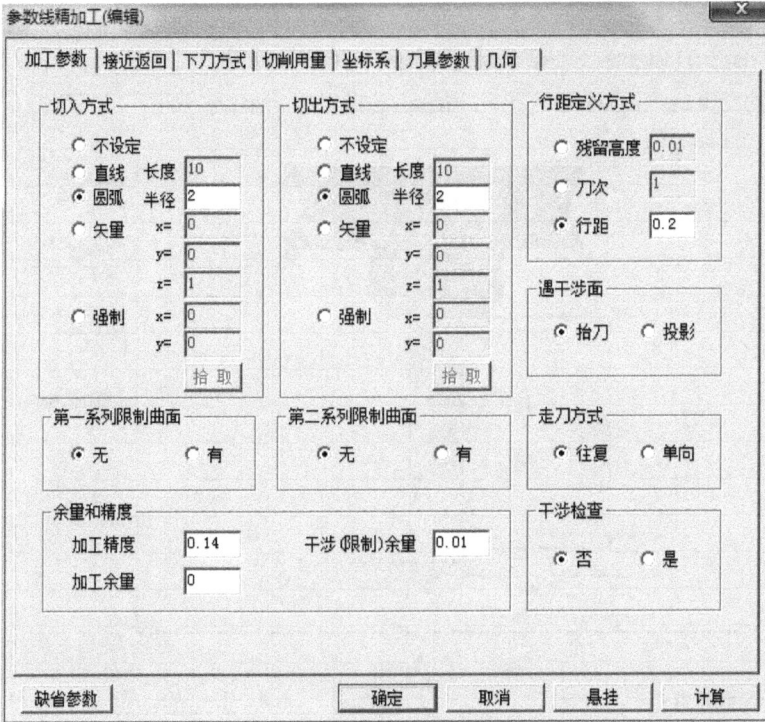

图 4-96　"参数线精加工"对话框

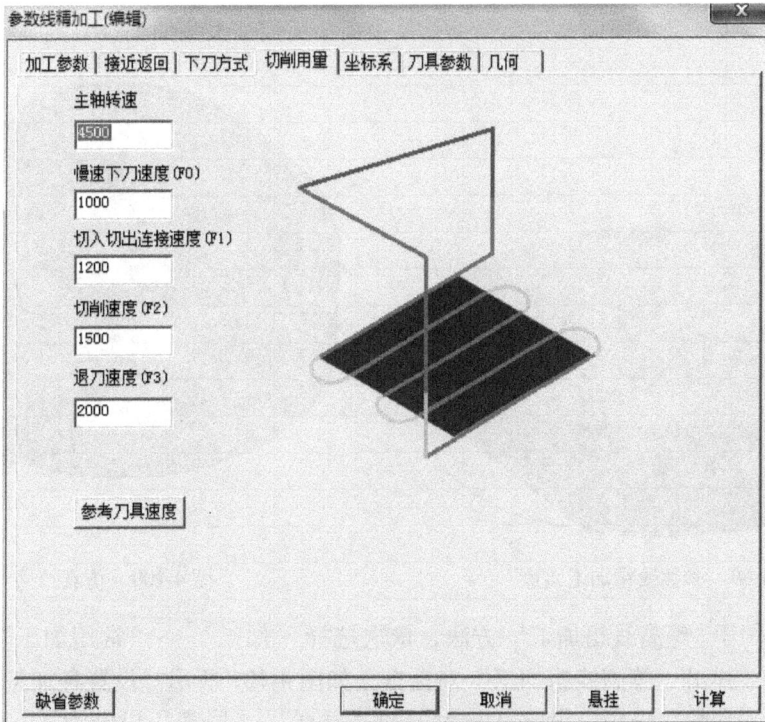

图 4-97　设置切削用量

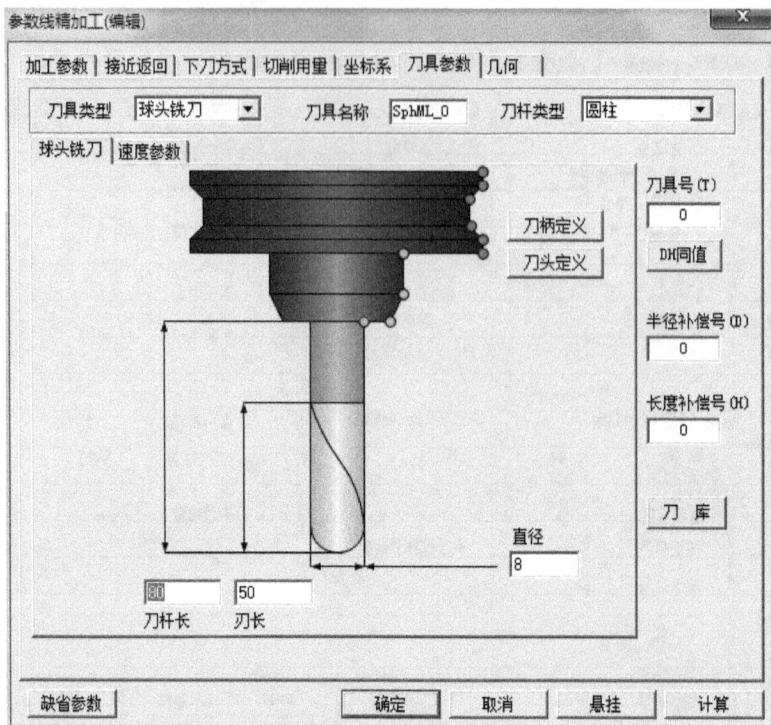

图 4-98　设置刀具参数

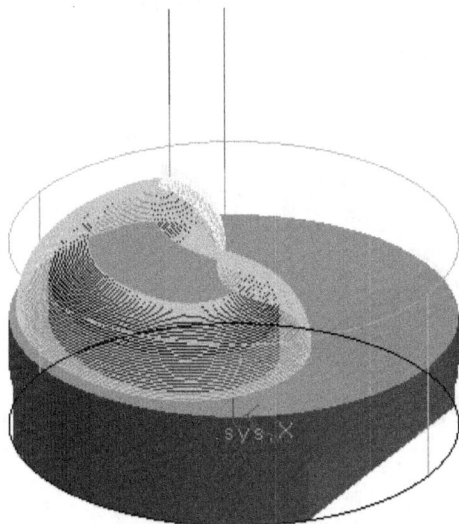

图 4-99　参数线精加工轨迹

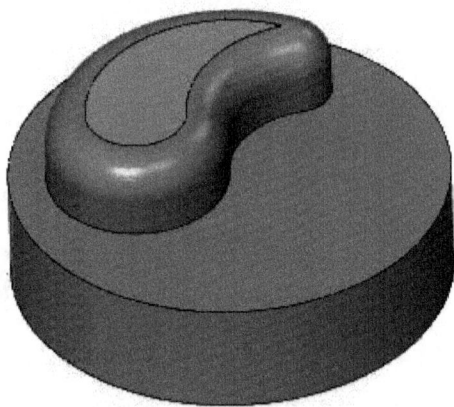

图 4-100　仿真结果

　　步骤 2：采用"等高线粗加工"方法，依次选择"加工"→"常用加工"→"等高线粗加工"选项，弹出"等高线粗加工"对话框，如图 4-101 所示。设置各加工参数如下。

　　点选"加工参数"选项，设定"行距"和"层高"。"层高"设定为 1，行距最大为 6，行距为 4，如图 4-101 所示。

　　点选"区域参数"，对于粗加工的轨迹优化，采用设置"加工边界"方式来加工，边界

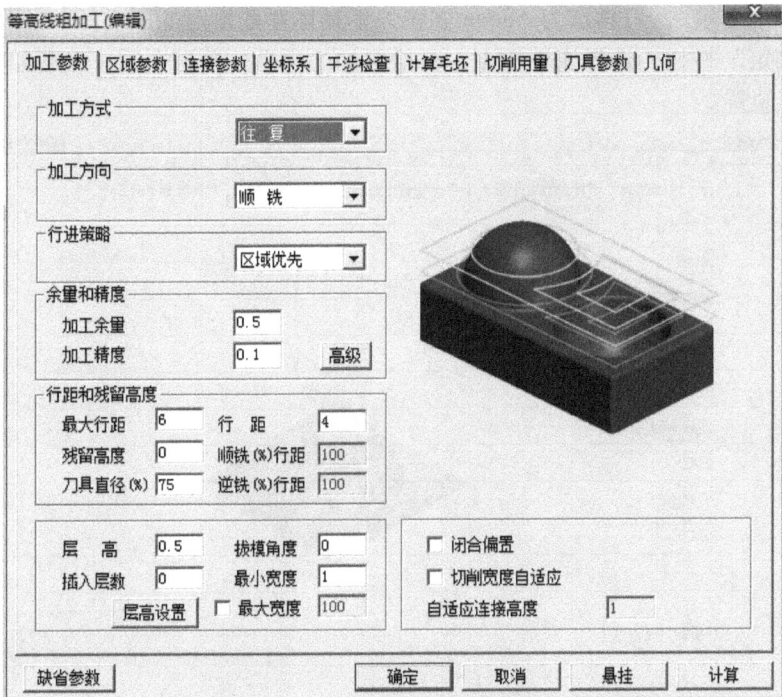

图 4-101　"等高线粗加工"对话框

选取外轮廓。因只粗加工曲面部分，所以要设定"高度范围"。起始高度应从毛坯表面开始算，为 25，终止高度为 15，具体参数设置如图 4-102 所示。

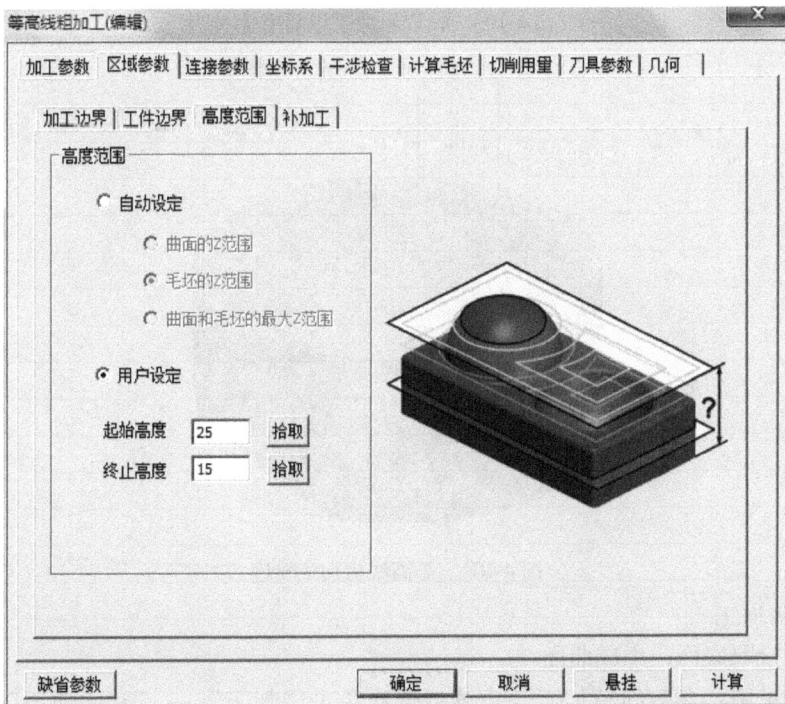

图 4-102　设定高度范围

点选"切削用量",刀具选为 $\phi 8mm$ 立铣刀,具体参数设定如图 4-103 所示。

单击"确定"按钮,选择实体模型,再拾取加工边界,单击右键,出现如图 4-104 所示的曲面粗加工轨迹。

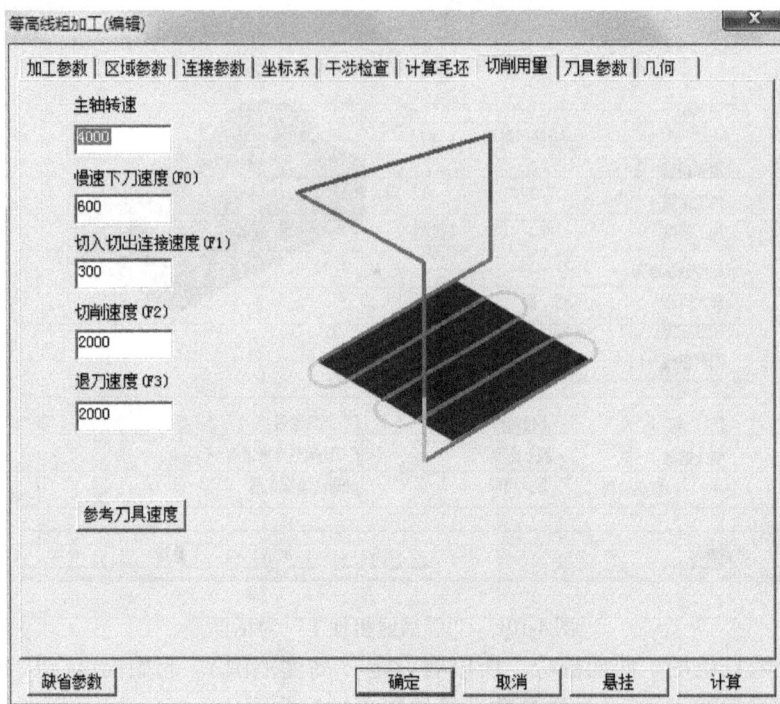

图 4-103　设置粗加工切削用量

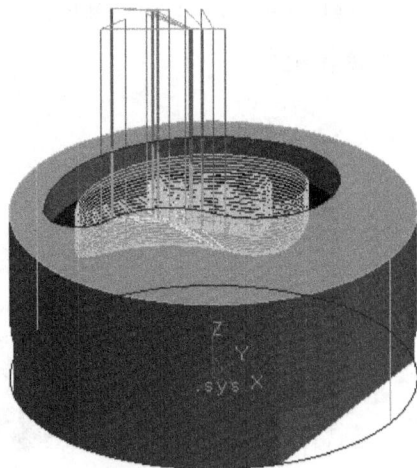

图 4-104　等高线粗加工轨迹

3. 底面精加工

步骤 1:拾取底面,生成曲面。

步骤 2:采用"参数线精加工"方式,依次单击"加工"→"常用加工"→"参数线精加工"选项或者单击 ✎ 按钮,弹出"参数线精加工"对话框,如图 4-105 所示。设置各加工参数，如图 4-106 和图 4-107 所示，即可生成如图 4-108 所示轨迹。

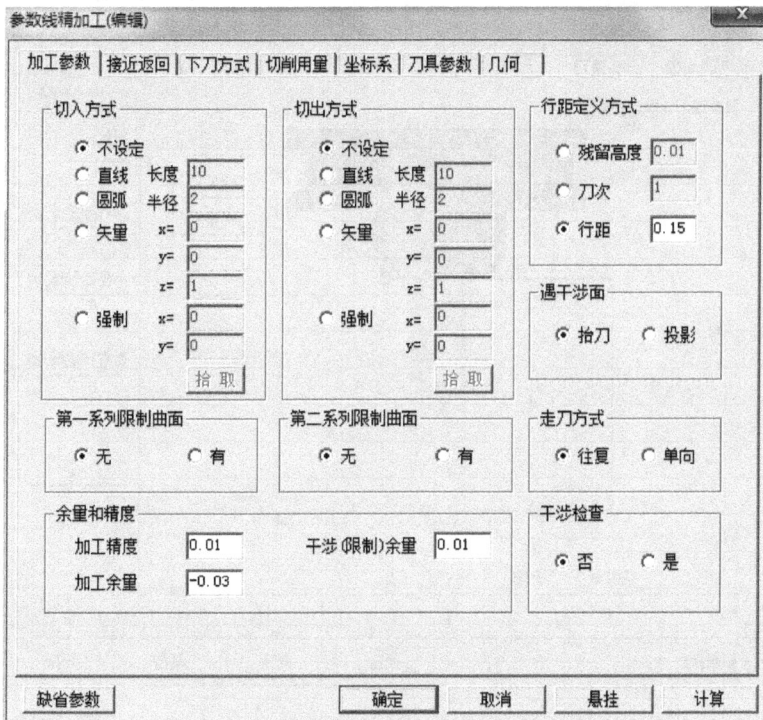

图 4-105　"参数线精加工"对话框

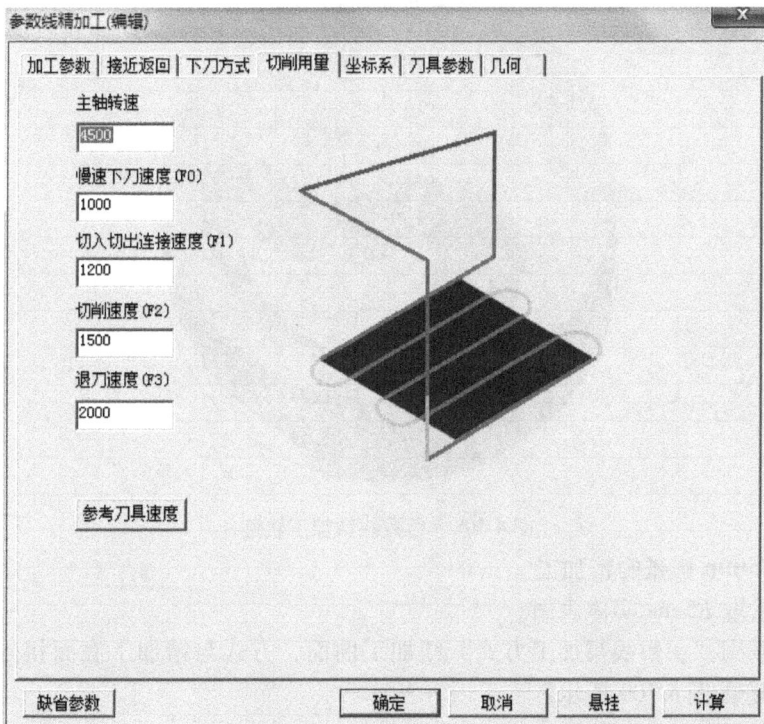

图 4-106　设置参数线精加工切削用量

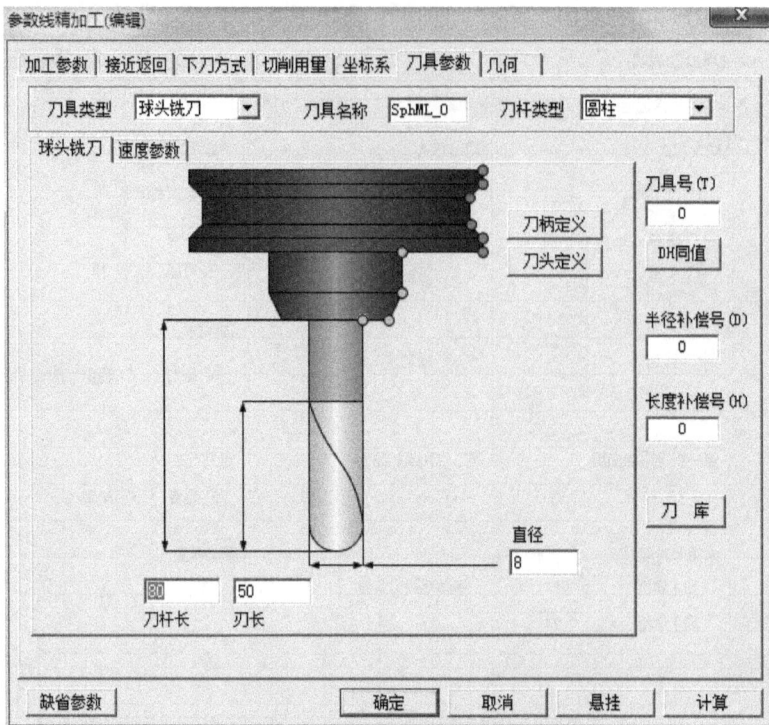

图 4-107 设置刀具参数

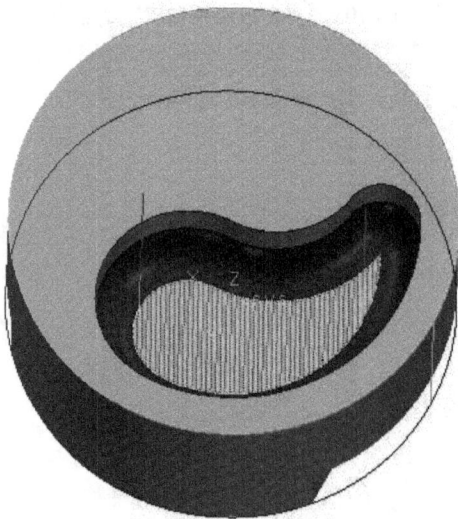

图 4-108 参数线精加工轨迹

4. 底面 R5mm 圆弧的精加工

步骤 1：拾取 R5mm 实体表面。

步骤 2：采用"参数线精加工方式"精加工曲面，方式与精加工底面相同，不再赘述，生成的刀具轨迹如图 4-109 所示。

5. 仿真和生成 G 代码

步骤 1：拾取轨迹，进行实体仿真，效果如图 4-110 显示。

步骤 2：生成 G 代码。若仿真无缺陷，可生成 G 代码。

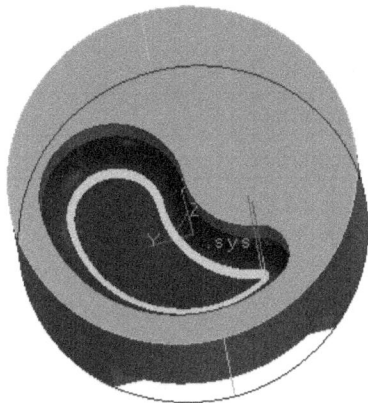

图 4-109　精加工轨迹

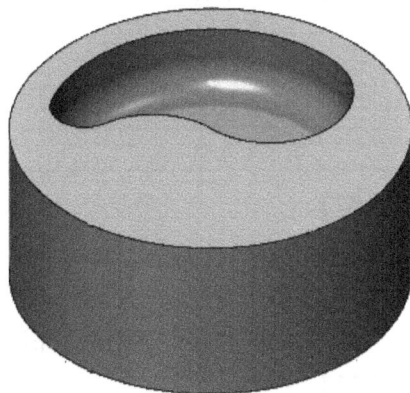

图 4-110　凹模仿真效果图

【考核评价】

完成任务后进行自评和教师评价，并填写表 4-3。

表 4-3　考核评价表

班级_____组号_____　　　　　　　　　　　　　　　　总分_____

检测项目	检测内容	检测工具	配分	扣分标准	自评	教师评价	最终得分
编程及工艺的确定	选用的刀具正确		2	不完全正确相应减分			
	工艺方案制订正确		5	不完全正确相应减分			
	加工路线安排正确		5	不完全正确相应减分			
	切削用量选择正确		5	不完全正确相应减分			
	程序编制正确，简明规范		5	不完全正确相应减分			
凸模加工尺寸	$\phi 58 \pm 0.05$mm	游标卡尺	4	超差 0.01mm 扣 2 分			
	44 ± 0.05mm	游标卡尺	4	超差 0.01mm 扣 2 分			
	8 ± 0.05mm	游标卡尺	4	超差 0.01mm 扣 2 分			
	10 ± 0.05mm	游标卡尺	4	超差 0.01mm 扣 2 分			
	25 ± 0.05mm	游标卡尺	4	超差 0.01mm 扣 2 分			
	表面粗糙度值 $Ra3.2\mu$m	粗糙度对照块	2	一处未达要求扣 2 分			
	去毛刺	目测	2	一处未倒棱扣 1 分			
凹模加工尺寸	$\phi 58 \pm 0.05$mm	游标卡尺	4	超差 0.01mm 扣 2 分			
	44 ± 0.05mm	游标卡尺	4	超差 0.01mm 扣 2 分			
	8 ± 0.05mm	游标卡尺	4	超差 0.01mm 扣 2 分			
	10 ± 0.05mm	游标卡尺	4	超差 0.01mm 扣 2 分			
	25 ± 0.05mm	游标卡尺	4	超差 0.01mm 扣 2 分			
	表面粗糙度值 $Ra3.2\mu$m	粗糙度对照块	2	一处未达要求扣 2 分			
	去毛刺	目测	2	一处未倒棱扣 1 分			

（续）

检测项目	检测内容	检测工具	配分	扣分标准	自评	教师评价	最终得分
配合	配合	目测	13	装配灵活，无卡滞现象			
操作情况	工件无明显接痕	目测	5	一处未倒棱扣1分			
	设备维护保养方法得当		6	视情况酌情扣分			
	安全文明操作		6	视情况酌情扣分			

【任务小结】

1）掌握曲面的加工方式：参数线精加工。

2）制订正确的加工工艺方案，合理选择刀具及加工参数。

3）保证加工零件的尺寸精度，保证配合精度。

【任务练习】

1）等高线精加工为什么不用于本任务的最后精加工呢？

2）用其他的加工方式完成本任务的CAM编程。

【课题小结】

本课题的主要任务是介绍CAM软件的应用。结合典型零件的结构，分析加工工艺，使用几种CAM的加工方法对不同结构的零件进行加工。通过这个课题的学习，应掌握CAM常见的平面轮廓加工、型腔加工、曲面等高线粗加工、等高线加工、扫描线精加工以及参数线加工等加工方式。

【课题训练】

1. 提供毛坯尺寸为50mm×50mm×20mm的硬铝，根据图4-111所示零件图，利用CAM软件加工出满足图样要求的零件。

2. 提供毛坯尺寸为φ100mm×30mm的硬铝圆料，根据图4-112所示零件图，制订加工工艺，并利用CAM软件加工出满足图样要求的零件。

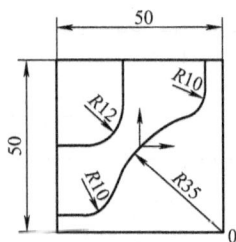

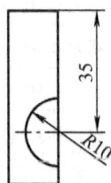

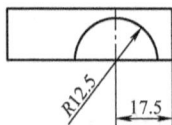

图4-111 零件图（一）

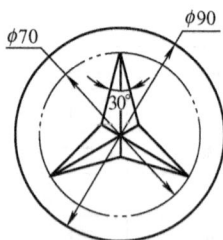

图4-112 零件图（二）

技术要求
尖角处可有加工圆角R2。

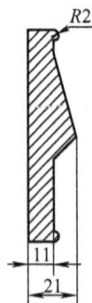

附录 综合练习

附录 A 理论练习部分

一、判断题

( ) 1. 钢在淬火后一般均需要进行回火。

( ) 2. 装配图上不标注零件的表面质量要求。

( ) 3. 单位体积的液体所具有的质量称为该液体的密度。

( ) 4. 圆弧插补指令中的 F 是指切向进给速度。

( ) 5. 工件表面有硬皮存在时宜采用逆铣。

( ) 6. 当百分表的测量头内缩时，指针作顺时针转动。

( ) 7. 量块上没有刻度值，所以测量精度较低。

( ) 8. T10 钢与 10 钢的含碳量相同。

( ) 9. 液体的粘度会随着温度升高而变小。

( ) 10. 球头铣刀的刀位点是指刀具轴线与刀具球面的交点。

( ) 11. 刀具半径补偿指令功能使粗加工和精加工程序相同成为可能。

( ) 12. 数控铣床一般没有自动换刀装置，所以编程时不需要考虑换刀点的坐标。

( ) 13. 铣刀刀柄在主轴中夹紧后的松开通常依靠压缩空气产生的压力。

( ) 14. 精镗刀一般为对称双刃式结构，以提高加工孔的精度。

( ) 15. 多块量块相叠后会产生粘合现象，这是由于量块材料的磁性作用所致。

( ) 16. 刀具材料的耐热性温度是指在该温度下刀具材料接近熔化。

( ) 17. 工艺基准分为定位基准、工序基准、测量基准和装配基准。

( ) 18. 在零件加工后直接形成的尺寸，称为封闭环。

( ) 19. 编程原点是机床上设置的一个固定的点。

( ) 20. 执行 G92 指令，机床并不会运动。

( ) 21. 数控机床加工的加工精度比普通机床高，是因为数控机床的传动链较普通机床的传动链长。

( ) 22. 编程坐标系是编程人员在编程过程中所用的坐标系，其坐标系的建立应与所使用机床的坐标系相一致。

( ) 23. 链条节数为偶数时，用开口销和弹簧片固定活动销轴。

( ) 24. 测微准直望远镜的光轴与外镜管几何轴线的同轴度误差大于 0.005mm，平行度误差大于 3″。

( ) 25. 根据切屑的粗细及材质情况，及时清除注油口和吸入阀中的切屑，以防止切削液回路。

( ) 26. 刀具交换时，掉刀的原因主要是由于刀具质量过小（小于 5kg）引起的。

( ) 27. 对于形状复杂的零件，应优先选用退火，而不采用正火。

（　　）28. 空气过滤器应每3~6个月检查并清扫一次。

（　　）29. 按照标准规定：任意300mm测量长度上的定位精度，精密级是0.01mm。

（　　）30. 若测头进给方式采用跳步进给1，进给速率为高速度（F1500×比率），则应用程序语句G31。

（　　）31. 在运算指令中，形式为#i = #j ∗ #k 代表的意义是连续。

（　　）32. 变量包括局部变量、公用变量和系统变量三种。

（　　）33. 工艺系统的刚度影响着切削力引起的变形误差的大小。

（　　）34. 判别某种材料的可加工性是以 $\sigma_b = 0.637\text{GPa}$ 的 65 钢的 v_{60} 为基准。

（　　）35. 高速切削时由于速度极快，使得70%~75%以上的切削热量来不及传递给工件，就被切屑带走，工件基本上仍保持冷态加工，从而减少了热敏材料工件的热变形。

（　　）36. 目前用热压陶瓷 Si3N4 制作滚珠，滚道采用工程陶瓷，这种轴承被称为陶瓷混合轴承。

（　　）37. 直线电动机是一种做直线运动的电动机。由于直线电动机和执行机构之间没有中间动机构，使得传动系统结构简单，同时加减速速度快，可实现快速起动和正反向运动。

（　　）38. 为了防止强电干扰信号通过 I/O 控制回路进入计算机，最常用的方法是在接口处增加绝缘板。

（　　）39. 直线电动机的次级可由多段拼装而成，将次级一段一段连续地铺设在机床床身上，次级铺到哪里，初级（工作台）就可以运动到哪里，因此其工作行程不受限制。

（　　）40. 热装夹头是一种无夹紧元件的夹头，它利用高能场的感应加热线圈，把刀柄的夹持部分在短时间（10s）内加热，刀柄内径随之扩张，此时立即把刀具装入刀柄内，当刀柄冷却收缩时，产生很高的径向夹紧力将刀具牢牢夹持住，但热量也会传递至夹头的其他部位或刀具的柄部。

二、选择题

1. 能控制切屑流出方向的刀具几何角度是____。

A. 前角　　　　　　B. 后角　　　　　　C. 主偏角　　　　　　D. 刃倾角

2. 为使切削正常进行，刀具后角的大小____。

A. 必须大于0°　　　　　　　　　　B. 必须小于0°

C. 可以为 ±15° 左右　　　　　　　D. 可在 0°~90°

3. 切削用量中____对刀具磨损的影响最大。

A. 切削速度　　　B. 进给量　　　C. 进给速度　　　D. 背吃刀量

4. CNC 是指____的缩写。

A. 自动化工厂　　　　　　　　　　B. 计算机数控系统

C. 柔性制造系统　　　　　　　　　D. 数控加工中心

5. 闭环控制系统的位置检测装置安装在____。

A. 传动丝杠上　　　　　　　　　　B. 伺服电动机轴端

C. 机床移动部件上　　　　　　　　D. 数控装置

6. 为了满足使用要求，滚珠丝杠采用____材料制造。

A. 不锈钢　　　　　B. 优质碳素结构钢　C. 硬质合金　　　　D. 轴承钢

7. 数控铣床中常采用液压（或气压）传动的装置是____。

A. 对刀器　　　　　　　　　　B. 导轨锁紧

C. 刀具和主轴的夹紧与松开　　D. 主轴锁紧

8. 液压马达在液压传动系统的组成中属于____。

A. 动力元件　　　B. 执行元件　　　C. 控制调节元件　　D. 工作介质

9. 前角的大小____。

A. 必须大于0°　　　　　　　　B. 必须小于0°

C. 可以在±15°左右　　　　　　D. 可在0°~90°

10. 用直径为 d 的麻花钻钻孔，背吃刀量 a_p ____。

A. 等于 d 　　　　　　　　　B. 等于 $d/2$

C. 等于 $d/4$ 　　　　　　　　D. 与钻头顶角大小有关

11. 工件在夹具或机床中占据正确位置的过程称为____。

A. 定位　　　　　B. 夹紧　　　　　C. 装夹　　　　　D. 对刀

12. 溢流阀主要控制液压系统中油液的____。

A. 压力　　　　　B. 流量　　　　　C. 流速　　　　　D. 流动方向

13. 孔系加工时应注意各孔的加工路线顺序，安排不当将会引入____。

A. 主轴跳动　　　B. 坐标轴反向间隙　C. 孔直径变化　　D. 刀具损坏

14. ____指令仅在所出现的程序段内有效。

A. G01　　　　　B. G02　　　　　C. G03　　　　　D. G04

15. 根据使用性能，数控刀具刀柄的拉钉应采用____材料制造。

A. 合金结构钢　　B. 高碳钢　　　　C. 有色金属　　　D. 铸铁

16. 用操作面板方向键控制机床的快速移动功能应在____模式下进行。

A. ÖG　　　　　　B. RAPID　　　　C. MDI　　　　　D. EDIT

17. M7/h6 配合代号的含义是____。

A. 基孔制间隙配合　　　　　　B. 基轴制间隙配合

C. 基孔制过渡配合　　　　　　D. 基轴制过渡配合

18. σ_b 表示金属材料在____所承受的最大拉应力。

A. 断裂时　　　　B. 断裂前　　　　C. 断裂后　　　　D. 塑性变形前

19. 数控加工工艺文件中常有传统加工没有的____。

A. 工序卡　　　　B. 机床调整卡　　C. 刀具卡　　　　D. 进给路线图

20. 加工中心的开机操作步骤应该是____。

A. 开电源，松开急停开关，开 CNC 系统电源

B. 开电源，开 CNC 系统电源，松开急停开关

C. 开 CNC 系统电源，开电源，松开急停开关

D. 松开急停开关，开 CNC 系统电源，开电源

21. 国家标准规定可转位刀片有 16 种精度，其中 6 种适合于车刀，代号为 H、E、G、M、N、U，其中 H 最高，U 最低，对刀尖位置要求较高的或数控车床用____。

A. E　　　　　　B. G　　　　　　C. M　　　　　　D. H

22. 三坐标测量机是一种高效精密测量仪器，其测量结果____。

A. 只显示在屏幕上，无法打印输出

B. 只能存储，无法打印输出

C. 可绘制出图形或打印输出

D. 既不能打印输出，也不能绘制出图形

23. 氧化处理的 Fe_3O_4 氧化厚度为____ μm。

A. 4 ~ 9   B. 1 ~ 3   C. 6 ~ 8   D. 11

24. 轮廓投影仪使用中采用相对测量方法是把放大了的影像和按预定____比例绘制的标准图形相比较，一次可实现对零件多个尺寸的测量。

A. 缩小   B. 放大   C. 1:1   D. 任意

25. 用闭环系统 X、Y 两轴联动加工工件的直线面，若两轴均存在跟随误差，假定系统增益相等，则此时工件将____。

A. 不产生任何误差   B. 产生形状误差   C. 产生尺寸误差

26. 下列哪种信号是开关量输入信号____。

A. 指示灯   B. 24V 中间继电器   C. 行程开关

27. 下图____所示的曲轴加工设备为滚压抛光代替磨削加工，可同时进行车削加工，在刀盘上装有滚压抛光装置，可获得更高精度。

28. 车床主轴存在纯轴向漂移时，对所车削出的工件的____加工精度影响很大。

A. 外圆   B. 内孔   C. 端面

29. 由 n 环组成的尺寸链，各组成环都呈正态分布，则各组成环尺寸的平均公差采用概率法计算比极值法计算放大____倍（n 为尺寸链的数目）。

A. $\sqrt{n-1}$ B. n C. $1/n$ D. $n-1$

30. 加工中心主传动系统的特点有____。

①转速高、功率大   ②主轴转速变换可靠，并能自动无级变速

③主轴上设计有刀具自动装卸、主轴定向停止等装置

A. ①②   B. ②③   C. ①②③   D. 以上都不是

31. 诊断 CRT 无辉度或无显示原因的方法是：____。

A. 检查 CRT 单元输入电压是否正常

B. 检查与 CRT 单元有关的电线接触是否良好

C. 检查 CRT 接口板或主控板是否良好

D. 以上均对

32. 下列变量运算中，属于乘法形演算的是____。

A. #20 = #10 + #100   B. #20 = #40R#8

C. #10 = SIN［#5］   D. #21 = #8MOD#3

33. 程序：N2   G00   G54   G90   G60   X0   Y0   N4   S600

          M3   F300

          N6   G02   X0   Y0   I25   J0

          N8   M05   则：____。

A. X0   B. X－25   C. X25   D. X50

34. 影响导轨导向精度的因素有____。

①导轨的结构形式 ②导轨的制造精度和装配质量

③导轨和基硬件的刚度 ④导轨的重量

A. ①③   B. ①②④   C. ①②③   D. ①②③④

35. 在 FANUC 0i 系列数控系统中执行 mm/min 的指令是____。

A. G94   B. G95   C. G98   D. G99

36. 一般情况下，____的螺纹孔可在加工中心上完成孔加工，攻螺纹可通过其他手段加工。

A. M16   B. M9

C. M6 以上、M15 以下   D. M6 以下、M20 以上

37. 涂层方法中，物理气相沉积法的沉积温度为____℃。

A. 500   B. 800   C. 1200   D. 1400

38. 在钻床上钻孔时，传给工件的切削热____。

A. 可忽略不计   B. 占 50% 以上

C. 只占 10% 以下   D. 占 10% ~ 20%

39. 化学气相沉积法的涂层厚度可达____mm。

A. 0.1 ~ 0.3   B. 0.001 ~ 0.003   C. 0.05 ~ 0.09   D. 0.005 ~ 0.01

40. 加工中心按照功能特征分类，可分为复合、____。

A. 刀库 + 主轴换刀加工中心   B. 卧式加工中心

C. 镗铣和钻削加工中心   D. 三轴加工中心

41. 钛的熔点为____℃。

A. 123   B. 1668   C. 456   D. 1000

42. 纯铜____。

A. 又称铍青铜   B. 含有 10% 的锌

C. 牌号有 T1、T2、T3   D. 具有较硬的基体和耐磨的质点

43. 测量金属硬度的方法有很多，其中包括回跳硬度试验法，如____。

A. 肖氏硬度   B. 洛氏硬度   C. 卡氏硬度   D. 莫氏硬度

44. 空气过滤器____。

A. 不用检查，也无须清扫 　　　　　　B. 每隔 1 ~ 2 年清扫一次

C. 应每 3 ~ 6 个月检查并清扫一次 　　D. 每隔 3 ~ 5 年清扫一次

45. 重复定位精度普通级是____ mm。

A. 10 　　　　　B. 0. 016 　　　　　C. 0. 28 　　　　　D. 0. 37

46. 分析零件图的视图时，根据视图布局，首先找出____。

A. 剖视图 　　　B. 主视图 　　　C. 仰视图 　　　D. 右视图

47. 直流小惯量伺服电动机在 1s 内可承受的最大转矩为额定转矩的____。

A. 2 倍 　　　　B. 5 倍 　　　　C. 15 倍 　　　　D. 10 倍

48. 若测头进给方式采用跳步进给 2，进给速率为一般速度（F50），则应用程序语句 ____。

A. G5 　　　　　B. G31 　　　　C. G11 　　　　D. G4

49. 在磨削加工时，____砂轮速度是减小工件表面粗糙度值的方法之一。

A. 提高 　　　　B. 降低 　　　　C. 保持均匀的 　　D. 经常上下调整

50. 越靠近传动链____的传动件的传动误差对加工精度的影响越大。

A. 前端 　　　　B. 中端 　　　　C. 末端 　　　　D. 前中端

51. 加工精度是指零件加工后实际几何参数与____的几何参数的符合程度。

A. 已加工零件 　　B. 待加工零件 　　C. 理想零件 　　　D. 使用零件

52. 在运算指令中，形式为#i = ABS［#j］代表的意义是____。

A. 四次方值 　　　B. 绝对值 　　　C. 积分 　　　D. 倒数

53. 在运算指令中，形式为#i = #j － #k 代表的意义是____。

A. － sink 　　　B. 极限 　　　C. － cosj 　　　D. 差

54. 在变量赋值方法 I 中，引数（自变量）B 对应的变量是____。

A. #22 　　　　B. #2 　　　　C. #110 　　　　D. #79

55. 碳素钢粗车时，后刀面的磨钝标准 VB 是____ mm。

A. 0. 6 ~ 0. 8 　　B. 2 　　　C. 2. 2 ~ 2. 5 　　D. 1 ~ 3. 3

56. 工艺系统内的____刚度是影响系统工作的决定性因素。

A. 工艺 　　　　B. 接触 　　　　C. 外部 　　　　D. 分离

57. 对待职业和岗位，____并不是爱岗敬业所要求的。

A. 树立职业理想 　　　　　　B. 干一行爱一行专一行

C. 遵守企业的规章制度 　　　　D. 一职定终身，不改行

58. 感应加热淬火时，若频率为 1 ~ 10kHz，则淬硬层深度为____。

A. 0. 5 ~ 2mm 　　B. 2 ~ 8mm 　　C. 10 ~ 15mm 　　D. 15 ~ 20mm

59. 判别某种材料的可加工性是以 $\sigma_b = 0.637GPa$ ____的 v_{60} 为基准。

A. 45 钢 　　　　B. 40 钢 　　　C. 50 钢 　　　D. 35 钢

60. 电主轴的主要热源有三个，____除外。

A. 置于主轴内部的电动机 　　　　B. 轴承

C. 切削刀具 　　　　　　D. 制造材料

61. 在多轴加工中，关于工件定位与机床关系的描述，____是错误的。

A. 机床各部件之间的关系

B. 工件坐标系原点与旋转轴的位置关系

C. 刀尖点或刀心点与旋转轴的位置关系

D. 直线轴与旋转轴的关系

62. 车削中心是以全功能型数控车床为主体，实现____复合加工的机床。

A. 多工序　　　　　B. 单工序　　　　　C. 双工序　　　　　D. 任意

63. 刀具补偿参数存储在____中。

A. ROM　　　　　B. RAM　　　　　C. CPU　　　　　D. 以上都是

64. 按照采用的轴承不同，电主轴有三种结构形式，____除外。

A. 滚动轴承电主轴　　　　　　　　　B. 滑动轴承电主轴

C. 静压轴承电主轴　　　　　　　　　D. 磁悬浮轴承电主轴

65. 五轴联动机床一般由 3 个平动轴加上两个回转轴组成，根据旋转轴具体结构的不同可分为____种形式。

A. 2　　　　　B. 3　　　　　C. 4　　　　　D. 5

66. ____是五轴加工的一般控制方法。

A. 垂直于加工表面　　B. 平行于加工表面　　C. 倾斜于加工表面

67. 复杂曲面加工过程中往往通过改变____来避免刀具、工件、夹具和机床间的干涉和优化数控程序。

A. 距离　　　　　B. 角度　　　　　C. 矢量　　　　　D. 方向

68. 金属在固态下晶体结构随温度发生变化的现象称为同素异晶转变。纯铁在温度高于1394℃时，由面心立方结构转化为____。

A. 体心立方结构　　B. 面心立方结构　　C. 密排六方结构

69. 多轴加工的刀轴控制方式与三轴固定轮廓铣的不同之处在于对刀具轴线____的控制。

A. 距离　　　　　B. 角度　　　　　C. 矢量　　　　　D. 方向

70. 目前高速切削进给速度已高达____ m/min，要实现并准确控制这样高的进给速度，对机床导轨、滚珠丝杠、伺服系统和工作台结构等提出了新的要求。

A. 30～80　　　　　B. 40～100　　　　　C. 50～120　　　　　D. 60～140

71. 在高速加工机床上采用新型直线滚动导轨，其中的球轴承与钢导轨之间的接触面积很小，其摩擦因数仅为槽式导轨的____左右，而且使用直线滚动导轨后，"爬行"现象可大大减少。

A. 1/13　　　　　B. 1/18　　　　　C. 1/24　　　　　D. 1/20

72. 从表面加工质量和切削效率方面看，只要在保证不过切的前提条件下，无论是曲面的粗加工还是精加工，都应优先选择____。

A. 平头刀　　　　　B. 球头铣刀　　　　　C. 鼓形刀　　　　　D. 面铣刀

73. 通常以在切削普通金属材料时，刀具寿命达到____时所允许的切削速度高低来评定材料可加工性的好坏。

A. 30min　　　　　B. 60min　　　　　C. 90min　　　　　D. 120min

74. 下列____不是采用多轴加工的目的。

A. 加工复杂型面　　　　　　　　　B. 提高加工质量

C. 提高工作效率　　　　　　　　D. 促进数控技术发展

75. 在粉末冶金材料的生产中，____在产量上占绝大多数，其次为铜基材料、硬质合金和难熔金属。近 20 年来，对高性能的合金钢、铝和钛基粉末冶金材料的开发十分重视。

A. 锰基材料　　　B. 锡基材料　　　C. 铁基材料　　　D. 钛基材料

76. 聚晶金刚石（PCD）的应用已迅速扩展到许多制造工业领域，尤其是在汽车和木材加工工业，已成为传统的 WC 刀具的高性能替代产品。它的标准牌号包括 002、010 和 025 三种，其初始晶粒的平均尺寸分别为 $2\mu m$、$10\mu m$ 和 $25\mu m$。总的来说，牌号越大，其耐磨性越____；在相接近的刃口加工量下，牌号越小，其刃口质量越____。

A. 好，差　　　B. 差，好　　　C. 好，好　　　D. 差，差

77. 生物分子纳米发动机仅有一个病毒大小，由两部分组成：一部分用有机物充当发动机，另一部分用镍无机物充当螺旋桨，整台发动机长 750nm，宽 150nm。这台发动机由 ATP 提供能量，由 ATP 合成酶驱动发动机运转。其中，ATP 是指____。

A. 三磷酸腺苷　　　　　　　　B. 三磷酸腺苷二钠片

78. PTC 是 Positive Temperature Coefficient 的缩写，意思是正的温度系数，泛指正温度系数很大的半导体材料或元器件。PTC 热敏电阻根据其材质的不同分为陶瓷 PTC 热敏电阻和____。

A. 有机高分子 PTC 热敏电阻　　　B. 自动消磁用 PTC 热敏电阻

C. 延时启动用 PTC 热敏电阻　　　D. 恒温加热用 PTC 热敏电阻

79. 制造业生产的产品大多都是三维的，因而制造业要想实现数字化，必须借助于先进的三维数字化技术和设备。目前的三维数字化设备主要是指____，如三维扫描仪、三维显示器和三维打印快速成形系统；三维数字化技术主要指快速成形（RP）技术和快速反求技术（RE）。

A. 三维采集设备、三维显示设备和三维控制设备

B. 三维采集设备、三维显示设备和三维输出设备

C. 三维采集设备、三维分析设备和三维输出设备

D. 以上都不对

80. ____是由有机母体纤维（例如粘胶丝、聚丙烯腈或沥青）采用高温分解法在 1000～3000℃高温的惰性气体下制成的，呈黑色，坚硬，具有轻而强和轻而硬的力学特性。

A. 铝合金　　　B. 镁合金　　　C. 碳纤维　　　D. 粉末冶金

81. 可用于硬铣削的刀具材料有____。

A. PCBN　　　B. 陶瓷　　　C. 新型硬质合金　　　D. 以上都是

82. 编码为 T 的可转位刀片，其刀片形状是____。

A 正五边形　　　B. 正方形　　　C. 三角形　　　D. 菱形

83. 生产实践证明，阻碍切削速度提高的关键因素是____。

A. 切削刀具是否能承受越来越高的切削温度

B. 数控系统能否适应越来越高的计算速度及控制能力的要求

C. 机床能否适应越来越高的精度和静、动刚度的要求

D. 以上都是

84. 高速铣刀通常采用细晶粒或超细晶粒硬质合金（晶粒尺寸为 $0.2\sim1\mu m$），并根据被加工材料选用钨钴类或钨钛钴类硬质合金，但含钴量一般不超过____。

A. 4%　　　　　　　B. 6%　　　　　　　C. 8%　　　　　　　D. 2%

85. 高速机床技术主要包括＿＿＿和机床整机技术。

A. 高速进给系统　　　　　　　　　　B. 高速 CNC 控制系统

C. 高速单元技术　　　　　　　　　　D. 以上都是

86. 高速主轴单元包括＿＿＿四个主要部分，是高速加工机床的核心部件，在很大程度上决定了机床所能达到的切削速度、加工精度和应用范围。

A. 高速伺服电动机、控制单元、高速主轴轴承、润滑冷却系统

B. 无外壳主轴电动机、主轴刀柄接口、控制单元、机架

C. 电主轴、高速主轴轴承、控制模块、润滑冷却系统

D. 动力源、主轴、轴承和机架

87. 进给系统的高速性也是评价高速机床性能的重要指标之一，对高速进给系统的要求是不仅能够达到高速运动，而且要求瞬时达到、瞬时准停等，所以要求具有＿＿＿。

A. 很大的加速度以及很高的定位精度

B. 很高的定位精度以及重复定位精度

C. 很大的加速度以及很高的重复定位精度

D. 很大的加速度以及准确可靠的制动力

88. 很多高速机床的床身和立柱材料采用聚合物混凝土（或人造花岗岩），这种材料阻尼特性为铸铁的＿＿＿倍，密度只有铸铁的 1/3。

A. 3 ~ 5　　　　　　B. 5 ~ 8　　　　　　C. 7 ~ 10　　　　　　D. 8 ~ 11

89. 目前常用的高速进给系统有以下三种主要的驱动方式＿＿＿。

A. 大导程滚珠丝杠、新型直流伺服电动机和线性导轨

B. 高速滚珠丝杠、直线电动机和虚拟轴机构

C. 直线导轨、直线电动机和并联轴机构

D. 高速滚珠丝杠、线性导轨和交流伺服电动机

90. 高速机床 CNC 控制系统的关键技术主要包括＿＿＿。

A. 很高的内部数据处理速率、较大的程序存储量、可靠的前馈与反馈控制等

B. 强大的数据计算及处理能力、智能化的 DNC 能力、刀具轨迹自适应能力

C. 快速处理刀具轨迹、预先前馈控制、反应灵敏的伺服系统等

D. 很高的内部数据处理速率、较大的程序存储量、自适应的刀具轨迹

91. 高速机床设计的另一个关键点，是如何在降低运动部件惯量的同时，保持基础支承部件高的＿＿＿。

A. 阻尼度、吸振性和动刚度　　　　　　B. 静刚度、动刚度和热刚度

C. 静刚度、阻尼度和动刚度　　　　　　D. 减振性、动刚度和热刚度

92. 高速加工的测试技术包括＿＿＿等技术。

A. 传感技术、信号分析和处理　　　　　B. 传感技术、数据采集和分析

C. 遥感技术、信号采集和处理　　　　　D. 传感技术、信号分析和控制

93. 当主轴转速超过＿＿＿ r/min 后，必须考虑刀具动平衡问题，过大的动不平衡将影响加工表面质量、刀具寿命和机床精度。

A. 14000　　　　　　B. 12000　　　　　　C. 10000　　　　　　D. 9000

94. 考虑刀具动平衡问题时，应尽量选用短而轻的刀具，定期检查刀具与刀杆的____。

A. 疲劳裂纹和变形征兆　　　　　　B. 安装精度和磨损情况

C. 径向圆跳动和变形征兆　　　　　D. 疲劳裂纹和磨损情况

95. 多齿刀具可以采用____的方式，根据铣削表面是否出现振纹来估算刀具的动平衡。

A. 端铣试切　　　B. 对称铣试切　　　C. 非对称铣试切　　　D. 侧铣试切

96. 在高速切削过程中，____会影响实际的进给速率，往往会造成切削力的不稳定，产生切削振动，从而影响工件表面的完整性。

A. 过小的步进（进给量）　　　　　B. 过大的步进（进给量）

C. 过小的进给速度　　　　　　　　D. 过大的进给速度

97. 粗加工在高速加工中所占的比例要比在传统加工中的____。

A. 多　　　　　B. 少　　　　　C. 不一定　　　　　D. 以上说法都不对

参考答案

一、判断题

1～5　√√√√√　6～10　√×√×　11～15　√×√××　16～20　√√××√

21～25　×√××　26～30　×√√√　31～35　×√××　36～40　√×√

×

二、选择题

1～5　DAABC　6～10　DCACB　11～15　AABDA　16～20　BDBDB

21～25　CCBBA　26～30　CACAC　31～35　DDCCA　36～40　DABDC

41～45　BCACB　46～50　BDBAC　51～55　CBDBA　56～60　BDBAD

61～65　DABBB　66～70　CBACC　71～75　DABDC　76～80　CAABC

81～85　DCABC　86～90　DACBC　91～95　BABAD　96～97　AA

附录 B　实训练习部分

1. 提供毛坯尺寸 120mm×80mm×30mm 的 45 钢，根据图 B-1 所示零件图制订加工工艺，并加工出满足图样要求的零件。

2. 提供毛坯尺寸 155mm×105mm×35mm 的 45 钢，根据图 B-2 所示零件图制订加工工艺，并加工出满足图样要求的零件。

3. 提供毛坯尺寸 155mm×105mm×35mm 的 45 钢，根据图 B-3 所示零件图制订加工工艺，并利用 CAM 软件加工出满足图样要求的零件。

4. 提供毛坯尺寸 130mm×110mm×30mm 的 45 钢，根据图 B-4 所示零件图制订加工工艺，并利用 CAM 软件加工出满足图样要求的零件。

5. 提供毛坯尺寸 ϕ120mm×30mm 和 125mm×105mm×30mm 的 45 钢件，根据图 B-5 所示零件图制订加工工艺，并利用 CAM 软件加工出满足图样要求的零件，最终完成零件的装配。

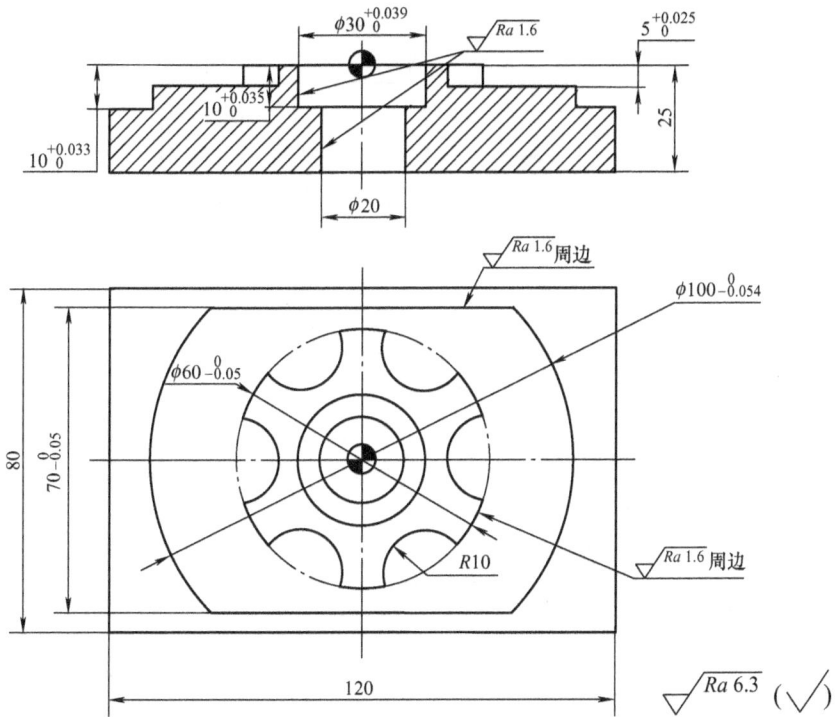

图 B-1 实训练习一

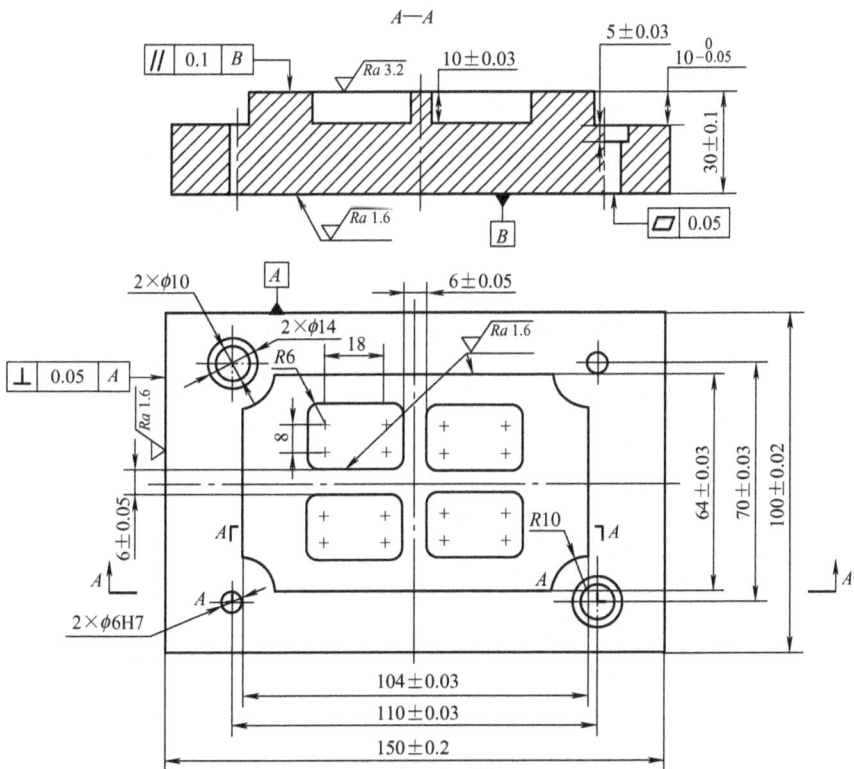

图 B-2 实训练习二

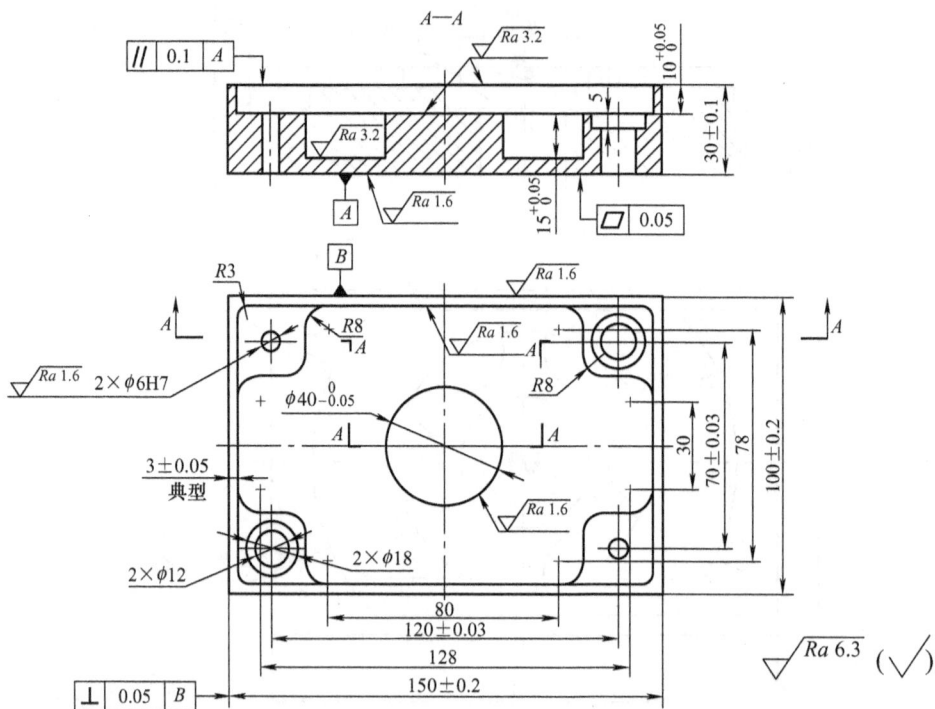

图 B-3 实训练习三

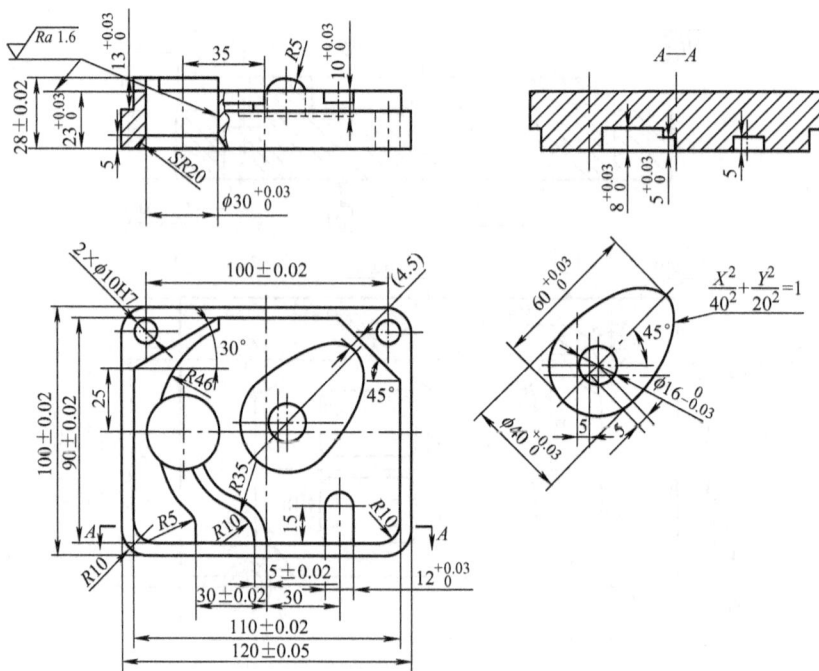

图 B-4 实训练习四

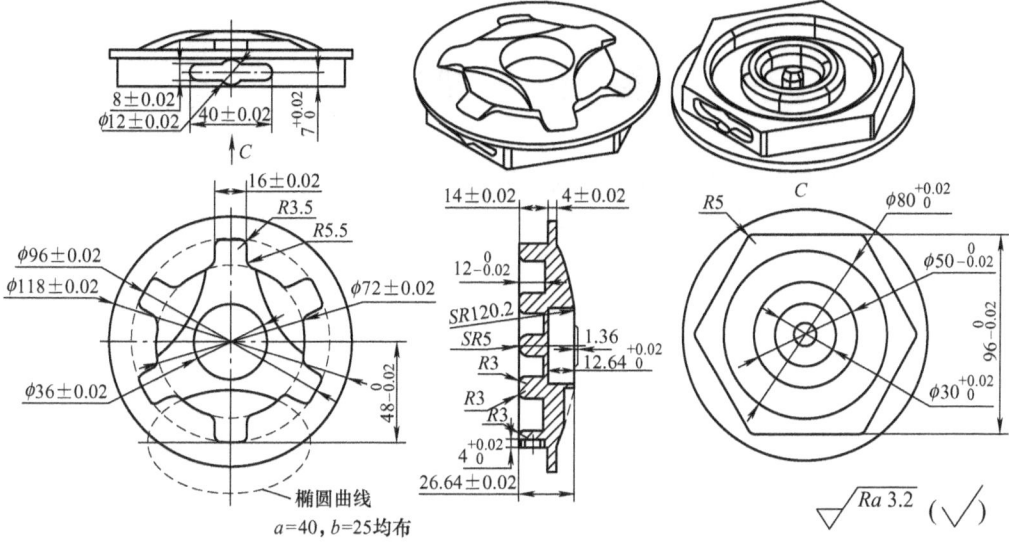

件1

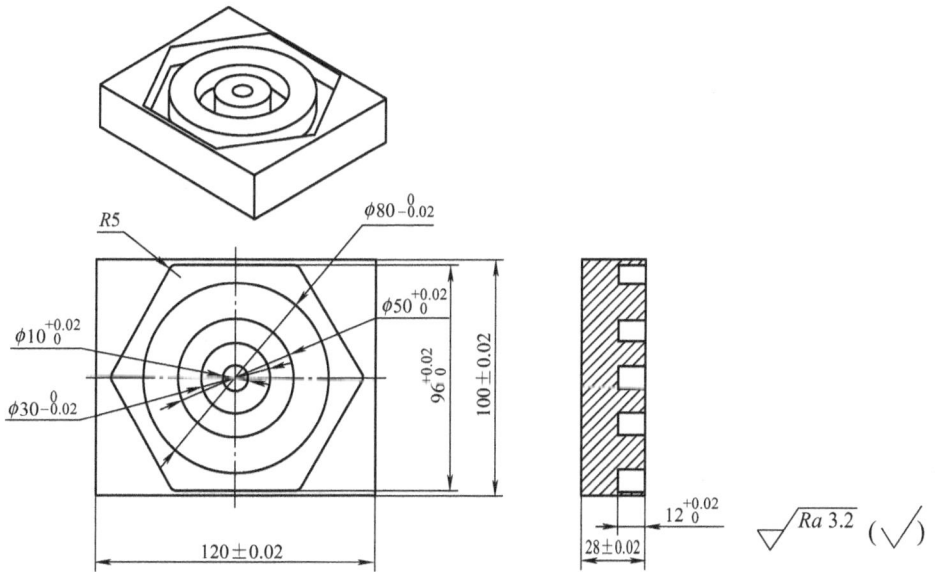

件2

图 B-5　实训练习五

参 考 文 献

[1] 宋放之. 数控工艺培训教程［M］. 北京：清华大学出版社，2003.

[2] 卓良福. 全国数控技能大赛经典加工案例集锦［M］. 武汉：华中理工大学出版社，2010.

[3] 何平. 数控加工中心操作与编程实训教程［M］. 2 版. 北京：国防工业出版社，2010.